Sascha Heinemann

Entwicklung biokompatibler Kompositxerogele für den Knochenersatz

Sascha Heinemann

Entwicklung biokompatibler Kompositxerogele für den Knochenersatz

Eine biomimetische Materialentwicklung im System Silikat-Kollagen-Calciumphosphat und seine Charakterisierung

Südwestdeutscher Verlag für Hochschulschriften

Impressum/Imprint (nur für Deutschland/only for Germany)
Bibliografische Information der Deutschen Nationalbibliothek: Die Deutsche Nationalbibliothek verzeichnet diese Publikation in der Deutschen Nationalbibliografie; detaillierte bibliografische Daten sind im Internet über http://dnb.d-nb.de abrufbar.
Alle in diesem Buch genannten Marken und Produktnamen unterliegen warenzeichen-, marken- oder patentrechtlichem Schutz bzw. sind Warenzeichen oder eingetragene Warenzeichen der jeweiligen Inhaber. Die Wiedergabe von Marken, Produktnamen, Gebrauchsnamen, Handelsnamen, Warenbezeichnungen u.s.w. in diesem Werk berechtigt auch ohne besondere Kennzeichnung nicht zu der Annahme, dass solche Namen im Sinne der Warenzeichen- und Markenschutzgesetzgebung als frei zu betrachten wären und daher von jedermann benutzt werden dürften.

Verlag: Südwestdeutscher Verlag für Hochschulschriften GmbH & Co. KG
Dudweiler Landstr. 99, 66123 Saarbrücken, Deutschland
Telefon +49 681 37 20 271-1, Telefax +49 681 37 20 271-0
Email: info@svh-verlag.de

Zugl.: Dresden, Technische Universität, Dissertation, 2011

Herstellung in Deutschland:
Schaltungsdienst Lange o.H.G., Berlin
Books on Demand GmbH, Norderstedt
Reha GmbH, Saarbrücken
Amazon Distribution GmbH, Leipzig
ISBN: 978-3-8381-2771-2

Imprint (only for USA, GB)
Bibliographic information published by the Deutsche Nationalbibliothek: The Deutsche Nationalbibliothek lists this publication in the Deutsche Nationalbibliografie; detailed bibliographic data are available in the Internet at http://dnb.d-nb.de.
Any brand names and product names mentioned in this book are subject to trademark, brand or patent protection and are trademarks or registered trademarks of their respective holders. The use of brand names, product names, common names, trade names, product descriptions etc. even without a particular marking in this works is in no way to be construed to mean that such names may be regarded as unrestricted in respect of trademark and brand protection legislation and could thus be used by anyone.

Publisher: Südwestdeutscher Verlag für Hochschulschriften GmbH & Co. KG
Dudweiler Landstr. 99, 66123 Saarbrücken, Germany
Phone +49 681 37 20 271-1, Fax +49 681 37 20 271-0
Email: info@svh-verlag.de

Printed in the U.S.A.
Printed in the U.K. by (see last page)
ISBN: 978-3-8381-2771-2

Copyright © 2011 by the author and Südwestdeutscher Verlag für Hochschulschriften GmbH & Co. KG and licensors
All rights reserved. Saarbrücken 2011

Inhaltsverzeichnis

Abkürzungsverzeichnis	V
1 Einführung und Zielstellung	**1**
2 Allgemeiner Teil	**5**
2.1 Knochen – ein natürliches Kompositmaterial	5
2.1.1 Aufbau des Knochens	7
2.1.2 Mechanische Eigenschaften von Knochen	11
2.1.3 Knochenremodellierungsprozess	12
2.2 Silizium und Silikate in der Natur	16
2.2.1 Silikat als Strukturbildner in marinen Schwämmen	17
2.2.2 Silikat als Spurenelement in Säugetieren	18
2.3 Knochenersatzmaterialien – ein Überblick	19
2.3.1 Natürliche Knochenersatzmaterialien	20
2.3.2 Artifizielle Knochenersatzmaterialien	22
3 Ausgangsmaterialien der Komponenten	**41**
3.1 Silikatphase	41
3.2 Kollagenphasen	42
3.3 Calciumphosphatphasen	44
4 Experimenteller Teil	**47**
4.1 Untersuchungen zur Kieselsäurepolymerisation und Gelbildung	47
4.1.1 Konzentrationsbestimmung molybdatreaktiver Kieselsäure	47
4.1.2 Messung der Gelbildungsdauer	48
4.2 Aufbereitung der Kollagene	49
4.2.1 Gewinnung der nativen bovinen und porcinen Kollagene	49
4.2.2 Fibrillierung des bovinen Tropokollagens und Herstellung von Suspensionen	49

4.3		Templatfunktion der Kollagenphase für Silikat	50
4.4		Herstellung von Silikat- und Kompositgelen sowie Scaffolds	51
	4.4.1	Probenzusammensetzung und Nomenklatur	51
	4.4.2	Herstellung, Stabilisierung, Entwässerung, Vernetzung der Hydrogele	52
	4.4.3	Überführung der Hydrogele in Xerogele	52
	4.4.4	Herstellung von porösen Scaffolds	53
4.5		Mechanische Testungen	53
	4.5.1	Mechanische Bearbeitung der Xerogele	53
	4.5.2	Bestimmung der Druck- und Zugfestigkeit der Xerogele	53
4.6		Röntgenbeugung (XRD)	54
4.7		Mikro-Computertomographie (Mikro-CT)	54
4.8		Bioaktivität und Degradationsverhalten	55
	4.8.1	Kolorimetrische Calciumbestimmung	56
	4.8.2	Proteinbestimmung nach LOWRY	56
4.9		Bestimmung der Biokompatibilität der Komposite	56
	4.9.1	Kultivierung der humanen mesenchymalen Stammzellen (hMSC)	57
	4.9.2	Kultivierung der humanen Monozyten (hMz)	59
	4.9.3	Cokultur von hMSC und hMz	60
	4.9.4	Biochemische Untersuchungsmethoden	60
	4.9.5	*Reverse-Transkriptase-Polymerase Chain Reaction* (RT-PCR)	62
4.10		Mikroskopische Methoden	64
	4.10.1	Atomkraftmikroskopie (AFM)	64
	4.10.2	Rasterelektronenmikroskopie (REM)	64
	4.10.3	Konfokale Laser-Scanning-Mikroskopie (cLSM)	65
4.11		Statistische Auswertung	66

5 Ergebnisse und Diskussion — 67

5.1		Entwicklung der Herstellungsprozesse, Möglichkeiten und Grenzen	68
	5.1.1	Polymerisationsverhalten des PP-TEOS	68
	5.1.2	Einfluss des Kollagens auf die Gelbildung	73
	5.1.3	Einfluss der Calciumphosphatphasen auf die Gelbildung	76
	5.1.4	Aufstellung der Zusammensetzungsbereiche für die Kompositvarianten	79
	5.1.5	Überführung der Hydrogele in Xerogele	82
	5.1.6	Diskussion zu den Herstellungsprozessen	86
5.2		Gefügecharakterisierung der Xerogele	90
	5.2.1	Analyse der Phasenverteilung mittels REM und EDX	90

	5.2.2	Mikro-Computertomografie 94
	5.2.3	Analyse der Kristallinität mittels XRD 97
5.3	Mechanische Eigenschaften der Xerogele 98	
	5.3.1	Spanabhebende Bearbeitung der Xerogele 98
	5.3.2	Ergebnisse der Druckversuche 99
	5.3.3	Diskussion zu den mechanischen Eigenschaften 103
5.4	*In vitro*-Bioaktivität und Degradationsverhalten der Xerogele 107	
	5.4.1	Silikat- und Calciumfreisetzung sowie Calciumbindung der Xerogele 107
	5.4.2	Kollagenfreisetzung der Xerogele 112
	5.4.3	Untersuchungen zur Masseabnahme der Xerogele 113
	5.4.4	Veränderungen der Oberflächenbeschaffenheit der Xerogele 114
	5.4.5	Diskussion zur *in vitro*-Bioaktivität und zum Degradationsverhalten 122
5.5	*In vitro*-Biokompatibilität der Kompositxerogele 126	
	5.5.1	Kultivierung von hMSC auf zweiphasigen Xerogelen mit nativem bovinem Kollagen 126
	5.5.2	Kultivierung von hMSC auf zwei- und dreiphasigen Xerogelen mit selbst assembliertem bovinem Kollagen 128
	5.5.3	Osteoblasten/Osteoklasten-Kokultur auf den zwei- und dreiphasigen Xerogelen mit selbst assembliertem bovinem Kollagen 136
	5.5.4	Diskussion zur *in vitro*-Biokompatibilität 148
5.6	Erste Resultate zur *in vivo*-Biokompatibilität der Kompositxerogele 155	

6 Zusammenfassung und Ausblick 159

Abbildungsverzeichnis 163

Tabellenverzeichnis 167

Literaturverzeichnis 169

Eigene Publikationen und Mitautorschaften 191

Anhang 197

Abkürzungsverzeichnis

β-GP	β-Glycerophosphat
ω_C	Masseanteil der Calciumphosphatphase
ω_K	Masseanteil der Kollagenphase
ω_S	Masseanteil der Silikatphase
c_K	Kollagenkonzentration in der Suspension
c_S	Silikatkonzentration bezogen auf die Präkursorlösung
m	Masse einer Phase
V	Volumen einer Phase
V_g	Gesamtvolumen eines Ansatzes
ACP	Amorphes Calciumphosphat
AFM	*atomic force microscopy*, Atomkraftmikroskopie
ALP	Alkalische Phosphatase
BMP	*Bone Morphogenetic Protein*
bp	Basenpaare
BSA	*Bovine Serum Albumine*
BSP II	*Bone Sialoprotein II*
CALCR	Calcitoninrezeptor
CD	*Cluster of Differentiation*
cLSM	konfokale Laserscanningmikroskopie
CPC	Calciumphosphatzement
CPP	Calciumphosphatphase
CSH	Calciumsulfat-Hemihydrat
CTSK	Cathepsin K
DAPI	4',6-Diamidino-2-phenylindoldihydrochlorid
DBM	*Demineralized Bone Matrix*
DCPA	Dicalciumphosphat-Dihydrat, Monetit
DCPD	Dicalciumphosphat-Dihydrat, Brushit
DMEM	D-*Minimal Essential Medium*
DMSO	Dimethylsulfoxid
DPPA	Diphenylphosphorylazid
EDC	1-Ethyl-3-(3-dimethylaminopropyl)carbodiimid
EDTA	Ethylendiamintetraessigsäure
EDX	*Energy-dispersive X-ray spectroscopy*
EGF	*Epidermal Growth Factor*
EGME	Ethylenglycolmonomethylether
ELF	*Enzyme-Linked Fluorescence*
EZM	Extrazelluläre Matrix
FA	Formaldehyd
FCS	*Fetal Calf Serum*
FGF	*Fibroblast Growth Factor*

GA	Glutaraldehyd
GAPDH	Glyceraldehyd-3-phosphat Dehydrogenase
HAP	Hydroxylapatit
hBMSC	*human Bone Marrow Stromal Cells*
HDPE	*High Density* Polyethylen
HFT	Hauptfilterteiler
HMDIC	Hexamethylenediisocyanat
hMSC	*human Mesenchymal Stem Cells*
hMz	humane Monozyten
hOb	humane Osteoblasten
hOk	humane Osteoklasten
HS	Humanserum
IGF	*Insulin-like Growth Factor*
IL	Interleukin
IPN	Interpenetrierendes Netzwerk
KEM	Knochenersatzmaterial
LDPE	*Low Density* Polyethylen
M-CSF	*Macrophage Colony Stimulating Factor*
MCPM	Monocalciumphosphat-Monohydrat
Mikro-CT	Mikro-Computertomographie
mRNA	*messenger Ribonucleic Acid*
nch	nichtchemisch
NHS	N-Hydroxysuccinimid
OB	Osteoblasten
OC	Osteocalcin
OCP	Octacalciumphosphat
OPG	Osteoprotegerin
PBMC	*Peripheral Blood Mononuclear Cells*
PBS	*Phosphate Buffered Saline*
PCL	Polycaprolacton
PDGF	*Platelet-Derived Growth Factor*
PE	Polyethylen
PEPEG	Polyethylen-Polyethylenglykol
PET	Polyethylenterephthalat
pHEMA	Polyhydroxyethylmethacrylat
PLA	Polylactid
PLGA	Polylactid-co-Glycolid
PMMA	Polymethylmethacrylat
pNPP	Paranitrophenolphosphat
PP	Polypropylen
PP-TEOS	Prepolymerisiertes TEOS
ppm	*parts per million*
PS	Polystyrol
PTFE	Polytetrafluoroethylen
PTH	Parathormon
PTHrP	*Parathyroid Hormone-related Protein*
PU	Polyurethan
PVA	Polyvinylalkohol
R_a	arithmetischer Mittelwert des Rauheitsprofils
R_q	quadratischer Mittelwert des Rauheitsprofils
r.F.	relative Feuchte

Abkürzungsverzeichnis

RANK	*Receptor Activator of Nuclear factor Kappa B*
RANKL	*Receptor Activator of Nuclear factor Kappa B Ligand*
REM	Rasterelektronenmikroskopie
RT-PCR	*Reverse Transkriptase-Polymerase Chain Reaction*
SBF	*Simulated Body Fluid*
SR-Mikro-CT	Synchrotron-Röntgenstrahlungs-Mikro-Computertomographie
TEOS	Tetraethylorthosilikat
TEP	Triethylphosphat, $OP(OC_2H_5)_3$
TGF	transforming growth factor
TMOS	Tetramethylorthosilikat
TNF	*Tumor Necrosis Factor*
TRAP	*Tartrate-resistant Acid Phosphatase*
Tris	Tris(hydroxymethyl)-aminomethan
TrisHCl	Tris-Puffer, pH-Wert eingestellt mit HCl
TTCP	Tetracalciumphosphat
UHMWPE	*Ultra High Molecular Weight* Polyethylen
vol.%	Volumenanteil einer Phase am Gesamtvolumen des Ansatzes
VTNR	Vitronektinrezeptor
XRD	*X-Ray Diffraction*
ZAC	Zitronensäure

1
Einführung und Zielstellung

Wenn erworbene oder angeborene Knochendefekte aufgrund überkritischer Größe oder krankhafter Störungen nicht durch natürliche Regenerationsprozesse geheilt werden können, ist der Einsatz von Knochenersatzmaterialien notwendig. Alleine oder im Zusammenwirken mit anderen Materialien ersetzen diese fehlende Knochensubstanz und sollen durch strukturelle, mechanische und biologische Unterstützung den Knochenheilungsprozess fördern [SGKB03]. Das Anwendungsgebiet erstreckt sich von der Orthopädie über die plastische, kranio- und maxillofaziale Chirurgie bis hin zur Dentalchirurgie. Der aufgrund des demografischen Wandels und der steigenden Ansprüche an eine gute Lebensqualität auch im hohen Alter zunehmende Bedarf an Knochenersatzmaterialien kann auf absehbare Zeit nicht mit natürlichen Materialien autogener, allogener oder xenogener Herkunft gedeckt werden, weshalb intensiv an artifiziellen Alternativen geforscht wird.

In der vorliegenden Arbeit soll ein Knochenersatzmaterial entwickelt werden, das neben der selbstverständlichen Biokompatibilität Festigkeitseigenschaften aufweist, die ihm ermöglichen in gewissem Umfang auch mechanischen Beanspruchungen standzuhalten. Dabei soll es in monolithischer Form auch für große Defekte bereitgestellt werden, nach Implantation für einen bestimmten Zeitraum Körperlast aufnehmen, in vorbedachter Weise degradieren und schlussendlich durch körpereigenes Gewebe ersetzt werden. Eine solche Aufgabenstellung setzt neben werkstoffwissenschaftlicher Expertise Kenntnisse über bisher verfügbare Knochenersatzmaterialien sowie den Aufbau, die Eigenschaften und den Remodellierungsprozess des Knochens voraus. Der Stand des Wissens zu diesen Themen wird daher ausführlich im allgemeinen Teil dieser Arbeit erörtert.

Bisher gibt es kein Knochenersatzmaterial, das dem genannten Eigenschaftsprofil gerecht wird. Ein großer Teil der bereits für den Einsatz in der Klinik zugelassenen artifiziellen Knochenersatzmaterialien lehnt sich in seiner Zusammensetzung an die Grundkomponenten des natürlichen Knochens an. Dessen Eigenschaften lassen sich auf die einzigartige

Verknüpfung der organischen Komponente Kollagen und der anorganischen Komponente Hydroxylapatit zurückführen. Im Zuge eines Mineralisationsprozesses wird in die Kollagenfibrillen Hydroxylapatit eingelagert, wodurch das flexible Grundgerüst mechanisch verstärkt wird. Trotz seiner hohen Festigkeit verfügt Knochen dadurch über ausreichende Elastizität, so dass er auch unter ungünstigen Belastungszuständen nicht spröde bricht. Darüber hinaus kann der Organismus durch das abgestimmte Zusammenspiel von knochenaufbauenden Zellen (Osteoblasten) und knochenabbauenden Zellen (Osteoklasten) auf veränderte Belastungszustände reagieren. Die Nachahmung dieses in zahlreichen hierarchischen Ebenen organisierten Verbund- oder Kompositmaterials *in vitro* gestaltet sich als sehr anspruchsvoll und konnte bisher nur für wenige der Strukturebenen zufriedenstellend umgesetzt werden [NGS+10]. Trotz zahlreicher Lösungsansätze, wie z. B. der simultanen Mineralisierung und Fibrillierung von Kollagen, ist die Herstellung des mit dem natürlichen Vorbild identischen artifiziellen Knochens bis heute nicht gelungen. Dazu ist noch enorme Entwicklungsarbeit notwendig, wobei nicht sicher ist, dass alle technologischen Hürden überwunden werden können.

Um dem zu begegnen erscheint es sinnvoll, sich neben Kollagen und Calciumphosphaten einer zusätzlichen Komponente zu bedienen und so das Eigenschaftsprofil des zu entwickelnden Ersatzmaterials in vorbedachter Weise knochenähnlich zu gestalten. Als zielführend wird an dieser Stelle der Einsatz von Silikat betrachtet, das – analog zum Säugetierknochen – ebenfalls in Kombination mit Kollagen, Skelettfunktionen in marinen Lebewesen erfüllt. So wurde nachgewiesen, dass die Spikulen genannten Glasfasern von Glasschwämmen auf einem flexiblen Netzwerk aus Kollagen basieren, das vollständig mit Silikat mineralisiert ist und somit zu bemerkenswerten mechanischen Eigenschaften führt [WWK+06, EW07]. Aufgrund dieser vergleichsweise neuen Erkenntnisse wird die Verbreitung von Silikat als Strukturbildner und als Spurenelement in der belebten Natur im allgemeinen Teil der vorliegenden Arbeit dargelegt.

Als Biomaterial wird Silikat meist in Form schmelztechnisch hergestellter Gläser eingesetzt [HT10]. Diese konventionellen Verfahren sind jedoch nicht für die direkte Synthese von Silikat-Organik-Kompositen geeignet, da die Temperaturbeständigkeit der Biokomponente im Vergleich zu den Hochtemperaturverfahren, mit denen die silikatische Komponente verarbeitet wird, auf deutlich niedrigere Bereiche beschränkt ist. Mit dem Sol-Gel-Prozess existiert eine Möglichkeit, amorphes Silikat unter Bedingungen herzustellen, die denen der natürlichen Silikatisierungsprozesse in der Natur nahekommen. Ausgehend von einer flüssigen Lösung – einem Sol – bilden sich Silikatpartikel, die unter bestimmten Bedingungen bis zur Ausbildung eines stabilen dreidimensionalen Netzwerkes – eines Gels – polymerisieren bzw. aggregieren. Wird anschließend auf Hochtemperaturbehandlungen verzichtet und die flüssige Phase durch Verdunstung entfernt, führen die auftretenden Kapillarkräfte zur Kompaktierung des Materials, wodurch ein so genanntes Xerogel entsteht. Bei den bisher aus der Literatur bekannten Varianten übersteigen die beim Trocknungsprozess auftretenden Spannungen meist die Gelfestigkeit, weshalb die Xerogele in Form von Fragmenten erhalten werden und somit nur als Füllstoff für Knochendefekte eingesetzt werden können. Es ist bisher nicht gelungen, ungesintertes Sol-Gel-Silikat in einer Form zu erzeugen, die eine Verarbeitung und Anwendung als monolithisches Knochenersatzmaterial auch im lasttragenden Bereich zulässt.

Der Ansatz der vorliegenden Arbeit besteht in der Zusammenführung der etablierten Anwendung des Kollagens als Bestandteil von Knochenersatzmaterialien und dem Einsatz des Sol-Gel-Prozesses zur biomimetischen Erzeugung monolithischer Silikat/Kollagen-Komposite. Zusätzlich können Calciumphosphatphasen als dritte Komponente hinzugefügt werden. Das Entwicklungskonzept basiert bezüglich der Komponenten auf folgenden Annahmen, die im Laufe der vorliegenden Arbeit unterlegt werden sollen:

- Silikat bildet sich im Rahmen des Sol-Gel-Prozesses, ausgehend von flüssigen Präkursoren, bevorzugt in Form von Nanopartikeln an organischen Templaten und führt zu deren Mineralisierung. In Abhängigkeit vom Masseanteil bewirkt Silikat somit eine Verfestigung der organischen Matrix und kann ein dreidimensionales nanopartikuläres Netzwerk ausbilden. Durch Trocknung kann Sol-Gel-Silikat in Xerogele überführt werden, deren mechanische Eigenschaften sich durch die Kompositbildung mit Kollagen variieren lassen. Da auf Wärmebehandlungsschritte verzichtet wird, bleibt die mesoporöse Struktur erhalten, wodurch die Silikatphase degradierbar ist.

- Kollagen dient im Sol-Gel-Prozess als Templat für die Silikatisierung und wird in fibrillärer Form in die Gelstruktur eingebaut. Es wirkt als Faserverstärkung und beeinflusst in Abhängigkeit vom Masseanteil insbesondere das Gefüge und daraus abgeleitet die mechanischen Eigenschaften des Komposits.

- Calciumphosphat kann dem System in pulvriger Form zugeführt werden und wird in das Gel eingelagert. Durch die Calciumphosphatphase können sowohl die mechanischen Eigenschaften als auch die Bioaktivität der Komposite beeinflusst werden.

Die Grundkenntnisse zu den Wechselwirkungen zwischen den drei Komponenten, insbesondere der zwischen Silikat und Kollagen sowie deren Einflüsse auf die Handhabbarkeit und Verarbeitbarkeit der Ansätze, werden zu Beginn erarbeitet. Neben Untersuchungen zum Sol-Gel-Prozess selbst und seiner Steuerung, kommt eine besondere Beachtung dem Prozessschritt zu, der in der Literatur bisher nicht zufriedenstellend dargestellt werden konnte – der Überführung der Hydrogele in monolithische Xerogele. Bei der Variation aller

Prozessparameter steht die Einhaltung biomimetischer Bedingungen und die Biokompatibilität des Endprodukts im Vordergrund. Die Möglichkeiten und Grenzen des Materialkonzepts definieren den Rahmen der weitergehenden Untersuchungen. Ausgehend von der Charakterisierung der zusammensetzungsabhängigen Gefüge, sollen Zusammenhänge zu den mechanischen Eigenschaften der Xerogele hergestellt und deren Bandbreite ermittelt werden. Die Degradierbarkeit und Bioaktivität der Komposite *in vitro* wird evaluiert, um das Verhalten der nebeneinander vorliegenden Phasen in verschiedenen Medien zu studieren. Im Fokus stehen hier die Aufnahme bzw. Freisetzung von Silikat und Calciumphosphaten sowie die Veränderung der Oberflächenbeschaffenheit der Xerogele. Da eine zügige Materialentwicklung nur möglich ist, wenn sie von Beginn von Biokompatibilitätsuntersuchungen begleitet wird, gibt die Kultivierung von Zellen des Knochenremodellierungsprozesses – humanen Osteoblasten und humanen Osteoklasten – direkt auf dem Kompositmaterial Aufschluss über das Zellverhalten sowohl in Mono- als auch in Kokultur. Darüber hinaus werden erste Aussagen zur *in vivo*-Biokompatibilität anhand ausgewählter Ergebnisse einer Pilotstudie getroffen.

2
Allgemeiner Teil

2.1 Knochen – ein natürliches Kompositmaterial

Der Begriff Knochen bezieht sich auf eine Gruppe von natürlichen Materialien, deren Aufbau immer auf mineralisierten Kollagenfibrillen beruht [WW98]. Neben Knochen zählen zu dieser Gruppe Dentin, Cementum und mineralisierte Sehnen. Im Falle des Knochens lassen sich die drei Grundbestandteile Knochengewebe, Knochenzellen und Knochenmark unterscheiden.

Knochengewebe (auch Knochenmatrix, extrazelluläre Matrix) setzt sich zu ca. 66 % aus anorganischen Substanzen, zu ca. 23 % aus organischer Matrix und zu ca. 9 % aus Wasser zusammen [MR05]. Knochenmineral und Kollagen stellen zusammen ca. 95 % der Trockenmasse von Knochen [Hin04]. Die anorganische Komponente des Knochens besteht dabei zu ca. 40 % aus amorphem Calciumphosphat und zu ca. 60 % aus Dahllite – auch als Carbonatapatit oder Knochenapatit ($Ca_5(PO_4, CO_3)_3(OH)$) bezeichnet [WW98]. Dieser nichtstöchiometrische Apatit hat einen geringen Kristallinitätsgrad und wird vermutlich über eine Umwandlung von Octacalciumphosphat-Kristallen (OCP) gebildet [CKL$^+$06]. Die für Knochenapatit typische Streuung der Calcium-, Phosphat- und Hydroxylgehalte hat zur Folge, dass das Ca/P-Verhältnis zwischen 1,37-1,87 variieren kann [Hin04]. Knochenapatit hat eine ähnliche kristallographische Struktur wie Hydroxylapatit ($Ca_{10}(PO_4)_6(OH)_2$), dessen Ca/P-Verhältnis 1,66 beträgt. Jedoch ist das Kristallgitter bei Knochenapatit durch die Anwesenheit weiterer anorganischer Bestandteile wie Carbonate (4 %), Citrate (0,9 %) und Ionensubstitutionen durch Spuren von Natrium (0,7 %), Magnesium (0,5 %), Kalium, Strontium, Zink, Barium, Kupfer, Aluminium, Eisen, Blei, Fluor, Chlor und Silizium unregelmäßiger [Hin04, MR05, PRSS07]. Durch die Fremdionen erhöht sich die Löslichkeit, was wichtig für die Resorbierbarkeit ist [BPK$^+$09]. Kollagen ist Hauptbestandteil der organischen Komponente des Knochens und ist ein bei

Vielzellern vorkommendes Strukturprotein des Bindegewebes [Rim90]. Es kommt ubiquitär in allen Geweben, am häufigsten jedoch in Haut und Knochen, aber auch in Sehnen und in der Hornhaut des Auges (Kornea) vor. Die Familie der Kollagene stellt dabei eine heterogene Gruppe von Proteinen dar, die bei Säugetieren etwa ein Viertel der Gesamtproteinmasse ausmachen [ABJ[+]98]. Das sehr zugfeste und dehnbare Kollagen ist somit der wichtigste Faserbestandteil von Haut, Knochen, Sehnen, Knorpel, Blutgefäßen und Zähnen. Derzeit sind 27 verschiedene Polypeptide bekannt, die über 18 unterschiedliche Kollagene in der extrazellulären Matrix aufbauen [PNA[+]02, GPA03, MK04b]. Diese unterscheiden sich strukturell oftmals wesentlich voneinander und nehmen teilweise noch ungeklärte biologische Funktionen wahr. Zu den etwa 200 nichtkollagenen Proteinen, die zusammen weniger als 10 % des Proteinanteils stellen, zählen unter anderem Osteocalcin, Osteonectin, Osteopontin, Trombospondin, Sialoprotein und Serumproteine [MR05]. Außerdem findet man in Knochen Spuren von Polysacchariden (Glucosaminoglycane, vor allem Chondroitinsulfat), Lipiden und Zytokinen [MR05]. Die organischen und anorganischen Komponenten lagern sich im Organismus zu einem einzigartigen Nanokomposit zusammen, woraus die besonderen Materialeigenschaften des Knochens und die hochspezialisierte Anpassung an die Funktionen resultieren. Das sind Stütz-, und Schutzfunktion, Speicherfunktion für Calcium und Phosphat sowie Ansatz für Muskulatur, Sehnen und Bänder des Bewegungsapparats.

Die verschiedenen Zelltypen des Knochens, Osteoprogenitorzellen, Osteoblasten, Osteozyten, Osteoklasten und *bone-lining cells* aktivieren und kontrollieren den Knochenstoffwechsel (Sauerstoff-, Nährstoff- und Mineralhaushalt) und halten die Struktur der Matrix aufrecht bzw. ändern diese bei Bedarf [MR05]. Bis auf die Osteoklasten, entstammen alle Zellen dem Mesenchym, aus dem zunächst die Osteoprogenitorzellen hervorgehen. Osteoblasten produzieren Kollagen, das nach Funktionalisierung mit nichtkollagenen Proteinen (hauptsächlich Osteocalcin) vor allem mit Calcium und Phosphat mineralisiert. Osteozyten sind reife Zellen, die aus den Osteoblasten hervorgehen und als Bindeglied zwischen Knochen und Blut für die Aufrechterhaltung der Struktur zuständig sind, indem sie unter anderem als Lastsensoren fungieren. Osteoklasten sind hämatopoetischen Ursprungs und können mittels Säuren und Enzymen (Kollagenasen) sowohl die organischen als auch mineralischen Komponenten des Knochens resorbieren. *Bone-lining cells* befinden sich auf der Knochenoberfläche und regulieren den Mineralaustausch zwischen Knochen und Umgebungsgewebe. Außerdem sind sie durch die Expression spezieller Hormone in der Lage Osteoklasten zu aktivieren.

Das Knochenmark bildet den Ursprung der hämatopoetischen und mesenchymalen Stammzellen und gewährleistet die Kommunikation mit dem Gesamtorganismus.

2.1.1 Aufbau des Knochens

Der Aufbau des Knochens kann in hierarchische Ebenen eingeteilt werden, die in Abbildung 2.1 schematisch dargestellt und im Folgenden kurz beschrieben sind.

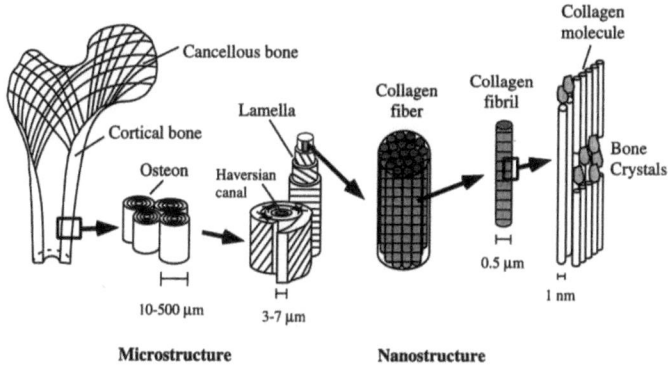

Abb. 2.1: Schematische Darstellung der hierarchischen Ebenen des Aufbaus von Knochen. Übernommen von *Roh et al.* [RKSZ98].

1. Ebene: Molekulare Bausteine Die Kristalle des Knochenapatits haben eine hexagonale Kristallsymmetrie und eine plättchenförmige Gestalt von etwa 50×25 nm. Die Dicke kann von 1,5 nm (in mineralisierten Sehnen) bis etwa 4 nm (im voll entwickelten Knochen) variieren [FGV+92, WW98]. Die Gründe für diesen außergewöhnlichen Kristallaufbau sind weitestgehend unbekannt. Eine mögliche Erklärung liefert ein von *Gao et al.* [GJJ+03] entwickeltes Modell, das am Beispiel der Apatitplättchen die in der Regel geringere Bruchfestigkeit eines Realkristalls mit der theoretischen Bruchfestigkeit eines Idealkristalls vergleicht. Die Berechnung führt vor, dass Mineralplättchen mit einer Dicke unter einem kritischen Wert von ca. 30 nm unanfällig gegen natürlich auftretende Defekte sind und somit die hohe Bruchfestigkeit eines Idealkristalls erreichen. Weitere Analysen führen zu dem Schluss, dass sowohl ein hohes Dicke/Längen-Verhältnis als auch ein hoher Volumenanteil der Plättchen in einer hohen Steifigkeit des später gebildeten Mineral/Kollagen Komposits resultiert. Es liegt also nahe, dass die Kristallgröße und -morphologie in Biokompositen auf die evolutionäre Optimierung von Bruchfestigkeit und Defekttoleranz zurückzuführen sind.

Kollagen Typ I ist am umfassendsten charakterisiert und stellt im Säugetierorganismus den bedeutendsten Anteil. Definitionsgemäß werden nur tripelhelikale Moleküle der extrazellulären Matrix als Kollagene bezeichnet [ECGL02, ABJ+98]. Einzelne Kollagen-Polypeptidketten werden vor allem von spezialisierten Zellen, den Fibroblasten, Myofibroblasten und Osteoblasten, an deren membrangebundenen Ribosomen synthetisiert und in das Lumen des endoplasmatischen Retikulums transportiert. Dabei liegen sie in Form linksgängiger helikaler Vorläufermoleküle – den Pro-α-Polypeptidketten – vor, die mit N- und C-terminalen Propeptiden versehen sind. Jede α-Kette kann in Abhängigkeit vom Kollagentyp aus 600 bis 3000 Aminosäuren zusammengesetzt sein und ist mit großen Domänen ausgestattet, die aus sich wiederholenden Glycin-x-y-Sequenzen aufgebaut sind. Im endoplasmatischen Retikulum werden einzelne Prolin- und Lysin-Reste hydroxyliert. Durch Ausbildung von Disulfidbindungen zwischen den C-terminalen Propeptiden wird die Tripelhelixbildung eingeleitet. Drei Pro-α-Ketten formieren dabei über Wasserstoffbrücken ein etwa 1,5 nm dickes rechtsgängiges Helixmolekül – das Prokollagen – das in dieser Form aus der Zelle geschleust wird. Unmittelbar nach der Sekretion werden die Propeptide im extrazellulären Raum mithilfe von Prokollagen-Peptidasen abgespalten, woraufhin sich die einzelnen Moleküle im Rahmen der so genannten Fibrillogenese zu Kollagenfibrillen zusammenlagern können. Diese parallele Zusammenlagerung benachbarter Kollagenmoleküle erfolgt aufgrund von Wechselwirkungskräften (elektrostatisch, hydrophil-hydrophob) mit einem lateralen Versatz [CTMK90]. Durch die entsprechende Länge (ca. 300 nm) der einzelnen Moleküle ergeben sich somit alternierende Bereiche hoher Dichte (*overlap zones*) und niedriger Dichte (*gap zones*) entlang einer Kollagenfibrille. Dies hat zur Folge, dass in elektronenmikroskopischen aber auch in rasterkraftmikroskopischen Aufnahmen eine charakteristische Querstreifung (*banding*) zu sehen ist, die sich etwa alle 67 nm (entspricht 234 Aminosäuren) wiederholt und als *D*-Periode bezeichnet wird. Es ist zu erwähnen, dass nicht alle Kollagentypen eine derartige Querstreifung aufweisen [CTMK90]. Außerdem gibt es Berichte, nach denen einzelne Fibrillen aus Molekülen verschiedener Kollagentypen bestehen können [MK04b]. Durch die laterale Assoziation, die meist durch leucinreiche Proteoglykane reguliert wird, entstehen in ausgereiften Geweben Kollagenfibrillen unterschiedlicher aber definierter Durchmesser und Längen. Im Knochen nehmen die Fibrillen typischerweise Durchmesser von 80-100 nm an [WW98]. Ihre Länge ist aufgrund der engen Aneinanderreihung nur schwer zu bestimmen. Die Ausbildung der nächsten Organisationsstufe erfolgt durch Quervernetzungen zwischen den Fibrillen über bestimmte Lysin- und Hydroxylysinreste, wodurch supermolekulare Kollagenfasern gebildet werden.

Die dritt häufigste Komponente in Knochen – Wasser – lokalisiert sich in den Fibrillen, in den *gap zones*, zwischen den einzelnen Molekülen sowie zwischen Fibrillen und Fasern.

Die relativen Verhältnisse von Mineral, Kollagen und Wasser variieren je nach Knochentyp. Dabei bleibt der Volumenanteil des Kollagens nahezu konstant, wobei eine Zu-

2.1. Knochen – ein natürliches Kompositmaterial

nahme des Mineralanteils auf Kosten des Wassergehalts geschieht. Darüber steigt der Mineralanteil mit zunehmendem Alter und einhergehendem Kristallwachstum.

2. Ebene: Mineralisierte Kollagenfibrillen als Grundbaustein Bei der vergleichenden Betrachtung von gefärbten unmineralisierten und ungefärbten mineralisierten Kollagenfibrillen mittels TEM konnte in beiden Fällen die Querstreifung von 67 nm nachgewiesen werden, was auf eine Kristallbildung in den *gap zones* der Kollagenfibrillen hinweist. Eingehende Untersuchungen ergaben, dass die Kristalle die Fibrillen in Form von Schichten überziehen [TAW89]. Dabei ist die kristallografische *c*-Achse entlang der Längsachse der Fibrille ausgerichtet [CKL+06]. Die Kristalle bilden sich von Beginn an in den *gap zones*, wachsen und dringen bei entsprechender Größe auch in die *overlap zones*. Auf dieser Organisationsebene entspricht die Struktur einer durch Plättchen verstärkten Kollagenfibrille, was ein anisotropes Materialverhalten begründet. Die Grenzfläche zwischen der organischen und der anorganischen Phase ist bis heute nicht erforscht. Aufgrund der Steuerung des Kristallwachstums durch das organische Templat geht man jedoch von einer starken Wechselwirkung aus.

3. Ebene: Anordnung der mineralisierten Fibrillen Die mineralisierten Kollagenfibrillen sind in der Regel in Bundeln bzw. Fasern entlang ihrer Längsachse angeordnet. Dabei können einzelne Kollagenfibrillen Bestandteil mehrerer Bündel sein. Infolge der engen Zusammenlagerung ist die Querstreifung der einzelnen Fibrillen zueinander ausgerichtet. Weiterführende Untersuchungen haben gezeigt, dass sich diese kristalline Anordnung sowohl in der Ebene als auch in der dritten Dimension über Entfernungen von einigen Millimetern fortsetzt [TAW89, LP92].

4. Ebene: Organisation der Fibrillenbündel Anhand der gegenseitigen Anordnung der Fibrillenbündel lassen sich vier Grundtypen einteilen. Die parallele Anordnung der Fibrillenbündel ist die Erweiterung der vorherigen Organisationsstufe auf den Mikro- und Millimeterbereich. Diese findet man in mineralisierten Sehnen und Knochen mit parallel ausgerichteten Fibrillen. Dieser Typ kann sich sehr schnell bilden, indem sich die Fibrillenbündel parallel zur Längsachse des Knochens anlagern und die Zwischenräume zwischen den sukzessive gebildeten Schichten mit lamellarem Knochen aufgefüllt werden. Diese Kombination wird als fibrolamellarer Knochen bezeichnet [Cur84]. Die besonders anisotrope Organisation entspricht einer hochspezialisierten Anpassung an die zu erfüllenden mechanischen Anforderungen. Ein Beispiel hierfür ist die Verbindung von Sehnen und Knochen, wobei die Kontaktzone durch zusätzliche Mineralisierung verstärkt ist. Im Gegensatz dazu sind die Fibrillenbündel im Falle des Geflechtknochens (*woven bone*) locker gepackt und unregelmäßig orientiert. Zusätzlich findet man in derartigem Knochen große Anteile nichtkollagenen organischen Materials. Die Kollagenmatrix kann bei diesem Typ sehr schnell und ebenfalls ungeordnet mineralisieren. Dennoch ist eine Anisotropie der mechanischen Eigenschaften festzustellen. Geflechtknochen findet man vor allem im Skelett von Amphibien, Reptilien und Säugetierembryonen [Pri56]. Bei Letzteren wird der Geflechtknochen mit zunehmendem Alter durch andere Knochentypen ersetzt. Auch in Situationen wo eine schnelle Knochenbildung gefordert wird (z. B. nach einem Bruch) bildet sich zuerst Geflechtknochen. Die so genannte *plywood-like structure* bei Knochen ist charakterisiert durch eine parallele Anordnung von Fibrillenbündeln in Schichten, wobei sich die Orientierung der Fibrillen von Schicht zu Schicht unterscheidet. Dieser Aufbau ist in Cementum und lamellarem Knochen zu finden. Durch die für lamellaren Knochen typische radiale Anordnung dieser Strukturen erhöht sich die Isotropie im Vergleich zu den Grundbausteinen. Radial angeordnete Fibrillenbündel sind typisch für Dentin, das die inneren Schichten der Zähne bildet. Dabei sind die Kollagenfibrillen flächig parallel zur Oberfläche ausgerichtet. Innerhalb dieser Schichten ist die Anordnung zufällig orientiert.

5. Ebene: Bildung von *Havers*-Systemen/Osteonen Knochen ist, im Gegensatz zu Cementum, Dentin und den meisten mineralisierten Sehnen, einem ständigen Umwandlungsprozess (Remodellierung) unterworfen. Dieser Prozess beruht auf der Bildung von Kanälen durch Osteoklasten. Diese Kanäle füllen anschließend Osteoblasten, die mit der Ablagerung einer dünnen Zementschicht beginnen, gefolgt von der schichtartigen Bildung lamellaren Knochens. Im Zentrum verbleibt ein enges – *Havers*-Kanal genanntes – Blutgefäß, von dem ausgehend kleinere kapillarartige Ausläufer (Canaliculi) den umliegenden Knochen durchziehen. Diese beherbergen die im Knochen eingebauten Osteozyten in so genannten Lakunen. Die Gesamtanordnung wird auch als *Havers*-System oder Osteon bezeichnet. Diese sind hauptsächlich longitudinal im Knochen orientiert und haben eine Länge von ca. 10-20 mm bei ca. 200 μm Durchmesser. *Volkmann*-Kanäle durchdringen den Knochen senkrecht zu seiner Längsachse. Sie verbinden die *Havers*-Kanäle miteinander, mit den inneren und äußeren Knochenflächen und ermöglichen somit die Kommunikation zwischen den Gefäßen.

6. Ebene: Kompakter und spongiöser Knochen Neugebildeter Knochen ist zunächst wenig strukturiert und wandelt sich erst nach einigen Tagen in lamellaren Knochen um. Vollentwickelter Knochen besteht aus zwei Gewebstypen. Das ist zum einen die relativ dichte Kortikalis oder Kompakta, die die äußere Schicht der Knochen bildet und mit Außnahme der von Knorpel bedeckten Gelenkflächen zusätzlich von einer Bindegewebsschicht – dem Periost – überzogen ist. Die Kortikalis macht ca. 80 % der Skelettmasse

2.1. Knochen – ein natürliches Kompositmaterial

aus [HA06]. Im Gegensatz dazu findet man im Inneren der Knochen die locker gepackte Spongiosa (engl. *trabecular bone, cancellous bone*), die ca. 20 % der Skelettmasse stellt und aus einem dreidimensionalen Netzwerk von Knochenbälkchen – den Trabekeln – aufgebaut ist. Deren durchschnittliche Dicke variiert zwischen 100-300 μm [AZL$^+$00]. In den Zwischenräumen dieser Trabekel befindet sich das Knochenmark.

7. Ebene: Knochentypen Die Typen von Knochen im menschlichen Körper werden nach Struktur und Morphologie eingeteilt. Die Röhrenknochen oder langen Knochen sind der wichtigste Knochentyp, zu dem Oberarmknochen (Humerus), Elle (Ulna), Speiche (Radius), Oberschenkelknochen (Femur), Schien- (Tibia) und Wadenbein (Fibula) zählen. Die Knochen bestehen aus zwei Knochenenden (Epiphysen) und dem Knochenschaft (Diaphyse). Zwischen diesen Abschnitten liegt die Metaphyse, die die für das Knochenwachstum verantwortliche Epiphysenfuge enthält. Des Weiteren unterscheidet man platte Knochen (Becken, Schädel, Schulterblätter), kurze Knochen (meist würfel- oder quaderförmig, z. B. Hand- und Fußwurzelknochen, Schädelknochen), irreguläre Knochen (unregelmäßig geformt, z. B. Wirbel und Gesichtsschädelknochen) und Sesambeine (in Muskelsehnen eingebettete Knochen, z. B Kniescheibe).

2.1.2 Mechanische Eigenschaften von Knochen

Der im vorangegangenen Abschnitt erläuterte Aufbau des Knochens folgt einem Leichtbauprinzip, nach dem mit minimalem Aufwand an Knochensubstanz eine maximale Festigkeit bzw. Steifigkeit erzielt werden [Sim09]. Erreicht wird die Massenminimierung zum einen dadurch, dass nur dort Material vorhanden ist wo es benötigt wird und zum anderen dadurch, dass die Beanspruchung der einzelnen Strukturen durch verschiedene Bauprinzipien herabgesetzt wird und somit weniger Material notwendig ist. In den vorwiegend auf Biegung und Torsion beanspruchten Röhrenknochen treten die größten Spannungen am Rand auf. Zur Knochenmitte hin fallen sie ab, bzw. verschwinden in der neutralen Faser ganz. Der Massenminimierung folgend besitzen die Stützknochen einen Rohrquerschnitt. Um einen gleichmäßigen Spannungsverlauf zu erreichen, ist auch der Querschnittsverlauf der Knochen an die Beanspruchungssituation angepasst. Dadurch wird eine gleichmäßige Bruchsicherheit erreicht und Material an gering beanspruchten Stellen eingespart. Die Enden der Röhrenknochen weisen einen vergrößerten Querschnitt auf, um die geringere Druckfestigkeit der aufliegenden Knorpelschicht der Gelenke auszugleichen. Die Trabekel des spongiösen Knochens im Inneren der Epiphysen sind nach den bei Belastung auftretenden Hauptspannungsrichtungen orientiert. Da Knochen empfindlicher gegen Zug- als gegen Druckbeanspruchungen ist, werden die Zugspannungen z. B. beim Oberschenkel durch Aufbringen einer zusätzlichen Last auf der Gegenseite reduziert. Weiterhin werden große Zugspannungen aufgrund von Biegebeanspruchungen durch eine Schaftkrümmung der Röhrenknochen herabgesetzt.

Die unterschiedliche Organisation der Knochentypen und deren altersbedingte Veränderung führt zu einer ausgeprägten Variation der mechanischen Eigenschaften. Die mechanischen Eigenschaften der HAP-Kristalle konnten bisher nicht direkt gemessen werden, dafür liegen Werte für synthetisch gewonnenen Carbonatapatit bzw. große HAP-Kristalle vor. Die mechanischen Eigenschaften einzelner Kollagenfibrillen lassen sich aufgrund der kompakten, je nach Gewebe variierenden Anordnung der Fibrillen in einer Faser nur näherungsweise bestimmen. Es wurden aber Modelle entwickelt, anhand derer zumindest Zusammenhänge zwischen Fibrillenmorphologie und mechanischen Eigenschaften beschrieben werden konnten [PBCB97, Bue06]. Die anisotropen mechanischen Eigenschaften der einzelnen mineralisierten Fibrillen führen zu einer starken Anisotropie der mechanischen Eigenschaften des Knochens. Da das Kollagen und die Mineralkristalle in der Regel longitudinal im Knochen ausgerichtet sind, finden sich die höchsten Werte für Festigkeit und Steifigkeit sowohl bei Zug- als auch bei Druckbelastung in Richtung der Längsachsen [AZL+00]. Am Beispiel von mineralisierten Sehnen ließ sich der Einfluss des Mineralisierungsgrades auf die elastischen Moduln bestimmen. Diese reichten von 67-103 MPa im unmineralisierten Zustand bis zu 162-825 MPa bei 50 % Mineralgehalt [LP92]. Bruchfestigkeit und Brucharbeit nehmen mit steigendem Mineralanteil ab [Cur84]. Die mechanischen Eigenschaften der Spongiosa werden vorrangig von deren variierender Dichte bestimmt. Zu einer Anisotropie führen Vorzugsorientierungen der Trabekel. Die Porosität der Spongiosa beträgt 75-95 % [AZL+00]. Zusammenfassend bestimmt die Mineralphase vor allem die Härte und Steifigkeit des Knochens, das Kollagen die Elastizität, das Fließ- und Bruchverhalten. Eine Zusammenstellung wichtiger Kennwerte aus Übersichtsarbeiten findet sich in Tabelle 2.1.

2.1.3 Knochenremodellierungsprozess

Das Skelett ist ein metabolisch aktives Organ und unterliegt einer lebenslangen physiologischen Erneuerung, die als Knochenremodellierung bezeichnet wird [Fro90]. Dieser Prozess beruht auf dem abgestimmten Abbau von Knochengewebe durch Osteoklasten, der Formierung neuer Knochenmatrix durch Osteoblasten und deren anschließender Mineralisierung. Die kontinuierliche Anpassung der Knochenarchitektur ist notwendig, um auf auf Änderungen der mechanischen Belastung im Organismus zu reagieren und um Mikrodefekte bzw. Mikrofrakturen zu reparieren. Außerdem dient der Prozess der Calciumhomöostase des Plasmas.

2.1. Knochen – ein natürliches Kompositmaterial

Tab. 2.1: Scheinbare Dichte und mechanische Eigenschaften von humanem Knochen und einzelnen Komponenten des Knochens.

Probe	Scheinbare Dichte [g/cm^3]	Belastungsart, Richtung	Festigkeit [MPa]	Elastizitätsmodul [GPa]	Referenz
Kortikalis	1,80-2,00	Druck, k. A.	170-193	14-20	[MR05]
	1,85-2,05	Druck, longitudinal	193	17-25	[Hin04]
		Druck, longitudinal	134-167	11,9-17,3	[AZL$^+$00]
		Druck, longitudinal	131-224	17-20	[YPH$^+$96]
		Druck, transversal	133	12	[Hin04]
		Druck, transversal	106-133	6-13	[YPH$^+$96]
		Zug, longitudinal	133-150	17-25	[Hin04]
		Zug, longitudinal	116-151	11,9-17,3	[AZL$^+$00]
		Zug, longitudinal	79-151	17-20	[YPH$^+$96]
		Zug, transversal	50	12	[Hin04]
		Zug, transversal	51-56	6-13	[YPH$^+$96]
		Biegung, longitudinal	150-185	5,4-15,8	[AZL$^+$00]
		k. A., longitudinal	–	16,6	[DG04]
		k. A., transversal	–	9,6	[DG04]
		Torsion, longitudinal	7,41	5,0	[JD97]
		Torsion, k. A.	53-70	3,3	[YPH$^+$96]
Spongiosa	0,09-0,78	–	–	–	[HC92]
	0,10-1,00	Druck, k. A.	7-10	0,05-0,5	[MR05]
	0,35	Druck, longitudinal	4,5	0,431	[GDDE01]
		Druck, longitudinal	3,6-9,3	0,26-0,90	[Hin04]
		Druck, transversal	1,6	0,127	[GDDE01]
		Druck, transversal	0,6-4,9	0,01-0,40	[Hin04]
		Zug, k. A.	2,42-2,63	–	[KWFH94]
HAP		Zug	9-120	80-117	[KKK03]
		Druck	500-1000	80-110	[KKK03]
		Biegung	115-200		[KKK03]
		k. A.		109-114	[WW98]
nanoHAP		Druck	879		[AGNY01]
		Biegung	193		[AGNY01]
mikroHAP		Druck	120-800		[AGNY01]
		Biegung	38-113		[AGNY01]
Kollagen		Zug, longitudinal	100	1,5	[BKDA86]
		Zug, k. A.	0,02-0,04	0,02-0,06	[WLY05]

Die einkernigen Osteoblasten befinden sich in Kolonien auf der Knochenoberfläche und sind verantwortlich für die Produktion der weichen, nichtmineralisierten Knochenmatrix. Dieses aus Kollagen bestehende Gewebe, das als Osteoid bezeichnet wird, mineralisiert im gleichen Maße, wie neues Osteoid gebildet wird. Am Ende dieser Phase verbleiben ca. 15 % der Osteoblasten eingeschlossen in der Knochenmatrix und differenzieren zu Osteozyten. Ein weiterer Teil der Osteoblasten verbleibt als flache *bone-lining cells* auf der Knochenoberfläche. Junge Osteozyten sind für die Regulierung der Matrixmineralisation zuständig und werden im Laufe des Knochenaufbaus in immer tiefere Schichten gedrängt, wo sie sich in reife Osteozyten umwandeln. Deren Aufgabe ist die Osteolyse und Osteoplasie sowie Beteiligung am Mineralstoffwechsel. Zu den nichtkollagenen Bestandteilen die von Osteoblasten synthetisiert werden, gehören Osteocalcin, Osteonectin, TGF (*transforming growth factor*), IGF (*insulin-like growth factor*), PDGF (*platelet-derived growth factor*) und BMP (*bone morphogenetic protein*). Die Aktivität der Osteoblasten wird durch diese Faktoren sowohl autokrin als auch parakrin reguliert.

Osteoklasten sind bis zu 100 μm große mehrkernige Zellen, die sich aus den hämatopoetischen Zellen entwickeln. Sie befinden sich sowohl auf der Knochenoberfläche in so genannten *Howship*-Lakunen, die Ergebnis ihrer eigenen Resorptionsaktivität sind, als auch im *Havers*-System. Sie besitzen Golgikomplexe, Mitochondrien und Transportvesikel mit lysosomalen Enzymen. Ihre zur Knochenoberfläche gerichtete stoffwechselaktive Unterseite weist einen Komplex bestehend aus Plasmamembran (Bürstensaum, *ruffled border*) und Aktinring (*sealing zone*) auf, über den lysosomale Enzyme wie TRAP (*tartrate-resistant acid phosphatase*) und Cathepsin K sezerniert werden. Die große Kontaktfläche in der Resorptionszone wird durch die Umorganisation der dynamischen Podosomen erreicht, die außerdem die Bewegung der Osteoklasten auf der Knochenoberfläche ermöglichen. Der Resorptionsprozess erfolgt sowohl durch Ansäuerung als auch durch Proteolyse und beginnt mit der Auflösung der organischen Knochenmatrix gefolgt von der der nun freigelegten Mineralplättchen. Die Osteoklastenaktivität wird sowohl von lokal wirkenden Zytokinen als auch von systemisch wirkenden Hormonen gesteuert. Dazu besitzten Osteoklasten Rezeptoren für Calcitonin, Androgene, Schilddrüsenhormone, Insulin, Parathormon (PTH), IGF, IL-1 (Interleukin), RANKL (*Receptor Activator of Nuclear factor Kappa B* Ligand), M-CSF (*Macrophage Colony Stimulating Factor*) und PDGF.

Im gesunden Knochen ist das Zusammenspiel von Osteoklasten und Osteoblasten aufeinander abgestimmt, wobei die Remodellierung bei kortikalem Knochen wesentlich langsamer (2-5 % jährlich) als bei der Spongiosa erfolgt [HA06]. Ein typischer Remodellierungszyklus beginnt mit einer etwa zweiwöchigen Resorptionsphase, in der sich teildifferenzierte mononukleare Präosteoklasten zur Knochenoberfläche bewegen, zu multinuklearen Osteoklasten differenzieren und Knochen abbauen. Es folgt eine bis zu fünf Wochen dauernde Umkehrphase, in der wieder mononukleare Zellen die Knochenoberfläche für die Osteoblasten vorbereiten, indem sie Signale für die Differenzierung und Migration der Osteoblasten setzen. In der Formierungsphase wird über einen Zeitraum von bis zu vier Monaten neuer Knochen gebildet. Dieser wird abschließend von flachen *bone-lining cells* bedeckt, womit ein lange währender Ruhezustand eingestellt ist bis ein neuer Zyklus beginnt.

Der Knochenremodellierungsprozess und damit die Gesamtintigrität des Knochens wird sowohl von Hormonen als auch von vielen anderen Proteinen, sezerniert von hämatopoetischen Zellen und Knochenzellen, systemisch und lokal reguliert [HA06]. Systemische Regulatoren schließen das Parathormon, das Steroidhormon Calcitriol, Wachs-

2.1. Knochen – ein natürliches Kompositmaterial

tumshormone, Glucocorticoide, Schilddrüsenhormone, Prostaglandine und Sexualhormone ein. Außerdem sind vor allem die Faktoren IGF, TGF-β, BMP und Zytokine beteiligt. PTH reguliert die Calciumhomöostase, indem es die Knochenresorption stimuliert, kann aber auch die Knochenbildung unterstützen. Calcitrol fördert die Knochenmineralisierung indem es die Calcium- und Phosphatabsorption begünstigt. Vitamin D3 hat wichtige anabolische Effekte auf die Knochenumwandlung. Calcitonin reagiert mit dem entsprechenden Rezeptor der Osteoklasten und bewirkt die Rückbildung der *ruffled border*, den Stillstand der Osteoklastenbewegung und inhibiert die Sezernierung der proteolitischen Enzyme. Das Wachstumshormone/IGF-1-System, IGF-2, Glucocorticoide und Thyroidhormone können sowohl Knochenaufbau als auch Knochenabbau fördern. Östrogene verringern die Empfänglichkeit der Osteoklastenvorläufer für RANKL und verhindern somit die Osteoklastenbildung. Außerdem verkürzen sie die Lebenzeit der Osteoklasten und stimulieren die Osteoblastenproliferation. Androgene wirken über die entsprechenden Rezeptoren, die sich bei allen Knochenzellen finden und sind essenziell für das Skelettwachstum und dessen Erhaltung. Die lokale Regulation wird durch eine Reihe von Zytokinen und Wachstumsfaktoren realisiert. Das Zusammenspiel von Kochenresorption und Knochenaufbau ist hier vor allem durch das System von RANK / RANKL / OPG (Osteoprotegerin) bestimmt. Im Remodellierungszyklus ändern Zellen der Osteoblastenlinie (Osteozyten, *bone-lining cells*, Präosteoblasten im Knochenmark) ihre Morphologie, sezernieren Enzyme, lösen Proteine und setzen RANKL frei. Dieses Mitglied der TNF (*tumor necrosis factor*)-Superfamilie interagiert mit dem RANK-Rezeptor auf den Osteoklasten-Präkursoren. Die RANK/RANKL-Interaktion bewirkt die Aktivierung, Differenzierung und Fusion der hämatopoetischen Zellen der Osteoklastenlinie, worauf diese mit der Resorption beginnen. Außerdem verlängert sie die Lebenzeit der Osteoklasten, indem sie die Apoptose unterdrückt. Die Effekte von RANKL werden durch OPG gehemmt. Dieses dimere Glykoprotein wirkt als Antagonist für RANKL und wird von Zellen der Osteoblastenlinie, aber auch Knochenmarkszellen produziert. Damit reguliert OPG die Knochenresorption, indem es die Differenzierung und Aktivierung von Osteoklasten inhibiert und letztendlich deren Apoptose induziert. M-CSF bindet an den Rezeptor c-Fms der Osteoklastenvorläufer und ist ebenfalls wichtig für die Osteoklastenentwicklung. Dieses lokale System wird unter anderem von Zytokinen wie TNF-α, IL-10, IL-6, PTHrP (*parathyroid hormone-related protein*) beeinflusst [HA06]. Abweichungen in der Balance zwischen Knochenresorption und -bildung verursachen Störungen im Knochenbau. So führen eine Überexpression von OPG oder eine RANKL-Defizienz zu Osteopetrose, OPG-Defizienz oder RANKL-Überexpression zu Osteoporose. Unabhängig von solchen Krankheitsbildern nimmt auch die Masse des gesunden Knochens ab dem 40. Lebensjahr ab und erreicht mit dem 80. Lebensjahr nur noch etwa 50 % der ursprünglichen Masse.

2.2 Silizium und Silikate in der Natur

Silizium ist mit 27,7 % das zweithäufigste Element der Lithosphäre [PCP05]. In der Biosphäre ist es mit 0,03 % in der gleichen Größenordnung vertreten wie z. B. Calcium (0,07 %) oder Phosphor (0,03 %) [Exl98]. Die durch dessen Kombination mit Sauerstoff gebildeten Silikate stellen, meist in Verbindung mit anderen Elementen wie Eisen, Aluminium und Calcium, mit nahezu 90 % die größte und häufigste Gruppe von Mineralien dar [DR94]. Auch wenn keine natürlich vorkommenden Si-O-C- oder Si-C-Verbindungen bekannt sind, haben sowohl Silizium als auch Silikate neben der Geologie eine weitreichende Bedeutung für lebende Organismen.

Während die Formierung von Apatit und Calcit auf Auflösungs- und Fällungsmechanismen beruht, wird Silikat über einen anorganischen Polymerisationsprozess molekularer Ausgangsstoffe gebildet. Dieser Prozess ist sehr komplex, da er von zahlreichen Faktoren wie der Natur der Ausgangsstoffe, pH-Wert, Temperatur, Konzentrationen und Salzgehalt abhängt [Ile79]. Die einzige lösliche und somit biologisch verfügbare Form von Silizium bzw. Silikat ist die Kieselsäure $((SiO_n(OH)_{4-n})^{4-n})$, bei deren bekanntestem Vertreter – der Orthokieselsäure – das Siliziumatom tetraedrisch von vier Hydroxylgruppen umgeben ist $(Si(OH)_4)$. Diese kommt in allen Süßgewässern vor. Ihr Gehalt variiert je nach geografischer Region zwischen 65 μM (Australien) und 389 μM (Afrika) [Exl98]. Der Weltdurchschnitt der mit einem pK_s-Wert von 9,8 nur schwachen Säure liegt bei 220 μM [PKT00]. Kieselsäure ist der einzig bekannte Präkursor, der lebenden Organismen eine Verarbeitung und Abscheidung in Form biogenen Silikats nach folgendem Mechanismus erlaubt:

$$2\,Si(OH)_4 \Longrightarrow (HO)_3SiOSi(OH)_3 + H_2O \tag{2.1}$$

$$n[(HO)_3SiOSi(OH)_3] + n[Si(OH)4] \Longrightarrow [SiO_{n/2}(OH)_{4-n}]_m \tag{2.2}$$

Das Ergebnis dieser Reaktionen ist amorphes Silikat variabler Hydratisierung. Dieses – auch bezeichnet als biogener Opal – ist nach den Carbonaten das zweithäufigste Mineral, das von Organismen gebildet wird [Low81]. Ähnlich zu den bekannten Biomineralien wie Carbonaten und Phosphaten, werden auch beim Biosilizifikationsprozess Makromoleküle einbezogen, die die Kinetik sowie die Morphologie des gebildeten Minerals beeinflussen [Man02]. Silikat wird beispielsweise für die Produktion struktureller Elemente wie Zellwänden (Frusteln) in Kieselalgen (Diatomeen) sowie in höheren Pflanzen und Insekten benötigt [Mor99]. In biologischer Umgebung tritt Kieselsäure als Monomer neutraler Ladung auf und wird so auch von Organismen eingelagert, die keinen strukturellen Bedarf an Silikat haben. Bei höheren Tieren und dem Menschen spielt es als Spurenelement eine wichtige Rolle (siehe Abschnitt 2.2.2) [Sim81, Exl98].

2.2.1 Silikat als Strukturbildner in marinen Schwämmen

Im Tierreich wird der Stamm der Schwämme (Porifera, „Porentragende") im Unterreich der Vielzeller in die Abteilung der Gewebelosen eingeordnet. Dabei stellen die Schwämme mit einer Entwicklungsgeschichte von über 600 Mio. Jahren (Präkambrium) den ältesten Stamm der Vielzeller dar [Mue98]. Im Gegensatz zu den Gewebetieren weisen Schwämme keine echten Nerven- und Muskelgewebe oder komplexen Sinnesorgane auf. Dennoch sind sie in der Lage koordiniert auf äußere Reize zu reagieren [Cam98]. Es sind über 7500 Schwammarten bekannt, von denen mit ca. 5000 der überwiegende Teil marin (im Meer) – von Küstengebieten bis in großen Meerestiefen – lebt [WG95]. Alle Schwämme ernähren sich als Strudler, indem sie mittels spezieller Kragengeißelzellen einen Wasserstrom durch ein Kanalsystem in ihrem Körper leiten. Entsprechend des Aufbaus dieses Systems, werden der Ascon-, Sycon- und Leucontyp unterschieden [RSW91]. Das Skelett der Schwämme besteht aus mikroskopisch kleinen bis meterlangen anorganischen Nadeln, die als Spikulen bezeichnet werden. Anhand des Aufbaus des Skeletts und vor allem dessen stofflicher Zusammensetzung werden die Schwämme in drei Hauptklassen unterteilt, die nachfolgend in der Reihenfolge ihrer evolutionsgeschichtlichen Entwicklung erläutert werden [WG95, MBT+06]. Glasschwämme (Hexactinellida, ca. 500 Arten) produzieren silikatische, meist sechsstrahlige Nadeln, die aus biogenem Opal bestehen. Hornschwämme (Demospongia) stellen mit etwa 5000 rezenten Arten die stärkste Klasse und können ein- oder vierachsige silikatische Spikulen und/oder kalkhaltige Skelettbestandteile aufweisen. Bei Kalkschwämmen (Calcarea, 400-500 Arten) bestehen die Skelettnadeln aus Calciumcarbonat.

Abgesehen von einigen Ausnahmen entwickeln Horn- und Glasschwämme wichtige Strukturelemente aus biologisch erzeugten Silikaten. Je nach Funktion unterscheiden sich die gebildeten Nadeltypen in Form und Größe, anhand derer man zwischen Mikroskleren und Megaskleren unterscheidet [UTBG03, Per03]. Megaskleren, die Ausmaße von einigen Mikrometern bis zu acht Millimeter Durchmesser bei drei Metern Länge annehmen können, sind aufgebaut aus konzentrisch angeordneten Opalschichten, die auf ein organisches Axialfilament aufbauen. Bei einigen Arten dienen sie als so genannte Basalspikulen zur Verankerung im Meeresboden. Die Mikroskleren sind kleiner, verfügen aber über eine größere Formenvielfalt. In Hornschwämmen werden die Silikatnadeln im Inneren spezieller Zellen – den Sklerozyten – gebildet [CFM+03]. Wenn sie eine kritische Größe erreicht haben, werden sie ausgeschleust und nehmen mit der Zeit Stützfunktionen im gesamten Organismus wahr. Sie werden dabei von Spongin, einem kollagenartigen Protein überzogen, das als organische Matrix dient und so die Spikulen verbindet. Die Entstehung der teilweise sehr filigranen, von der Nano- bis zur Makroebene hierarchisch aufgebauten,

Silikatstrukturen wird offensichtlich durch biomolekulare Template gesteuert, über deren Natur bisher jedoch wenig bekannt ist [PCP05]. Eines der bekanntesten in diesem Zusammenhang ist das in zahlreichen Organismen nachgewiesene Protein Silikatein [Mor01].

2.2.2 Silikat als Spurenelement in Säugetieren

Bereits *Louis Pasteur* postulierte 1878 die Notwendigkeit von Silikat für die Behandlung zahlreicher Erkrankungen [Eva99]. Die Bedeutung als essenzielles Element für die gesunde Entwicklung höherer Organismen wurde vor allem von *Carlisle* [Car70, Car72, Car80a, Car80b, Car88], *Schwarz* [SM72] und *Seaborn* [SN02] untersucht. Wenn die Kieselsäurekonzentration im Organismus unter einen kritischen Wert sinkt, treten zahlreiche biochemische Veränderungen ein, die Erkrankungen zur Folge haben können. Bei Säugetieren sind das vor allem Knochen- und Knorpelschäden, Herzschäden und neurodegenerative Störungen. *Carlisle et al.* [Car70] haben am Beispiel junger Mäuse und Ratten nachgewiesen, dass Silikat in die frühen Phasen des Mineralisationsprozesses involviert ist, indem es sich an aktiven Calcifizierungsstellen im Knochen konzentriert. Zu Beginn, wenn das Ca/P-Verhältnis mit ca. 0,7 noch niedrig ist, sind die Silikatlevel am höchsten (0,5 m%) und fallen ab, wenn sich das Ca/P-Verhältnis dem von HAP annähert. Ein diätisch herbeigeführter Siliziummangel führte den Studien zufolge zu Deformationen an Tibia, Femur, Mittelfußknochen, Schädel und Zahnschmelz. Außerdem verringerte sich neben der Mineraldichte der Wassergehalt und damit die Glukosaminoglykankonzentration im Knochen. Im Gegensatz dazu erhöhte sich bei zusätzlicher Gabe von Silizium in Form von Natriummetasilikat oder Kieselsäure die Knorpelsynthese, die Kollagenkonzentration im Knorpel und der physiologische Resorptionsprozess wurde inhibiert.

Die natürlichen Konzentrationen von Silikat im menschlichen Organismus wurden unter anderem von *Schwarz et al.* [Sch73] analysiert und gestalten sich wie folgt. Circa 1 ppm findet man im Serum, gefolgt von 2-10 ppm in Leber, Niere, Lunge und Muskeln. Höhere Konzentrationen findet man mit 100 ppm in Knochen und Bändern sowie mit 200-600 ppm in Knorpel und anderem Bindegewebe. Zu 200-500 ppm liegt Silikat gebunden an Komponenten der extrazellulären Matrix (EZM) wie Hyaluronsäure, Chondroitinsulfat, Dermatansulfat, Heparansulfat in Knorpel und Nabelschnur vor. Wegen der hohen Konzentration in den EZM-Komponenten fungiert Silikat offenbar als Vernetzungsreagenz und trägt zur Architektur und Stabilität des Bindegewebes bei.

2.3 Knochenersatzmaterialien – ein Überblick zu kommerziell verfügbaren Werkstoffen und neuen Ansätzen im Bereich der Komposite

Knochenersatzmaterialien (KEM) sind Substanzen, die alleine oder im Zusammenwirken mit anderen Materialien, fehlenden Knochen im Empfängergewebe ersetzen und durch mechanische und strukturelle Unterstützung den Knochenheilungsprozess fördern [SGKB03]. Diese unterstützende Wirkung kann sowohl von natürlichen als auch von artifiziellen KEM ausgehen und auf verschiedene Weise erfolgen. So beschreibt die osteogene Stimulation das Einbringen von lebenden Knochenzellen in den Defekt, was mittels Transplantation von patienteneigenem Knochen oder von Knochenmark realisiert wird. Eine osteokonduktive Stimulation wird erreicht, indem Leitstrukturen in den Knochendefekt eingebracht werden, die das Einwandern von Knochenzellen in die Defektzone ermöglichen. Solche als Scaffold bezeichneten Konstrukte können beispielsweise aus aufbereitetem Spenderknochen, Kollagen, synthetischen Polymeren oder Calciumphosphatkeramik hergestellt werden. Der Begriff der osteoinduktiven Stimulation bezieht sich auf Knochenneubildung durch gezielte Differenzierung von Stammzellen, die durch chemische Signale ausgelöst wird. Solche können u. a. Faktoren bzw. Zytokine wie BMP, EGF, PDGF, FGF, PTHrp, IGF und TGF-β sein. Oftmals wird die biologische Leistungsfähigkeit eines KEM mittels dieser drei Begriffe diskutiert. Im Realfall kommt es jedoch meist zur Überschneidung mehrerer Wirkprinzipien.

Aufgrund der begrenzten Verfügbarkeit von autogenem Knochen und der mit dessen Entnahme verbundenen Nachteile für den Patienten, wird intensiv an artifiziellen Alternativen geforscht. Viele, zum Teil sehr unterschiedliche KEM sind heute schon für den Einsatz in der Klinik zugelassen und kommerziell verfügbar. Auf diesem Gebiet sind überdies viele Scheininnovationen zu finden, die für den werkstoffwissenschaftlich nicht Vorgebildeten nur schwer zu erkennen sind. Das sind meist Materialien, die sich in ihrer chemischen Zusammensetzung nicht oder nur marginal von etablierten KEM unterscheiden, durch starken Werbeeinsatz aber als neuartig und überlegen dargestellt werden. Bei einem für das Jahr 2009 prognostizierten Marktvolumen von ca. 800 Mio. US-Dollar für biodegradable Biomaterialien in Europa und weiterhin hohen Wachstumsraten verwundert dies nicht [Sul02].

2.3.1 Natürliche Knochenersatzmaterialien

Unter natürlichen KEM sollen an dieser Stelle solche verstanden werden, die auch nach den vorbereitenden Aufarbeitungsstufen sowohl chemisch als auch strukturell, dem als Ausgangsmaterial verwendeten natürlichen Knochengewebe weitestgehend gleich sind. Je nach Herkunft werden autogenes, allogenes und xenogenes KEM unterschieden.

Die Transplantation von autogenem Knochen (=autolog) gilt bislang als *Goldener Standard* was dazu beiträgt, dass Knochen nach Blut das zweithäufigst transplantierte Gewebe überhaupt ist [MR05, BES99]. Aufgrund der guten Qualität und Zugänglichkeit wird meist kortikaler oder spongiöser Knochen dem Beckenkamm entnommen und allein oder in Kombination mit anderen KEM im Defekt reimplantiert [SGKB03]. Jedoch steht autogener Knochenersatz nur in begrenzter Menge zur Verfügung und die Methode birgt durch den Zweiteingriff zusätzliche Risiken (Blutverlust, Nervenschäden, Infektionen) und Belastungen (Klinikaufenthalt, Schmerzen, Hämatome) für den Patienten [GDT05]. Neben der direkten autogenen Knochentransplantation, bei der das entnommene Material unmittelbar und in derselben Menge verwendet wird, besteht die Möglichkeit, eine geringe Menge bioptisch entnommener Knochenhautzellen *in vitro* zu einer dreidimensionalen Knochenstruktur zu expandieren, die anschließend in den Defekt eingesetzt wird (siehe Tabelle 2.2).

Tab. 2.2: Beispiele für kommerziell verfügbare KEM, die auf autogenem Ausgangsmaterial basieren. Gr: Granulat, Ch: Chip

Name	Hersteller/Vertrieb	Form
Autologer Knochen	Schlumbohm	vitale osteogene Zellen, Gr
BioSeed Oral Bone	BioTissue	vitale osteogene Zellen, Ch

Allogener Knochenersatz (=homolog) wird am häufigsten eingesetzt und kennzeichnet Gewebe, das von einem anderen Individuum derselben Spezies entnommen wurde. Das Material ist kortikal oder spongiös in frischer, gefrorener oder lyophilisierter Form verfügbar. Frisches Material bietet dabei zwar die besten biologischen und mechanischen Eigenschaften, birgt aber ein hohes Risiko für Krankheitsübertragungen und Abstoßungsreaktionen. Um dem zu begegnen, werden standardisierte Aufbereitungsverfahren wie z. B. Lyophilisierung, Ethanol- und Antibiotikadesinfizierung sowie Gammastrahlen- und Ehtylenoxidsterilisation angewendet, wodurch sich jedoch die biologischen Eigenschaften verschlechtern, da Zellen und andere organische Matrixbestandteile abgetötet oder ganz entfernt werden [EPB05]. Einen hohen Bekanntheitsgrad hat in diesem Bereich der standardisierte *Tutoplast*-Prozess erlangt. Eine spezielle Variante allogenen Knochenersatzes ist demineralisierte Knochenmatrix (*demineralized bone matrix*, DBM). Diese wird erhalten, indem der mineralische Anteil des Spenderknochens z. B. durch Salzsäurebehandlung

2.3. Knochenersatzmaterialien – ein Überblick

herausgelöst wird. Bei der Behandlung bleibt die organische Matrix, bestehend aus Kollagen, nichtkollagenen Proteinen und Wachstumsfaktoren (z. B. BMP) intakt und die Gefahr der Übertragung von Pathogenen wird reduziert. Durch den Demineralisationsprozess wird die mechanische Festigkeit herabgesetzt. DBM wird zur Applikation meist als Pulver mit Blut vermischt [GKGC04]. Einige Beispiele für allogene KEM sind in Tabelle 2.3 aufgelistet.

Tab. 2.3: Beispiele für kommerziell verfügbare KEM, die auf allogenem Ausgangsmaterial basieren. Gr: Granulat, Bl: Block, Pa: Paste, Pu: Pulver

Name	Hersteller/Vertrieb	Form
Corticalisgranulat	Curasan	Gr
J-Block/Corticospongiosa	Curasan	Bl
Osnatal	aap Implantate	Gr, Bl
Spongiosagranulat	Curasan	Gr
Spongiosawürfel	Curasan	Bl
Tutoplast Spongiosa	Tutogen Medical	Gr, Bl
DBM Pastös	Synthes	DBM, Pa
DBM Granulat/pastös	Curasan	DBM, Gr, Pa
Dynagraft	DePuy	DBM, Pa
Grafton DBM Gel	Argon Dental	DBM, Gel
OsteoGraft	Argon Dental	DBM auf Hyaluronsäure-Biopolymerträger Gr, Pu, Bl, Gel, Pa

Xenogener Knochenersatz (=heterolog) bezeichnet die Verwendung von tierischem Knochengewebe. Je nach Verfahren werden entweder die organischen oder anorganischen Komponenten sowie Kombinationen derselben zu KEM verarbeitet. Für die Herstellung flexibler und poröser Produkte wird das Ausgangsmaterial teilweise (z. B. Osteoplant Flex) oder vollständig demineralisiert. Letztere bestehen im Wesentlichen aus Kollagenlyophilisat, wurden dafür strukturell verändert und werden daher als artifizielles KEM unter Punkt 2.3.2.3 aufgeführt. Für die Herstellung rein mineralischer Granulate oder Blöcke (z. B. NuOss) wird das Ausgangsmaterial bei Temperaturen von mehreren hundert Grad calciniert oder pyrolysiert, um alle organischen Bestandteile zu entfernen [SGKB03]. Bei dieser Methode wird die natürliche Porenstruktur erhalten und somit auch die guten Bedingungen für das Einwachsen von Knochengewebe sichergestellt. Durch die hohen Prozesstemperaturen verringert sich jedoch die Löslichkeit des Minerals und die Biodegradierbarkeit wird eingeschränkt. Nachteilig bei allen xenogenen KEM ist das Risiko von Immunreaktionen und die Gefahr der Übertragung von Pathogenen. Zudem werden durch die Aufbereitung die mechanischen Eigenschaften des Ersatzmaterials beeinflusst [GHK+00]. Einige Beispiele für xenogene KEM sind in Tabelle 2.4 aufgelistet.

Tab. 2.4: Beispiele für kommerziell verfügbare KEM, die auf xenogenem Ausgangsmaterial basieren. Gr: Granulat, Bl: Block

Name	Hersteller/Vertrieb	Ursprung	Form
Bio-Gen	mectron	equin	Gr
Bio-Gen Mix Gel	mectron	equin	Gr + Hydrogel
Bio-Gen Block	mectron	equin	Bl
Bio-Oss Spongiosa	Geistlich Biomaterials	bovin	Gr
Biocoral	Inoteb	corallin	Gr, Bl
Cerabone	aap Implantate	bovin	Gr
Endobon	Biomet	bovin	Gr
Frios Algipore	Dentsply Friadent	phykogen	Gr
Interpore-200	Interpore	phykogen	Gr
NuOss	Henry Schein Dental	bovin	Gr
Osseo+B	Imtec Europe	bovin	Gr
Orthoss	Geistlich Surgery	bovin	Gr
Osteograf	Dentsply Friadent	bovin	Gr
Osteoplant Flex/Elite	mectron	equin	flexibles Gewebe
PepGen P-15	Dentsply Friadent	bovin	Gr, Gel
Pro Osteon	Interpore	corallin	Gr, Bl
Pyrost	Stryker	bovin	Gr
SIC nature graft	SIC invent	phykogen	Gr
Surgibone	Unilab	bovin, HAP + 20-29 % Kollagen	Gr
Tutodent	Tutogen Medical	bovin	Gr, Bl

2.3.2 Artifizielle Knochenersatzmaterialien

Unter artifiziellen KEM sollen an dieser Stelle solche verstanden werden, die entweder auf synthetisch hergestellten Ausgangsmaterialien beruhen oder auf natürlichen, deren chemische und strukturelle Eigenschaften infolge der Verarbeitung verglichen mit dem Ausgangsmaterial wesentlich verändert wurden. Die Entwicklung und Optimierung dieser auch als alloplastisch bezeichneten Materialien ist seit Jahren ein zentrales Anliegen der Orthopädie und Chirurgie. In der Literatur werden einige Forderungen angeführt, die zunächst ohne Bezug auf ein spezielles Anwendungsgebiet an ein KEM gestellt werden [PRSS07]. Demzufolge sollte das Material:

1. eine Oberfläche aufweisen, die die Zelladhäsion, -proliferation, -differenzierung (Osteokonduktion, Osteoinduktion) und somit Osteointegration unterstützt,

2. biokompatibel sein und keine zytotoxischen Substanzen bzw. Degradationsprodukte freisetzen,

3. bioresorbierbar sein und vollständig durch körpereigenes Gewebe ersetzt werden können,

4. ohne Beeinträchtigung seiner positiven Eigenschaften sterilisiert werden können,

5. kostengünstig zu dreidimensionalen Strukturen variabler Größe und Form verarbeitet werden können,

6. eine interkonnektierende Porosität aufweisen, die das Einwachsen von Zellen und eine Vaskularisierung ermöglicht,

7. mechanische Stabilität bzw. Festigkeit aufweisen, die eine schnelle Belastung ermöglicht.

Trotz aller Bemühungen gibt es bis heute kein KEM, das allen diesen Anforderungen gerecht wird [BPK$^+$09]. In der Praxis hat sich gezeigt, dass vor allem die Anforderungen an Resorbierbarkeit, Porosität und mechanische Stabilität nur schwer vereinbar sind. Daher ist die grundsätzliche Unterscheidung folgender zweier Implantattypen sinnvoll:

- Massivimplantate, bei denen ein Einwachsen von Knochengewebe nicht möglich ist. Hier muss für ein gutes Anwachsen des umgebenden Knochens an der Implantatoberfläche gesorgt werden. Dieser Implantattyp wird meist für Fixierungen in mechanisch stark beanspruchten Bereichen eingesetzt. Er wird im Organismus nicht degradiert und bleibt bis zur Entnahme praktisch unverändert.

- Scaffolds, die Gerüststrukturen sind, deren Porengrößenverteilung das Einwachsen von Knochen und Blutgefäßen ermöglicht und somit eine gute Osteointegration gewährleist. Dieser Implantattyp ist in der Regel für den temporären Knochenersatz vorgesehen, soll sich in einem vorbedachten Zeitraum abbauen und durch neues Gewebe ersetzt werden.

Im Folgenden werden die wichtigsten Materialklassen, die für artifizielle KEM eingesetzt werden, aufgeführt und erläutert. Neben den Metallen, Legierungen und synthetischen Polymeren, die alle auch in Zukunft für Spezialanwendungen unerlässlich sein werden, beleuchten die folgenden Abschnitte im Detail die Materialklassen, deren Vertreter Bestandteil des in der vorliegenden Arbeit zu entwickelnden Komposits sind. Für die Letztgenannten wird jeweils anhand einiger Beispiele eine kurze Marktübersicht in tabellarischer Form gegeben.

2.3.2.1 Metalle und Legierungen

Metallische Implantate und Legierungen werden seit Anfang des 20. Jahrhunderts in der klinischen Orthopädie verwendet. Vor allem rostfreier Stahl, CrNiMo-, CoCrMo-, CoCrWNi- und CoNiCrMo-Legierungen haben in Form von Knochenplatten, Schrauben, Nägeln, lasttragenden Knochenimplantaten, sowie Drähten und Klammern weitreichende

Bedeutung erlangt [MR05, Jan07]. Dabei werden besondere Anforderungen an die Korrosionsbeständigkeit und Abriebfestigkeit gestellt, denen die Materialien durch die Ausbildung einer stabilen Oxidschicht (Passivierung) gerecht werden [NMCP08]. Wird diese Schicht geschädigt, werden Korrosionsprodukte oder Partikel in das Umgebungsgewebe freigesetzt, die zytotoxische Wirkung haben und Entzündungsreaktionen auslösen können. Der mit 205-230 GPa im Vergleich zu natürlichem Knochen etwa um den Faktor 10 höhere Elastizitätsmodul der genannten Materialien führt im Direktkontakt jedoch gemäß *Wolffs Gesetz* zur unerwünschten Knochenresorption um das Implantat [RHT06]. Dieser auf der mechanischen Inkompatibilität von Implantat und Empfängergewebe beruhende Prozess wird als *stress shielding* bezeichnet. Bessere Voraussetzungen bieten hier Titan und Titanlegierungen (z. B. TiAl6V4), deren Elastizitätsmodul mit 55-110 GPa deutlich niedriger ist. Diese Materialien werden erfolgreich bei Hüft- und Knieprothesen sowie als Schrauben und Pins zur Fixation von Knochen eingesetzt. Seit einiger Zeit werden zunehmend Methoden zur Oberflächenmodifizierung (z. B. Einstellen spezieller Rauigkeiten, Erhöhung der Benetzbarkeit, Beeinflussung elektrostatischer Ladungen, Aufbringen von HAP-Schichten) erarbeitet, um die Osteointegration metallischer Implantate zu verbessern [BLS$^+$01, WHT00, QSK$^+$98, JGPPA07]. Mit dem Paradigma der Unlöslichkeit von metallischen Werkstoffen *in vivo* brechen die neuen Entwicklungen auf dem Gebiet der Magnesium-basierten Metallimplantate [Wit10]. Diese können in Abhängigkeit von der Legierungszusammensetzung durch Korrosion biodegradiert werden, wobei jedoch die damit verbundene Gasentwicklung berücksichtigt werden muss.

2.3.2.2 Synthetische Polymere

Biokompatible Polymere sind aufgrund ihres geringen Elastizitätsmoduls zwar nur begrenzt für lasttragende Anwendungen geeignet, vereinen aber dennoch zahlreiche vorteilhafte Eigenschaften in sich [Gri00]. Dazu zählen gute Biokompatibilität, vielfältige Verarbeitungs- und Formgebungsmöglichkeiten, Verfügbarkeit funktioneller Gruppen, Möglichkeiten der Oberflächenmodifizierung, geringe Dichte und hohe Duktilität [MR05]. Von den bioinerten, nicht degradierbaren Vertretern werden am häufigsten Polyethylen (PE) und seine Modifikationen (LDPE, HDPE, UHMWPE) im Gelenksersatz (Überzug von Gelenkpfannen, artifizielle Patella, Spacer im Wirbelbereich) verwendet. Polyethylenterephthalat (PET), Polytetrafluoroethylen (PTFE, Teflon) und Polyurethan (PU) finden Anwendung im Gefäßersatz. Weitere Beispiele sind Silikon, Polypropylen (PP) und Polymethylmethacrylat (PMMA), wobei letzteres als selbstpolymerisierender Zement eine wichtige Rolle bei der Fixation von Implantaten spielt. Nachteilig wirken sich jedoch die Freisetzung von Monomeren sowie Wärmeentwicklung und Schrumpfung beim Abbindeprozess aus [Sta05]. Über zelluläre oder enzymatische Wege (z. B. durch Esterasen, Papain, Lysozym) resorbierbare Polymere wie z. B. Polylactid (PLA), Polyglycolid (PGA), Polylactidglycolid (PLGA), Polyvinylalkohol (PVA), Polycaprolacton (PCL), Polyanhydride und Polyorthoester werden auch im Zusammenhang mit *drug delivery*-Systemen eingesetzt. Herausforderungen für alle polymeren Biomaterialien bestehen in Bezug auf die Sterilisation, bei der sich die chemischen und mechanischen Eigenschaften verändern können. Außerdem quellen die Materialien in biologischer Umgebung, degradieren dabei teilweise und setzen Oligomere frei, die zu Entzündungsreaktionen führen können [Jan07].

2.3.2.3 Kollagen und andere Biopolymere

Seit einiger Zeit steigt das Interesse an biologischen Polymeren, von denen sowohl Polysaccharide (z. B. Chitin und sein Derivat Chitosan, Cellulose, Stärke, Glykogen, Glukosaminoglykane, Alginat) [DMSR05, SCRD07, LPS04, MRH02] als auch Proteine (z. B. Kollagen und sein Derivat Gelatine, Fibrin) für unterschiedliche Anwendungsbereiche getestet werden [GBM06]. Diese Polymere zeichnen sich durch ihre Biodegradierbarkeit und ihren molekularen Aufbau aus, der den natürlich im Körper vorkommenden Analoga ähnelt. Da es sich bei den Biopolymeren um Naturprodukte handelt, schwanken Qualität und Reinheit, was für manche Anwendungen problematisch ist. Bis heute werden allein Kollagen und Kollagenderivate in Form von Schwämmen, Vliesen und Membranen als kommerzielle Produkte angeboten (siehe Tabelle 2.5). Auch wenn das Anwendungsgebiet

Tab. 2.5: Beispiele kommerziell verfügbarer Biomaterialien, die auf Kollagen und Kollagenderivaten basieren.

Name	Hersteller/Vertrieb	Ursprung	Vernetzung, Zusätze
BioBar	Colbar	bovin	k. A., keine
Bio-Gide	Geistlich Biomaterials	porcin	keine, keine
BioMend	Sulzer Calciteck	bovin	FA, keine
Genta-Coll	Resorba	equin	nch, Gentamicinsulfat
Jason G	aap Implantate	porcin	k. A., Gentamicinsulfat
Opocrin	Vebas	equin	DPPA, keine
Parasorb Dentalkegel	Resorba	equin	k. A., keine
Paroguide	Vebas	equin	DPPA, 4 % Chondroitinsulfat
Periogen	Collagen Inc.	bovin	GA, keine
Septocoll	Biomet	equin	k. A., Gentamicinsulfat
Targobone E	Henry Schein Dental	equin	k. A., Teicoplanin
Tissue Guide	Koken	bovin	HMDIC, keine

zum großen Teil im Bereich der Wundabdeckung liegt, werden diese Materialien auch im Zusammenhang mit dem Hartgewebeersatz eingesetzt. Um die Degradationsrate zu reduzieren werden die Kollagenprodukte chemisch z. B. mit Formaldehyd (FA), Glutaraldehyd (GA), Diphenylphosphorylazid (DPPA), Hexamethylenediisocyanat (HMDIC) oder nichtchemisch (nch) vernetzt [BW01]. Um Entzündungen zu therapieren werden teilweise Antibiotika wie z. B. Gentamicin oder Teicoplanin zugesetzt.

2.3.2.4 Calciumphosphat- und Calciumsulfat-basierte Knochenersatzmaterialien

Zu dieser Materialgruppe zählen neben den unter Punkt 2.3.1 genannten natürlichen (biologischen) Calciumphosphaten solche, die auf synthetischem Weg entweder im Niedrigtemperaturverfahren durch Lösungsfällung oder im Hochtemperaturverfahren (Keramik) hergestellt werden.

Calciumphosphat-Biokeramiken Bei den Hochtemperaturverfahren werden Pulver oder Granulate zumeist unter großem Druck verpresst und anschließend bei Temperaturen von 1000-1500°C gesintert, wodurch die Biokeramik in Form von Blöcken oder Zylindern erhalten wird [SGKB03]. Mit zunehmender Sintertemperatur nehmen die Packungsdichte und die mechanische Festigkeit zu, während sich die Porengröße verringert. Je nach Verfahrensvariante kann das erhaltene Material hochporös bis kompakt sein, wobei sich eine Zunahme der Dichte nachteilig auf die Degradierbarkeit auswirkt. Die Auffüllung von Defekten mit keramischen KEM wird durch deren fehlende Plastizität erschwert. Während Pulver oder Granulate drohen vom Implantationsort zu driften, bedarf es bei Formkörpern einer genauen Anpassung der Geometrie und einer stabilen Verankerung im Empfängergewebe [SGKB03]. Calciumphosphatkeramiken werden als bioaktiv bezeichnet, da sie in positive Interaktion mit differenzierendem Gewebe treten. Die erwünschte Reaktion ist eine intensive Bindung an die Implantatgrenzfläche. Diese Eigenschaft wird u. a. durch die dem Knochen ähnliche mineralische Zusammensetzung der Oberfläche erworben. Zu den bekanntesten und auch kommerziell verfügbaren Vertretern von Calciumphosphatkeramiken gehören Hydroxylapatit (HAP), Tricalciumphosphat (TCP) sowie Mischungen beider Phasen (siehe Tabelle 2.6).

Stöchiometrischer HAP ($Ca_{10}(PO_4)_6(OH)_2$) gilt aufgrund seiner Zusammensetzung, kristallinen Struktur und meist geringen Mikroporosität als nahezu unlöslich im neutralen pH-Bereich, was ihn anfällig gegen Langzeit-Versagen macht [MMK+05]. Die geringfügigen *in vivo* beobachteten Abbauvorgänge werden fast ausschließlich zellulärer Resorption zugeschrieben [DMSZ08, BPK+09]. Synthetisch hergestellter HAP hat mittlerweile weitreichende Anwendung für orthopädische Implantate, Dental- und Innenohrimplantate sowohl als Vollmaterial als auch als Beschichtung gefunden [WH98]. Inzwischen wird HAP-Keramik auch in Form von Nanopartikeln verwendet [MR05].

Ein Vertreter chemisch degradierbarer und zellulär resorbierbarer Calciumphosphatkeramiken ist das ebenfalls in Anwendung befindliche TCP ($Ca_3(PO_4)_2$). Die Kristall-

2.3. Knochenersatzmaterialien – ein Überblick

Tab. 2.6: Beispiele für kommerziell verfügbare KEM, die auf synthetisch hergestellten Calciumphosphaten basieren. Die horizontale Unterteilung in Gruppen erfolgt nach der Zusammensetzung. Gr: Granulat, Bl: Block, Pa: Paste, Pu: Pulver

Name	Hersteller/Vertrieb	Zusammensetzung	Form
Cerapatite	Ceraver Osteal	HAP	Bl
Ceros 80	Straumann	HAP	Gr
Ostim	Heraeus Kulzer	HAP	Pa
Osbone	Curasan	HAP	Gr
PerOssal	aap Implantate	HAP	Bl
Synatite	Aesculap	HAP	Bl
Synthacer	Heraeus Kulzer	HAP	Bl
Biobase	Zimmer Dental	α-TCP	Gr
BioResorb Macro Pore	Sybron Implant Solutions	β-TCP	Gr
Biosorb	Aesculap	β-TCP	Bl
Calc-i-oss	Lifecore Biomedical	β-TCP	Gr
Calciresorb	Ceraver Osteal	β-TCP	Gr, Bl
Cerasorb	Curasan	β-TCP	Gr, Bl
Ceros TCP	Thommen Medical	β-TCP	Gr
chronOS	Synthes	β-TCP	Gr, Bl
easy-graft	DS Dental	β-TCP	Gr
Fortoss Resorb	Biocomposites	β-TCP	Pu
Fortoss Vital	Biocomposites	β-TCP + Hydroxylsulfat	Pa, Pu, Gel
K.S.I. Tri Calcium Phosphat	K.S.I. Bauer-Schraube	β-TCP	Gr, Pu
Kasios TCP Dental	Chiroplant	β-TCP	Gr
Ossaplast	Henry Schein Dental	β-TCP	Gr
Poresorb-TCP	Lasak	β-TCP	Gr
R.T.R.-Kegel	Septodont	β-TCP	Gr, Bl
SynthoGraft	Bicon	β-TCP	Gr
Syntricer	Heraeus Kulzer	β-TCP	Bl
Vitoss	Orthovita	β-TCP	Gr
4-Bone SBS	MIS Germany	60 % HAP + 40 % TCP	Gr
Alaska	Argomedical	HAP + β-TCP	Gr, Bl
Artosal	aap Implantate	HAP + TCP	Gr
Bi-Ostetic	Berkeley Adv Mater	HAP + TCP	Gr
BoneSave	Stryker	20 % HAP + 80 % TCP	Gr
Calciresorb-Cerapatite	Ceraver Osteal	65 % HAP + 35 % TCP	Gr, Pu, Bl
Ceraform	Teknimed	65 % HAP + 35 % TCP	Gr, Pu, Bl
Eurocer	Bioland	HAP + TCP	Gr, Bl
Ostilit	Stryker	20 % HAP + 80 % TCP	Gr, Bl
Straumann BoneCeramic	Straumann	60 % HAP + 40 % TCP	Gr
Tricos	Baxter	HAP + TCP	Gr
Triosite	Zimmer	60 % HAP + 40 % TCP	Gr, Bl

modifikation α-TCP zeigt hierbei eine höhere Löslichkeit als β-TCP. Wegen der geringen Festigkeiten wird der Einsatz von TCP-Produkten in lasttragenden Anwendungen jedoch kritisch gesehen [Jan07]. Das schnelle und schwer vorhersagbare Degradationsverhalten von TCP ist kaum abstimmbar mit der Knochenneubildung [CKL+06].

Biphasische Calciumphosphatkeramiken sind meist aus HAP und TCP zusammengesetzt und somit partiell, je nach Verhältnis der beiden Phasen, kontrolliert abbaubar.

Sie fördern die schnelle Knochenbildung, da Calcium- und Phosphationen in das Umgebungsmedium abgegeben werden und sie werden gut in Knochen integriert [CKL+06]. Beispielsweise hat sich ein HAP/TCP-Verhältnis von 20/80 als günstig erwiesen, da diese Komposition die osteogene Differenzierung von hMSCs stimuliert [LGA+03, ATMD05].

Calciumphosphatzemente Calciumphosphatzemente (CPC) sind Mehrkomponentensysteme anorganischer Phasen und einer wässrigen Lösung (siehe Tabelle 2.7). Nach dem Vermischen derselben entstehen zunächst direkt in den Defekt applizierbare, formbare Pasten, die durch Sedimentation von neu entstehenden Calciumphosphatverbindungen *in situ* aushärten bzw. abbinden (engl. *setting*) [DKBP97]. Dabei verzahnen sich die wachsenden Kristalle untereinander und bilden einen stabilen Formkörper, der je nach Zusammensetzung im Organismus degradiert werden kann. Typische Indikationen für die Anwendung von CPC sind die Auffüllung von unregelmäßig geformten metaphyseren und spongiösen Knochendefekten. Die Art der erhaltenen Calciumphosphatverbindungen und die Geschwindigkeit der exotherm oder endotherm ablaufenden Abbindereaktion werden bestimmt durch den pH-Wert des Reaktionsgemisches, die Verarbeitungs- und Aushärtungstemperatur sowie die Partikelgröße und Art der Ausgangskomponenten [LSCZ03]. Je nach Porosität ergeben sich mechanische Festigkeiten, die bedingt für mechanisch belastete Implantationsbereiche ausreichen (z. B. wird für Calcibon eine maximale Druckfestigkeit von 60 MPa angegeben) [SGKB03].

Tab. 2.7: Beispiele kommerziell verfügbarer Calciumphosphatzemente für den Knochenersatz. TTCP: $Ca_4(PO_4)_2O$, DCP: $CaHPO_4$, ACP: amorphes Calciumphosphat, DCPD: $CaHPO_4 \cdot 2H_2O$, MCPM: $Ca(H_2PO_4)_2 \cdot H_2O$, CSH: $CaSO_4 \cdot 0,5 H_2O$, Pa: Paste, Gr: Granulat

Name	Hersteller/Vertrieb	Zusammensetzung	Form
Bone Source	Stryker	TTCP, DCP + Na_3PO_4-Lösung	Pa
Biobon	Biomet	ACP, DCPD	Pa
Biopex	Mitsubishi	α-TCP, TTCP, DCPD, HAP	Pa
Calcibon/Granules	Biomet	α-TCP, DCP, $CaCO_3$, HAP + Na_2HPO_4-Lösung	Pa, Gr
Cementek	Teknimed	α-TCP, TTCP, $Ca(OH)_2$, H_3PO_4	Pa
Mimix	W. Lorenz Surgical	TTCP, α-TCP + Zitronensäure	Pa
Norian SRS	Norian	α-TCP, $CaCO_3$, MCPM	Pa
PD VitalOs Cement	i-Dent	β-TCP, MCPM, CSH	Pa

Calciumsulfate Calciumsulfate wurden bereits Ende des 19. Jahrhunderts als KEM eingesetzt. Die heute vorwiegend als Granulat oder Formkörper zur Anwendung kommenden Materialien haben aber aufgrund der schwer prognostizierbaren und sehr hohen (meist wenige Wochen) Degradationsgeschwindigkeit nur geringe klinische Bedeutung [SGKB03]. Ähnlich verhält sich das beim vergleichbar zu CPC mit Wasser abbindenden

2.3. Knochenersatzmaterialien – ein Überblick

Calciumsulfat-Hemihydrat (CSH, Gips). Einige Beispiele kommerzieller Produkte sind in Tabelle 2.8 zusammengestellt.

Tab. 2.8: Beispiele kommerziell verfügbarer Calciumsulfate für den Knochenersatz. Pu: Pulver, Gr: Granulat

Name	Hersteller/Vertrieb	Form
CalMatrix	Lifecore Biomedical	Pu
Osteoset	Wright Medical Technology	Gr
Stimulan	Biocomposites	Gr

2.3.2.5 Silikat-basierte Knochenersatzmaterialien

Biogläser sind amorphe Materialien auf Basis saurer Oxide (Siliziumdioxid, Aluminiumdioxid, Phosphorpentoxid) die als Netzwerkbildner fungieren und basischer Oxide (Calciumoxid, Natriumoxid, Kaliumoxid, Magnesiumoxid, Zinkoxid) die als Netzwerkwandler wirken [Bet01, SGKB03]. In Abhängigkeit von der Herstellungsmethode werden zwei Typen bioaktiver Gläser unterschieden. Dies ist zum ersten die konventionelle Schmelztechnik. Die zweite, zunehmend an Bedeutung gewinnende, Verfahrensweise ist die Synthese von silikatischen Materialien mittels Sol-Gel-Verfahren [PJH05].

Konventionelle Biogläser und Glaskeramik Das konventionelle Herstellungsverfahren basiert auf dem Mischen der Ausgangskomponenten in Pulverform, gefolgt von Schmelzen, Gießen, Spritzen, Abschrecken und Tempern. Bioaktive Gläser und Glaskeramiken haben die besondere Eigenschaft, dass sie bei Kontakt mit Körperflüssigkeit spezifische Reaktionen an der Materialoberfläche hervorrufen, wodurch eine carbonatreiche Apatitschicht sowohl *in vitro* als auch *in vivo* abgeschieden wird. Dadurch wird eine verglichen mit HAP höhere Bioaktivität und somit beschleunigte Anbindung an Hart-, aber auch an Weichgewebe erreicht [Hen91].

Die bioaktiven, biologischen und mechanischen Eigenschaften sowie Degradierbarkeit dieser Gläser lassen sich durch die chemische Zusammensetzung und Struktur einstellen [PJH05]. Als bekanntester Vertreter dieser Materialklasse besteht Bioglass 45S5 aus 46,1 mol-% SiO_2, 24,4 mol-% Na_2O, 26,9 mol-% CaO und 2,6 mol-% P_2O_5 und hat hohe klinische Akzeptanz erreicht (siehe Tabelle 2.9) [PJH05, Hen98]. Nachteile der Biogläser sind die geringe mechanische Festigkeit und geringe Bruchzähigkeit. Auch die mechanische Bearbeitung ist aufgrund der hohen Rissanfälligkeit stark eingeschränkt [GDT05]. Durch Wärmebehandlung können Gläser geeigneter Zusammensetzung in Glas/Kristall-Komposite überführt werden, wobei der Anteil und die Partikelgröße der kristallinen Phase gezielt eingestellt werden können. Die mechanischen Eigenschaften verbessern sich auf diese Weise gegenüber dem Ausgangsglas und reichen bis an die von gesinterten kristallinen Keramiken heran. Die bioaktive Apatit-Wollastonit(CaSiO$_3$)-Glaskeramik (A-W-Glaskeramik) wird auf diese Weise hergestellt und hat eine höhere Bioaktivität als gesinterter HAP. Sie wird als Hüft- und Wirbelprothese sowie als Zwischenwirbel-Spacer eingesetzt [Kok92]. Weit verbreitet ist auch maschinenbearbeitbare Glaskeramik des SiO$_2$-Al$_2$O$_3$-MgO-Na$_2$O-K$_2$O-F-Systems, die unter dem Namen Bioverit (3di, Jena) beispielsweise als Mittelohrimplantat eingesetzt wird.

Tab. 2.9: Beispiele für kommerziell verfügbare KEM, die auf Bioglass 45S5 mit der Zusammensetzung 45 % SiO$_2$, 55 % CaO+P$_2$O$_5$ (5:1) basieren. Gr: Granulat, Pa: Paste

Name	Hersteller/Vertrieb	Form
Consil / Novabone	NovaBone	Gr, Pa
PerioGlas	John O. Butler	Gr

Sol-Gel-Gläser Der Sol-Gel-Prozess ist eine Möglichkeit ein amorphes Netzwerk aus SiO$_2$ bei niedrigen Temperaturen zu synthetisieren. Als Ausgangsmaterial dienen flüssige Präkursoren wie z. B. Alkoxysilane (Si(OR)$_4$, R=C$_n$H$_{2n+1}$). Im ersten Schritt erfolgt eine Hydrolyse, in der die Alkoxygruppen oftmals unter saurer Katalyse durch Hydroxylgruppen ersetzt werden.

$$Si(OR)_n + n\,H_2O \xrightarrow{H^+} Si(OH)_n + n\,R - OH \qquad (2.3)$$

Bei dieser Reaktion entstehen zunächst Monokieselsäure und ein vom Präkursor abhängiger Alkohol. In neutralen bis schwach basischen Medien gelöst, ist Kieselsäure bei Raumtemperatur und einer Konzentration von unter ca. 100 ppm über lange Zeit stabil [CCL03]. Höhere pH-Werte führen zur Bildung von Anionen wie SiO(OH)$_3^-$ und SiO$_2$(OH)$_2^{2-}$. Sobald die Konzentration bei ca. 100-200 ppm die Löslichkeit der amorphen Festphase überschreitet, setzen Reaktionen der Autopolymerisation bzw. -kondensation ein. Dieser Prozess kann in drei charakteristische Phasen unterteilt werden [PKT00]:

1. Polymerisation der Monomere bis zum Erreichen der kritischen Keimgröße

2. Wachstum der Keime bis zur Ausbildung sphärischer Partikel

3. Aggregation der Partikel und Ausbildung vernetzter Ketten

Im frühen Stadium der Polymerisation vermutet man auf molekularer Ebene einen Kondensationsmechanismus, der eine bimolekulare Kollision zweier Kieselsäuremoleküle unter Bildung von Dikieselsäure voraussetzt. Dabei vollzieht sich eine nukleophile Substitution

2.3. Knochenersatzmaterialien – ein Überblick

(SN_2) eines Si-OH-Wasserstoffatoms mit einem anderen Siliziumatom, was zur Ausbildung einer Siloxanbindung (Si-O-Si) und Abspaltung eines Wassermoleküls führt.

$$Si(OH)_4 + HO - Si(OH)_3 \Longrightarrow (OH)_3Si - O - Si(OH)_3 + H_2O \qquad (2.4)$$

Diese Reaktion zwischen zwei neutral geladenen Kieselsäuremolekülen vollzieht sich nur sehr langsam, da sie über energetisch bzw. sterisch unvorteilhaft pentakoordinierte Zwischenprodukte verläuft. Wesentlich schneller erfolgt beim Vorliegen nukleophiler Sauerstoffatome die Kondensation zwischen einem ionisierten und einem nichtionisierten Kieselsäuremolekül.

$$Si(OH)_3O^- + Si(OH)_4 \Longrightarrow (OH)_3Si - O - Si(OH)_3 + OH^- \qquad (2.5)$$

Im Falle des Alkoxysilans reagieren die Silanolgruppen sowohl miteinander als auch mit noch unhydrolysierten Alkoxygruppen des Silans.

$$Si - OH + HO - Si \Longrightarrow Si - O - Si + H_2O \qquad (2.6)$$

$$Si - OR + HO - Si \Longrightarrow Si - O - Si + R - OH \qquad (2.7)$$

Die Gesamtreaktion kann somit geschrieben werden als

$$Si(OR)_4 + 2\,H_2O \Longrightarrow SiO_2 + 4\,R - OH. \qquad (2.8)$$

Die Substitution der Si-OH-Gruppen durch Siloxanbindungen erhöht die positive Ladung der Siliziumatome, die dadurch elektrophiler werden und bevorzugte Anlagerungspunkte für Monomere und Dimere bilden. Als Grund hierfür vermutet man die in den Oligomeren höhere Dichte an Silanolgruppen, die saurer und dadurch stärker ionisiert sind. Auf diese Weise reagieren Kieselsäuremoleküle mit dem Ziel ein Maximum an Siloxanbindungen bei einem Minimum an unkondensierten Si-OH-Gruppen zu bilden. In den ersten Schritten werden vorrangig Ringe aus dreich bis sechs Siliziumatomen gebildet, die untereinander durch Siloxanbindungen verknüpft sind. Wenn diese Ringmoleküle dominieren, reagieren freie Monomere und Dimere bevorzugt mit diesen, wodurch kontinuierlich wachsende, kolloidale Partikel mit Durchmessern von 2-3 nm entstehen.

Bei neutralen und basischen pH-Werten tragen die Partikel eine negative Oberflächenladung, was zu gegenseitigen Repulsivkräften und somit zu einem isolierten Wachstum der Primärpartikel führt. Durch den Prozess der Ostwald-Reifung werden kleinere Partikel (höhere Löslichkeit) unter Abspaltung von Kieselsäure wieder aufgelöst, die sich daraufhin an größere Partikel (geringere Löslichkeit) anlagert. Dadurch ergibt sich eine reduzierte Anzahl größerer, separiert im Lösungsmittel vorhander Partikel mit dem Ergebnis eines monodispersen Sols, dessen Stabilität mit steigendem pH-Wert zunimmt. In Abhängigkeit von der Partikelkonzentration und deren Größe führt die fortschreitende Kondensation der Silikatpartikel zur Erhöhung der Viskosität.

Unter sauren Bedingungen oder beim Vorliegen von Salzen in der Lösung können die Abstoßungskräfte reduziert oder gänzlich eliminiert werden, was durch die *Brown'sche* Molekularbewegung zur Kollision der Partikel führt. Wenn ein solcher Kontakt lange genug anhält, führt wiederum die Ausbildung einer Siloxanbindung zur Aggregation der Partikel. Sterische und elektrostatische Kräfte führen zur bevorzugten Anlagerung an den Enden verlängerter Partikelketten, was durch Verzweigungen die Ausbildung eines zusammenhängenden dreidimensionalen Partikelnetzwerks – eines Gels – bedingt. Solange diese als Gelpunkt bezeichnete Zeitmarke noch nicht erreicht ist, lässt sich die Lösung in nahezu beliebige Formen bringen und sich somit die endgültige Probengestalt bestimmen. Zur Stabilisierung der Festkörperstruktur wird nach Erreichen des Gelpunkts häufig eine so genannte Alterung angeschlossen. Dabei laufen beim Tränken des Gels in einem geeigneten Lösungsmittel die Prozesse der so genannten Synerese und der *Ostwald*-Reifung ab [Smi02]. Trotz der scheinbar simplen Mechanismen ist das System sehr komplex, da zahlreiche Parameter die Reaktionen und damit auch die Eigenschaften des resultierenden Produktes beeinflussen [Pra08].

Die Weiterverarbeitung solcher Silikatgele hängt vom jeweiligen Anwendungsfall ab [Sch90, KISKT05]. Gefriertrocknung, wie sie oftmals zur Herstellung von porösen Strukturen eingesetzt wird, eignet sich für die Verarbeitung von Silikatgelen nicht, da die Kristallisation und die damit verbundene Volumenzunahme des Lösungsmittels in den Poren bereits beim Gefriervorgang eine Zerstörung des Netzwerks verursacht [Pra08]. Das durch diese Verfahrensweise meist als Pulver erhaltene Produkt wird als Kryogel bezeichnet.

Erhält man die in das Silikatnetzwerk eingelagerte Flüssigphase, spricht man von Hydrogelen. Diese zweiphasigen Materialien finden auf verschiedene Weise Anwendung. Besonders interessant erscheint die Möglichkeit organische Moleküle (Proteine, Enzyme, Antikörper) oder sogar Bakterien und Zellen während der Herstellung des Gels, z. B. durch Mischen in dieses einzulagern. Werden spezifische Rahmenbedingungen eingehalten, können auf diese Weise biologische Komponenten ungeschädigt in Silikatgele eingelagert werden und behalten dabei ihre biologische Aktivität [LCR01]. Neben der prozessbedingten Möglichkeit mittels des Sol-Gel-Prozesses auch bei Raumtemperatur aus einer Lösung, gemischt mit der Biokomponente, nahezu beliebige Formen zu realisieren, bringt amorphes Siliziumdioxid selbst schon günstige Voraussetzungen für den Einsatz in biologischen Systemen mit. Es verfügt über eine hohe chemische Stabilität, bietet selbst keine Nahrungsquelle für Mikroorganismen, ist nicht toxisch und biologisch inert [LCR01].

2.3. Knochenersatzmaterialien – ein Überblick

Das Trocknen unter überkritischen Bedingungen führt zur Bildung von Aerogelen [MMK+97]. Das sind hochporöse Materialien mit sehr geringen Dichten (0,003-0,35 g/cm³), da sie nur zu ca. 0,13-15 % aus Feststoff bestehen [Smi02]. Ihre besonderen Eigenschaften, wie z. B. sehr niedrige elektrische und thermische Leitfähigkeit, verdanken Aerogele ihrer dendritischen Struktur, die der der Hydrogele entspricht. Die mehrfach verzweigten Partikelketten sind über zahlreiche Kontaktstellen untereinander verbunden und bauen so ein, von einem offenen Porensystem durchdrungenes, dreidimensionales Netzwerk mit einer inneren Oberfläche von 600-1000 m²/g auf. Die einzelnen Partikel haben typischerweise Durchmesser von 1-10 nm, was zusammen mit dem Abstand zwischen den Ketten (ca. 10-100 nm), Porendurchmesser von 3-30 nm ergibt [Pra08]. Durch die Kombination außergewöhnlicher Eigenschaften finden Aerogele in den unterschiedlichsten Bereichen Anwendung [SFS98]. Als Füllstoff werden sie in Filmen, Elastomeren und Flüssigkeiten eingesetzt. Die akustisch, thermisch und elektrisch isolierenden Eigenschaften sind für zahlreiche Forschungsgebiete unerlässlich. Anwendungen in chemischen, pharmazeutischen und medizinischen Bereichen sind etabliert. So werden Aerogele hier z. B. als Wirkstoffträger (*drug delivery system*) [SSSA04] oder als biologisierende Beschichtung für Implantate eingesetzt [HSSZ01]. Sowohl Hydrogele als auch Aerogele finden praktisch kaum Anwendung als KEM.

Dieses Feld ist den Silikatxerogelen vorbehalten, die erhalten werden, wenn die flüssige Phase des Hydrogels durch Verdunsten aus dem Gel entfernt wird. Bei diesem Vorgang kann die Schrumpfung je nach Festphasenanteil bis zu 90 % bei einem verbleibenden Porenvolumen von bis zu 50 % betragen. Dabei entstehen aufgrund der Kapillarkräfte meist Trocknungsrisse, die bis zur völligen Zerstörung des Festkörpers, mit dem Ergebnis eines Pulvers führen können. Die Höhe des Betrages der Kapillarkräfte ist dabei vor allem von der Oberflächenspannung der flüssigen Phase und dem Porendurchmesser abhängig [Pra08]. Eine vorgeschaltete Substitution der flüssigen Phase durch z. B. Alkohole kann die Beanspruchung der Festphase beim Trocknen verringern. In einigen Arbeiten wurde gezeigt, dass das Trocknungsregime mit seinen Parametern wie Temperatur und Luftfeuchtigkeit einen entscheidenden Einfluss auf die Erhaltung der Festkörperstruktur hat [ZG00]. So konnten bei sehr langsamer Trocknung in einer Klimakammer monolithische Silikatxerogele hergestellt werden [Kor01]. Der Sol-Gel-Prozess ermöglicht darüber hinaus die Herstellung mikroporöser Silikatgele, indem Porogene (z. B. Sucrose, Gelatine, PMMA) eingelagert werden oder das Sol geschäumt wird [HWG+03, PJH05].

Vorteile von Sol-Gel-Gläsern gegenüber den konventionellen Äquivalenten liegen in der erhöhten Bioaktivität sowie der beschleunigten Resorbierbarkeit durch das Vorhandensein von Mesoporen (2-50 nm) und funktionellen Gruppen (z. B. Si-OH) [LCH91, ESL+06]. Auch kann die Anzahl der Einzelkomponenten gegenüber schmelztechnisch hergestellten Gläsern unter Aufrechterhaltung der bioaktiven Wirkung reduziert werden [SJPH03]. Arbeiten von *Hench et al.* [Hen97] haben gezeigt, dass die hohe Bioaktivität bei Sol-Gel-Gläsern bis zu höheren Silikatanteilen reicht als bei schmelztechnisch hergestellten Gläsern. Die Geschwindigkeit der Apatitbildung auf Sol-Gel-Gläsern ist höher als bei schmelztechnisch erzeugten Gläsern, was auf eine stärkere Abgabe von löslichem Silikat zurückgeführt wird, das wiederum die Nukleation von Apatitkristallen in den Poren der Gel-Gläser steuert. Die Sol-Gel-Technik wird häufig genutzt, um Silikatphasen mit calciumhaltigen Phasen zu modifizieren. Einige Arbeiten dazu sind in Tabelle 2.10 aufgeführt.

Tab. 2.10: Beispiele von Arbeiten zu Silikat-Sol-Gel-Gläsern, die mit calciumhaltigen Phasen modifiziert wurden. St: Stabilisierung, Tr: Trocknung, Ew: Entwässerung, Ma: Mahlen, Si: Sieben, Pu: Pulver, Gr: Granulat, Mo: Monolith

Silikatphase	Calciumphase	Weiterverarbeitung	Form	Referenz
TMOS	$CaCl_2$	St, Tr, Ma, Si	Gr	[RFLD02]
TEOS	$Ca(NO_3)_2$	St, Tr (600-1000°C), Ma, Si	Gr	[YHY$^+$06]
TEOS	$CaCl_2$	St (40°C), Tr (40°C)	Gr	[PJH05]
TEOS	$Ca(NO_3)_2$	St (60°C), Tr (180°C, 95 % r.F.), St (700°C), Ma	Pu	[ZG00]
TEOS	$Ca(NO_3)_2$	St (60°C), Ew, Tr (180°C), St (700°C), Ma	Mo	[ZG00]
TEOS	$Ca(NO_3)_2$	St (60°C), Tr (180°C), St (700°C), Ma	Pu	[LCH91]

2.3.2.6 Kompositmaterialien, basierend auf den Komponenten Silikat, Kollagen und Calciumphosphat

Da sich die Breite der Anforderungen an KEM mit monophasischen Materialien oftmals nicht erfüllen lässt, werden Mischungen – Komposite – entwickelt, die sich durch überlegene Eigenschaftskombinationen auszeichnen [MR05]. Definitionsgemäß besteht ein Kompositmaterial aus der Kombination zweier oder mehrerer heterogener Materialien – Phasen – die sich in ihrer Zusammensetzung und Form unterscheiden [Kic07]. Die einzelnen Phasen behalten ihre individuellen Eigenschaften und sind miteinander verbunden, wobei dennoch eine Phasengrenze verbleibt. Ziel ist es dabei, verschiedene vorteilhafte Eigenschaften der Einzelkomponenten zu vereinen. Das neue Material verfügt über verbesserte, synergistische Charakteristiken, die mit keiner der nativen Einzelphasen allein erreicht werden können. Dabei steht meist die Optimierung mechanischer Eigenschaften wie Festigkeit, Steifigkeit, Zähigkeit und Rissbeständigkeit im Vordergrund. Die vier Grundtypen von Kompositen sind faserig (Fasern in einer Matrix), laminar (Schichten von Phasen), partikulär (Partikel in einer Matrix) oder hybrid (Kombinationen der drei zuvor genannten) aufgebaut.

Die als Biomaterial entwickelten Komposite bestehen meist aus einer Strukturpha-

2.3. Knochenersatzmaterialien – ein Überblick

se (anorganische Partikel, Whisker, Fasern, Lamellen, Netze), die in eine kontinuierliche Matrixphase (meistens organischer Natur) eingebettet ist. Die Strukturphase dient in der Regel der Erhöhung der Festigkeit, wobei die Matrixphase als Binder für die anorganischen Bestandteile fungiert und Elastizität sowie Duktilität gewährleistet. Eine Angleichung der Partikelgröße der Strukturphase an die der Bausteine der Matrixphase erhöht die Homogenität und Variabilität des Komposits. Von Nanokompositen spricht man, wenn mindestens eine der Phasen in mindestens einer Dimension Abmessungen im Nanometerbereich (< 100 nm) aufweist [CKL$^+$06]. Mit abnehmender Größe nehmen sowohl die spezifische Oberfläche als auch die Kohäsion zwischen den Komponenten zu und die mechanischen Eigenschaften verbessern sich [WYGP08]. Der in diesem Zusammenhang ebenfalls häufig verwendete Begriff des Hybridmaterials ist als Verbindung zweier Phasen auf molekularer Ebene zu verstehen. Die Beschreibung eines Hybridmaterials kann auf der Grundlage der Natur der Phasen, den auftretenden Wechselwirkungen zwischen den Phasen oder der resultierenden Struktur erfolgen [Kic07]. Bezüglich der Matrix sind Kombinationen kristallin/amorph und organisch/anorganisch gebräuchlich. Die Grundbausteine der Phasen können Moleküle, Makromoleküle, Partikel oder Fasern sein. Anorganische Phasen werden meist *in situ* aus molekularen Präkursoren gebildet, die sich u. a. in Abhängigkeit von organischen Templaten zu Clustern oder Partikeln formieren. Basierend auf dem Bindungscharakter sind *class I hybrids* solche mit schwachen Wechselwirkungen zwischen den Phasen (van der Waals Kräfte, Wasserstoffbrückenbindungen, schwache elektrostatische Wechselwirkungen). Ein typisches Beispiel sind anorganische Phasen, die ohne starke chemische Wechselwirkung in ein organisches polymeres Netzwerk eingelagert sind. Wenn die anorganische Phase dabei ein eigenes Netzwerk aufbaut, spricht man von einem interpenetrierendem Netzwerk (IPN). Solche Strukturen entstehen typischerweise bei der Bildung einer anorganischen Sol-Gel-Phase in Gegenwart eines organischen Netzwerks. Im Gegensatz dazu weisen *class II hybrids* starke chemische Wechselwirkungen zwischen den Phasen auf, wie es z. B. bei kovalent gebundenen Blockpolymeren der Fall ist. Die Begriffe Nanokomposit und (Nano)hybrid sind demzufolge nicht klar trennbar und werden in der Literatur oft synonym verwendet. Selbst der Begriff *hybrid nanocomposite* wird verwendet und beschreibt Kombinationen verschiedener Nanokomposite [LLC$^+$08].

Organik/Organik-Komposite Rein organische Komposite können aus synthetischen (siehe Abschnitt 2.3.2.2) oder natürlichen (siehe Abschnitt 2.3.2.3) Polymeren zusammengesetzt sein. Beispiele dafür sind die Komposite Kollagen/Fibroin [WZH$^+$09], Gelatine/Elastin [LLV$^+$08], Chitosan/PCL [XLH08] und Cellulose/PVA [MW06, MGW08]. Die Herstellung solcher Komposite erfolgt oftmals in Form von Fasern, was im Falle der Kollagen-basierten Komposite leicht über deren Selbstassemblierung zu realisieren ist.

Bei synthetischen Polymeren geht man meist von Lösungen aus, die über Elektrospinnen zu Fasern mit Durchmessern im Nanometerbereich verarbeitet werden [TR09, SR08]. Da sich solche Strukturen gut für die Nachahmung der EZM eignen, wird diese Materialgruppe besonders in Bezug auf das *Tissue Engineering* von Weichgewebe beforscht [KJNL08, ANN+08]. Aufgrund der geringen mechanischen Festigkeit ist für lasttragende Anwendungen die Einführung weiterer stabilisierender Komponenten notwendig.

Anorganik/Anorganik-Komposite Die Kombination etablierter anorganischer Phasen ist von besonderem Interesse für die Entwicklung von Biomaterialien im Knochenkontakt. Werden die Phasen über Schmelz- und Sinterprozesse zusammengeführt und somit meist monophasische Materialien mit modifizierten Eigenschaften erhalten, muss die Bezeichnung als Komposit per Definition kritisch betrachtet werden. Aus diesem Grund werden die unter Abschnitt 2.3.2.4 beschriebenen Kombinationen verschiedener Calciumphosphatphasen an dieser Stelle nicht aufgeführt. Dasselbe gilt für die unter Abschnitt 2.3.2.5 bereits beschriebenen Biogläser.

Da sowohl Calciumphosphate als auch Silikate bereits als Einzelkomponenten eine Reihe von Eigenschaften aufweisen, die sich als nützlich für die Anwendung als KEM erwiesen haben, werden auch bei Mischungen beider Phasen synergistische Effekte erwartet. Um von den von Silizium und Silikat bekannten positiven Einflüssen auf das Zellverhalten zu profitieren wurden Methoden entwickelt, um Silikat in Calciumphosphat-basierte KEM einzuführen. Meist wird Si-substituierter HAP oder Si-substituiertes α-TCP durch Copräzipitation löslicher Präkursoren [PRSS07, HRSB06, PBL+04, BPPVR03] oder das Mischen von Partikeln mit anschließender Sinterung hergestellt [BPK+09]. Solange die Wärmebehandlung des Komposits 800-1000°C nicht übersteigt, kristallisieren die Phasen unabhängig ohne sich gegenseitig zu beeinflussen [NGEG04]. Wenn der Silikatgehalt in HAP 3,32 % übersteigt, wird dessen native Struktur zersetzt. Das Einbringen der Fremdionen verfolgt dabei das Ziel, die Löslichkeit, Oberflächenchemie und Morphologie in positivem Sinne zu beeinflussen [PRSS07]. So nimmt mit zunehmendem Silikatgehalt die Löslichkeit von HAP zu [PBL+04], die Sinterschrumpfung verringert sich und die Gesamtporosität wird erhöht [BPK+09]. Außerdem induziert Silikat beim Sintern die Umwandlung von HAP zu β-TCP – was auch von copräzipitierten HAP-Silikat bekannt ist – wodurch sich die Resorbierbarkeit des Komposits für Osteoklasten verbessern soll [BPK+09]. Bei der Mischung mit CPC zeigt Calciumsilikat zwar geringen Einfluss auf die Phasenzusammensetzung, chemische Struktur des CPC, Abbindezeit und Druckfestigkeit (fällt von ca. 40 MPa auf ca. 30 MPa bei 20 % Calciumsilikat) des Komposits, erhöht aber die Bioaktivität und Degradabilität [GWYL07]. Die Einführung von Silizium hat erhöhte biologische Aktivität gegenüber stöchiometrischen Calciumphosphaten gezeigt, was sich

2.3. Knochenersatzmaterialien – ein Überblick

zum einen auf die veränderten Materialeigenschaften und zum anderen auf direkte Effekte des Siliziums auf physiologische Prozesse zurückführen lässt [ASSIB+06]. Durch die Silikatphase wird die negative Oberflächenladung erhöht und damit werden mehr zellbindende Proteine angelagert. Dadurch werden die Adhärenz, Proliferation und Differenzierung von Osteoblasten gefördert [GWYL07]. Außerdem wird mehr EZM gebildet, die zudem schneller mineralisiert. Im Falle von silikat-substituiertem TCP wird dessen Rekristallisation zu Carbonatapatit durch Serumproteine und Osteoblasten gefördert. Tierstudien haben ein signifikant stärkeres Anlagern und Einwachsen von Knochen in Si-substituierte HAP-Granulate verglichen mit reinen HAP-Granulaten [PBB+02, HRSB06] sowie eine erhöhte Produktion organisierter Kollagenfibrillen [PBL+04] belegt. Außerdem weisen Calciumphosphatkeramiken, die im Sol-Gel-Verfahren mit Silikat als Adjuvans hergestellt wurden *in vivo* sehr gute osteokonduktive Eigenschaften und gegenüber herkömmlichen Sinterkeramiken auf HAP- bzw. β-TCP-Basis eine deutlich verbesserte Resorbierbarkeit auf. Sie werden aktiv in die Knochenremodellierung einbezogen und zeigen eine der Knochenneubildung angepasste Biodegradation [BGT+04, BGH+06]. In einer weiteren Studie hat ein Calcium/Silikat-Komposit in Bezug auf Biomechanik, Knochenneubildung und Knochenreifung im Schafmodell den gleichen Heilungserfolg wie autologer Knochenersatz gezeigt [WJK+07].

Eine Zusammenstellung einiger Arbeiten zu Calciumphosphat/Silikat-Kompositen ist in Tabelle 2.11 gegeben. In der Regel werden die Komponenten zu einer Paste vermischt die als extrudierter Strang bei Temperaturen getrocknet wird, bei denen keine Sinterprozesse stattfinden. Dadurch werden Granulate mit Porositäten von 50-80 % erhalten [GHK+00, GTHB03, TBN+04]. Die positiven Ergebnisse der Forschung zu Calciumphosphat/Silikat-

Tab. 2.11: Beispiele für wissenschaftliche Arbeiten zu Calciumphosphat/Silikat-Kompositen. Gr: Granulat, Str: Strang

Calciumphosphatphase	Silikatphase	Weiterverarbeitung, Form	Referenz
58 % HAP, 38 % β-TCP	4 % SiO_2	120°C, Gr	[GHK+00, HGDB04]
74 % HAP	26 % SiO_2	200°C, Str	[GTHB03]
42 % HAP, 28 % β-TCP	30 % SiO_2	200°C, Str	[GTHB03]
76 % HAP	24 % SiO_2	200°C, Str	[TBN+04]
50,4 % HAP, 33,6 % β-TCP	16 % SiO_2	200°C, Str	[TBN+04]
98,3-99 % HAP-Schlicker	1-1,7 % SiO_2	freeze-casting, Sinterung	[BPK+09]
CPC	5-30 % $CaSiO_3$	100-800°C	[GWYL07]
CPC	45,1-67,6 % $CaSiO_3$	37°C, Gr	[LQZ+08]

Kompositen wurden inzwischen in einige kommerzielle Produkte überführt (siehe Tabelle 2.12). Auch hier wird in der Regel auf Hochtemperaturschritte verzichtet und die Silikatkomponente über den Sol-Gel-Prozess gewonnen.

Tab. 2.12: Beispiele kommerzieller KEM, basierend auf Calciumphosphat/Silikat-Kompositen. Gr: Granulat, Pa: Paste, Bl: Block

Name	Hersteller/Vertrieb	Zusammensetzung	Form
Actifuse	Apatech	0,8 % SiO_2, synth. HAP	Gr,Bl,Pa
Biogran	Biomet	SiO_2-Gel mit CaP-Hülle	Gr
BONITmatrix	DOT	52,2 % HAP, 34,8 % β-TCP, 13 % SiO_2	Gr
NanoBone	Artoss	76 % HAP, 24 % SiO_2	Gr, Bl
Nanos	Dr.Ihde	HAP + TCP in SiO_2-Matrix	Gr
Ossa Nova	DOT	92 % HAP, β-TCP, SiO_2; 8 % H_2O	Pa
ReBone	Schütz Dental	87 % HAP + β-TCP eingebettet in 13 % SiO_2-Matrix	Gr

Anorganik/Organik-Komposite Die außergewöhnlichen mechanischen und biologischen Eigenschaften des natürlichen Organik/Anorganik-Komposits Knochen haben die Entwicklung artifizieller Äquivalente vorangetrieben, die im Wesentlichen auf den natürlich auftretenden Einzelkomponenten und ihren Derivaten basieren. Zu den verbreiteten Herstellungsverfahren zählen Blenden, Extrudieren, Compoundieren und Formpressen [BB05]. Dabei fungiert die organische Komponente meist als Binder für die festigkeitssteigernde anorganische Phase und ermöglicht letztendlich die Herstellung poröser Scaffolds [CKL+06]. Die aus der Vielzahl von Einzelkomponenten resultierenden Kombinationsmöglichkeiten und ihre Umsetzung wurden von *Dorozhkin* [Dor09], *Rezwan et al.* [RCBB06] und *Murugan et al.* [MR05] zusammengefasst. Beispiele von Kompositen die als anorganische Komponente Silikat oder CPP und als organische Komponente Kollagen bzw. Kollagenderivate enthalten, sind in Tabelle 2.13 zusammengefasst. Dabei empfinden HAP/Kollagen-Komposite die chemische Zusammensetzung des natürlichen Knochens nach. Der strukturelle, hierarchische Aufbau konnte bisher nicht zufriedenstellend nachgeahmt werden. HAP wird darüber hinaus beispielsweise mit Chitosan [CWC09, KKM+09, MSR+09, CYB+09, THM09, ZCLL08], Alginat [DBD+05], Cellulose [FWT+09, LYLJ08], PLA [SRT+09], PLGA [JTJ+09], pHEMA [HLF+07] und PCL

Tab. 2.13: Beispiele für wissenschaftliche Arbeiten zu Anorganik/Organik-Kompositen, die mindestens eine der Komponenten HAP, Silikat oder Kollagen enthalten.

Anorganische Phase	Organische Phase	Referenz
HAP	Kollagen	[Gel09, WC06, HTY+09, Liu09, SCRS09]
HAP	Kollagen, PLA	[NFW+09]
HAP	Kollagen, Chitosan	[ZTZ+10, WWT+09, WZH+08]
HAP	Gelatine	[ZMM+09]
HAP	Gelatine, Alginat	[BDL+09, DDB+07]
HAP	Gelatine, PCL	[VLC+08]
Bioglas	Kollagen	[KSK06]
Sol-Gel Silikat	Kollagen	[OKI+99]
BONITmatrix	Kollagen	[TUNK08]

2.3. Knochenersatzmaterialien – ein Überblick

[XLHD09] zu Kompositen verarbeitet. Komposite mit silikatischen Phasen als anorganische Komponente sind beispielsweise Calciumsilikat/PCL [WHL+09, KPS+09], Nanosilikat/Chitin [MKK+09], Bioglas/PLLA [HRM08], Bioglas/PCL [ATK+04, Rhe04] und Sol-Gel-Silikat/pHEMA [CLS+08]. Trotz guter Forschungsergebnisse wurden erst wenige Anorganik/Organik-Komposite zu kommerziellen Produkten entwickelt (siehe Tabelle 2.14).

Tab. 2.14: Beispiele kommerzieller Produkte, die auf Anorganik/Organik-Kompositen beruhen. CS: Chondroitinsulfat, Sch: Schwamm, Gr: Granulat, Pa: Paste

Name	Hersteller/Vertrieb	Zusammensetzung	Form
Biostite	Acteon	9,5 % equines Kollagen, 88 % HAP, 2,5 % CS	Sch + Gr
Bio-Gen Putty	Mectron	equines Kollagen, Knochenmineral	Sch + Gr
Bio-Oss Collagen	Geistlich Biomaterials	porcines Kollagen, Bio-Oss 10:90	Sch + Gr
Calciresorb-Collagen	Ceraver Osteal	bovines Kollagen, β-TCP	Sch + Gr
Cerapatite-Collagen	Ceraver Osteal	bovines Kollagen, HAP	Sch + Gr
Collagraft	Zimmer	bovines Kollagen, HAP/TCP (65:35)	Sch + Gr
Collapat II	Biomet	bovines Kollagen, HAP	Sch + Gr
Healos / Fx	DuPuy	xenogenes Kollagen I, beschichtet mit HAP	Sch, Pa

3

Ausgangsmaterialien der Komponenten

In diesem Kapitel werden die Materialien und ihre Verarbeitung beschrieben, die als Phase im entwickelten Kompositmaterial dienen. Für das zweiphasige Kompositmaterial sind das die Silikatphase und die Kollagenphase. Bei den dreiphasigen Kompositen kommt zusätzlich eine Calciumphosphatphase (CPP) hinzu. Alle weiteren verwendeten Materialien, Chemikalien und Geräte sind im Anhang dieser Arbeit aufgeführt.

3.1 Silikatphase

Als Präkursor für die Silikatphase wurde Tetraethoxysilan (TEOS) verwendet. Dieses wurde mit entionisiertem Wasser in einem molaren Verhältnis von 1:4 unter saurer Katalyse (0,01 M HCl) hydrolysiert [KDG00]:

$$Si(OC_2H_5)_4 + 4\,H_2O \Longrightarrow Si(OH)_4 + 4\,C_2H_5OH \tag{3.1}$$

Bei dieser exothermen Reaktion werden die Alkoxygruppen des Silans durch OH-Gruppen substituiert und es entstehen monomere Kieselsäure (Orthokieselsäure, Monokieselsäure) und Ethanol. Da unverzüglich Polymerisationsprozesse einsetzen (siehe Abschnitt 2.3.2.5 auf Seite 30) und dadurch *in vitro* ein Gemisch von Kieselsäuren unterschiedlichen Polymerisationsgrades in einem Ethanol-Wasser-Gemisch vorliegt, wird diese Lösung in dieser Arbeit als PP-TEOS (PP steht für prepolymerisiert) bezeichnet [Sak08].

Im Reagenzglas sind TEOS und Wasser zunächst schlecht mischbar und liegen geschichtet übereinander vor [Sio03]. Durch starkes Durchmischen unter saurer Katalyse werden die TEOS-Kolloide zunehmend kleiner und eine trübe Lösung entsteht [SFB68]. Im Moment der Hydrolyse wird die Lösung heiß und spontan klar. Das erhaltene PP-TEOS wurde anschließend sofort gekühlt und für jeden Versuchsblock frisch angesetzt, um Einflüsse durch eine vorangeschrittene Autopolymerisation der Kieselsäure zu verringern. In dieser Form wurde es sowohl für die Herstellung reiner Silikatxerogele als auch von Kompositxerogelen mit neutralen Medien vermischt und zur Polymerisation bzw. Gelbildung gebracht. Für theoretische Betrachtungen wurde der Umsatz des TEOS zu SiO_2 (Silikat) bewertet, wobei die Gesamtreaktion wie folgt lautet [Sio03]:

$$Si(OC_2H_5)_4 + 2H_2O \Longrightarrow SiO_2 + 4C_2H_5OH. \qquad (3.2)$$

Das eingesetzte TEOS liegt in einer Konzentration von 4,44 mol/l vor und wird beim Hydrolyseschritt zu 3,33 M Kieselsäure umgesetzt. Somit enthält PP-TEOS rechnerisch 200,04 mg/ml SiO_2 bzw. 93,50 mg/ml Si. Durch das Mischen des PP-TEOS mit Pufferlösungen neutralen pH-Werts bilden sich in Lösung Silikatpartikel, die in Abbildung 3.1 beispielhaft mittels AFM und REM abgebildet sind. Die Größe einzelner Silikatpartikel

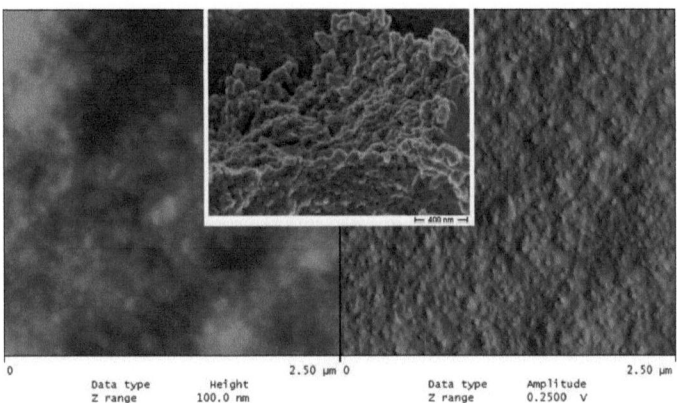

Abb. 3.1: Mittels AFM und REM angefertigte Aufnahmen der in Lösung gebildeten Silikatpartikel.

liegt typischerweise im Bereich von 5-20 nm. Die XRD-Messung des erhaltenen Materials bestätigte die röntgenamorphen Eigenschaften des Silikats (siehe Abbildung 5.30 auf Seite 97).

3.2 Kollagenphasen

Als organische Komponente im Kompositmaterial wurde sowohl natives bovines und porcines, als auch selbst assembliertes bovines Kollagen verwendet. Die nativen Kollagene wurden vom Forschungsinstitut für Leder und Kunststoffbahnen (FILK, Freiberg) ge-

3.2. Kollagenphasen

wonnen, in pastöser Form bereitgestellt und zu Lyophilisaten weiterverarbeitet. Zur Kollagencharakterisierung wurden diese in einer Konzentration von 0,5 mg/ml in entionisiertem Wasser resuspendiert. In den Abbildungen 3.2 und 3.3 sind Höhen- und Amplitudenbilder entsprechender AFM-Messungen beider nativer Kollagenvarianten dargestellt. Das native

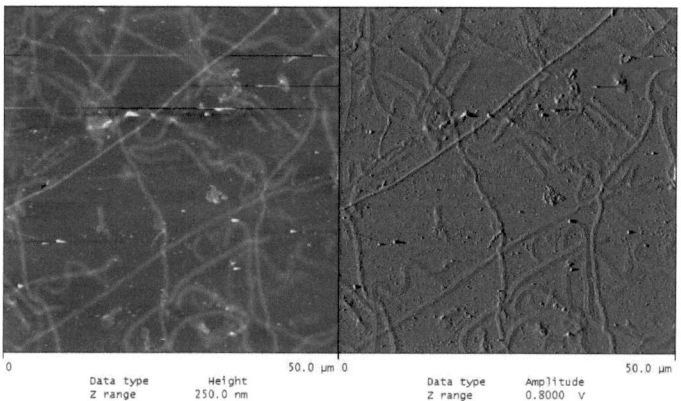

Abb. 3.2: Mittels AFM gemessenes Höhen- und Amplitudenbild des nativen bovinen Kollagens.

bovine Kollagen liegt nach den Resultaten der AFM-Messung in faseriger Morphologie vor. Die gleichmäßigen Fasern haben Längen von etwa 50 μm und wurden vermutlich durch den Gewinnungsprozess in dieser Form erzeugt. Das native porcine Kollagen besteht aus Fragmenten variierender Größe, in denen einzelne Kollagenfibrillen und deren

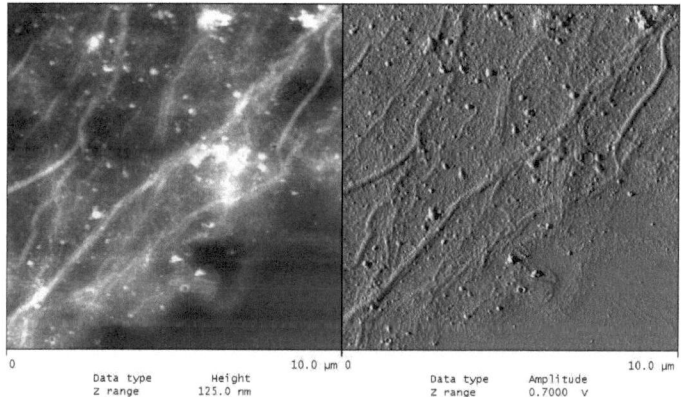

Abb. 3.3: Mittels AFM gemessenes Höhen- und Amplitudenbild des nativen porcinen Kollagens.

Querstreifung klar erkennbar sind. Zudem sind kleinere Fragmente wie z. B. Mikrofibrillen vorhanden.

Im überwiegenden Teil der Arbeit wurde säurelösliches bovines Tropokollagen (Collaplex 1.0 SF) verwendet, das von der Gesellschaft für Naturextrakte (GfN, Wald-Michelbach) bezogen wurde. Da der angebotenen Lösung Konservierungsstoffe zugesetzt sind, wurde zunächst eine Aufreinigung und erst anschließend die Fibrillogenese nach den in Abschnitt 4.2.2 auf Seite 49 beschriebenen Methoden durchgeführt. Nach der Gefriertrocknung wurde das Kollagen für die Charakterisierung in entionisiertem Wasser resuspendiert. Repräsentative Höhen- und Amplitudenbilder des Kollagens, das in gleichmäßiger Verteilung von Fibrillen mit Längen von ca. 10 μm vorlag, sind in Abbildung 3.4 dargestellt.

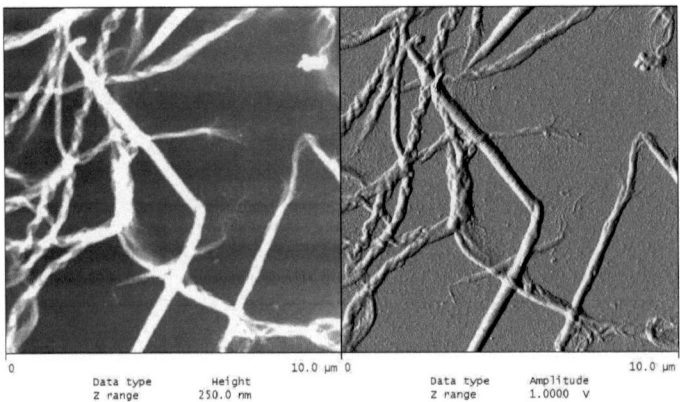

Abb. 3.4: Mittels AFM gemessenes Höhen- und Amplitudenbild des selbst assemblierten bovinen Kollagens.

Für die Herstellung von Kompositmaterialien wurden die zuvor beschriebenen Kollagenlyophilisate in entsprechenden Medien (z. B. Phosphatpuffer, TrisHCl, PBS) resuspendiert. Dazu wurden kleine Portionen des Lyophilisats über 4 h mit einem Propellerrührer und anschließend über 1-2 d bei 37°C mittels Magnetrührer resuspendiert. Auf diese Weise konnten homogene Suspensionen mit Konzentrationen von bis zu 40 mg/ml Kollagen hergestellt werden, die sich ohne Einschränkung mittels Verdrängerpipette dosieren ließen.

3.3 Calciumphosphatphasen

Als Calciumphosphatphasen (CPP) wurden sowohl Hydroxylapatit (HAP) als auch Calciumphosphatzement (CPC) eingesetzt. Beide lagen als Ausgangsmaterial in pulvriger

3.3. Calciumphosphatphasen

Form vor. HAP wurde von der Firma *Merck* (Artikelnummer 102143) bezogen. Dabei handelt es sich kristallographisch gesehen um einen calciumdefizitären HAP, so dass das Material aufgrund seinem Ca/P-Verhältnis von 3/2 als TCP angeboten wird. Die mittlere Teilchengröße des verwendeten Pulvers – bestimmt mit einem *Fritsch Particle Sizer analysette 22* – betrug d_{50}=3,796 µm. Der in dieser Arbeit verwendete CPC wurde von der Firma *InnoTERE* (Dresden) hergestellt. Er ist in seiner Zusammensetzung an den *Biocement D* angelehnt, der in der Arbeitsgruppe von F. C. DRIESSENS [DKBP97, KBDP97] entwickelt wurde und besteht aus 60 m-% α-TCP, 24 m-% $CaHPO_4$, 10 m-% $CaCO_3$, 4 m-% HAP. Diese Ausgangsstoffe wurden in einer Planetenkugelmühle mit Achatausstattung (PKM P5, Fritsch) trocken zu einer Pulvermischung mit einer mittleren Teilchengröße von d_{50}=5,910 µm vermahlen. Nach Vermischen des Pulvers mit Wasser setzt die schrittweise Umsetzung zu HAP ein.

4
Experimenteller Teil

4.1 Untersuchungen zur Kieselsäurepolymerisation und Gelbildung

Der Verlauf der Kieselsäurepolymerisation sowie die damit verbundene Gelbildung und die Silikatisierungsprozesse wurden mithilfe verschiedener Verfahren charakterisiert. Aufgrund seines Einflusses auf die Kinetik dieser Reaktionen, wurde standardmäßig der pH-Wert der Lösungen bestimmt. Die Herstellung des als Ausgangsmaterial verwendeten PP-TEOS, das die Kieselsäure enthält, wurde im Abschnitt 3.1 auf Seite 41 beschrieben.

4.1.1 Konzentrationsbestimmung molybdatreaktiver Kieselsäure

Der Silikat(Kieselsäure)-Test bietet die Möglichkeit, die Konzentration molybdatreaktiver Kieselsäure in Lösung nachzuweisen. Auf diese Weise ist es möglich, Rückschlüsse auf die Zeitabhängigkeit der Polymerisations- bzw. Kondensationsprozesse der Kieselsäure in den frühen Reaktionsstadien vor Erreichen des Gelpunks zu ziehen [Ile79, RR79, IBH05]. Unter molybdatreaktiver oder freier Kieselsäure sollen sowohl monomere als auch dimere Kieselsäure verstanden werden. Wie in Abschnitt 3.1 auf Seite 41 beschrieben, führt die Hydrolyse des TEOS zunächst zur Bildung von monomerer Kieselsäure. Diese reagiert im weiteren Verlauf zu Dimeren, Trimeren und höher polymerisierten Polykieselsäuren.

Die Molybdatmethode wurde 1949 von Gohr und Scholl beschrieben und im Laufe der Zeit weiterentwickelt [GS49, Cor06]. Das Verfahren beruht auf der Reaktion monomerer Kieselsäure mit Dodecamolybdat $[Mo_{12}O_{40}]^{6-}$ unter Bildung eines gelb gefärbten Molybdosilikats $[Si(Mo_{12}O_{40})]^{4-}$. Da (die in PP-TEOS vorliegenden) Kieselsäuren unterschiedlichen Polymerisationsgrades miteinander im Gleichgewicht stehen, führt der Verbrauch von Monokieselsäure während der Nachweisreaktion zur Rückreaktion bzw. Hydrolyse höher polymerisierter Kieselsäuren. Diese Rückreaktion läuft vom Dimer zum Monomer sehr schnell ab, verlangsamt sich aber bereits beim Trimer deutlich. Wenn die Reaktionszeit wie in der vorliegenden Arbeit auf etwa 10 min begrenzt wird, lässt sich mit der Methode die Konzentration monomerer und dimerer Kieselsäure bestimmen. Eine Unterscheidung derselben ist nicht möglich. Es ist anzumerken, dass diese Reaktion auch mit Phosphationen ablaufen kann. Greift das Phosphat aber nicht in die Polymerisationsreaktionen der Kieselsäure ein, kann durch Subtraktion des Absorptionsanteils des Phosphats auf die Kieselsäurekonzentration geschlossen werden [Cor06].

In der vorliegenden Arbeit wurde die Methode vor allem in Bezug auf das Polymerisationsverhalten des PP-TEOS in verschiedenen Puffern und bei der Evaluierung des zeitabhängigen Degradationsverhaltens von Xerogelen in verschiedenen Medien eingesetzt. Das verwendete Kit besteht aus den Reagenzien Si-1, Si-2 und Si-3 und entspricht den *US Standard Methods* 4500-Si E und der DIN 38 405 [MK04a]. Jeweils 10 μl Probenvolumen wurden mit 240 μl entionisiertem Wasser verdünnt, 10 μl der Reagenz Si-1 zugegeben, intensiv vermischt und drei Minuten stehen gelassen. Anschließend wurden 10 μl der Reagenz Si-2 zupipettiert und nach kräftigem Mischen mit 50 μl der Reagenz Si-3 gemischt, wodurch das gelb gefärbte Molybdosilikat zu Silikomolybdänblau reduziert wurde. Nach 10-minütiger Reaktionszeit wurden je 300 μl der Lösung in Mikrotiterplatten pipettiert und die Absorption bei einer Wellenlänge von 700 nm gemessen. Ausgehend von einer Silizium-Standardlösung (1 mg/ml) wurden nach sukzessivem Verdünnen und Anwendung des Kits Kalibrierreihen erstellt, anhand derer, nach Abzug der Leerwerte, auf die Kieselsäurekonzentrationen der Proben rückgeschlossen wurde.

4.1.2 Messung der Gelbildungsdauer

Als Gelbildungsdauer wird die Zeit definiert, die bis zur vollständigen Erstarrung einer kieselsäurehaltigen Lösung vergeht – sich also ein stabiles dreidimensionales Netzwerk gebildet hat. Daraus lassen sich Rückschlüsse auf die Kinetik der Kieselsäurepolymerisation und den Einfluss verschiedener Reaktionsbedingungen auf diese Prozesse ziehen. In der vorliegenden Arbeit wurden vor allem die Einflüsse der Kieselsäurekonzentration, des Puffers und des organischen Templats Kollagen auf diese Weise untersucht. Dazu wurden bei Raumtemperatur jeweils 1 ml-Ansätze in Reaktionsgefäßen in entsprechenden Zeitintervallen um 90° gedreht und dabei geprüft, ob die Lösung erstarrt ist. Da die Gelbildung und der damit verbundene Anstieg der Viskosität ein kontinuierlicher Prozess ist, erfolgte die Erfassung und Angabe der Gelbildungszeiten bis 1 h minutengenau, bis 1 d stundengenau und darüber hinaus tageweise.

4.2 Aufbereitung der Kollagene

4.2.1 Gewinnung der nativen bovinen und porcinen Kollagene

Die nativen Kollagene wurden vom Forschungsinstitut für Leder und Kunststoffbahnen (FILK, Freiberg) gewonnen und in pastöser Form bereitgestellt. Dazu wurden Tierhäute vom Schlachthaus bezogen, in kaltem Wasser gewaschen und für 24 h in gesättigter $Ca(OH)_2$-Lösung gekalkt. Nach einem weiteren Waschschritt wurden die Häute mit $(NH_4)_2SO_4$ entkalkt, mit einer 1,5 %igen H_2O_2-Lösung behandelt und mit einem Fleischwolf grob zerkleinert. Anschließend wurde das Material mit HCl auf einen pH-Wert von 3,5 eingestellt, mit Eis gemischt und mittels Kolloidmühle zerkleinert. Überständiges Wasser wurde durch Zentrifugation entfernt und die erhaltene Paste gefriergetrocknet.

4.2.2 Fibrillierung des bovinen Tropokollagens und Herstellung von Suspensionen

Im überwiegenden Teil der Arbeit wurden selbst assemblierte Fibrillen bovinen Kollagens Typ I als organisches Templat bzw. organische Komponente in den Kompositgelen eingesetzt (siehe Abschnitt 3.2 auf Seite 42). Als Ausgangsmaterial dafür diente eine 1 %ige Tropokollagenlösung die zur Entfernung von Konservierungsstoffen einigen Aufreinigungsschritten unterzogen wurde. Dazu wurden 100 ml unter Rühren in 800 ml entionisiertem Wasser gelöst. Nach Zugabe von 58,44 g NaCl wurde das Kollagen als flockiger, farbloser Niederschlag ausgefällt, die Lösung mit entionisiertem Wasser auf 1 l Gesamtvolumen aufgefüllt und für 24 h bei 4°C gerührt. Das Kollagen wurde durch Zentrifugation der Suspension (7500 g, 10 min) gesammelt und nochmals der beschriebenen Lösung, Fällung und Zentrifugation unterzogen. Anschließend wurden die gesammelten Kollagenpellets in einen Dialyseschlauch (MWCO 12-14 kDa) gegeben. Die Dialyse erfolgte gegen entionisiertes Wasser bei 4°C über einen Zeitraum von 7 d, wobei das Wasser in Intervallen von ca. 12 h erneuert wurde.

Für die Fibrillogenese wurde das Dialysat zunächst mit 1 mM HCl auf eine Kollagenkonzentration von 2 mg/ml verdünnt. Diese Lösung wurde im Volumenverhältnis 1:1 mit 60 mM Phosphatpuffer gemischt und im Wasserbad bei 37°C über Nacht ausfibrilliert. Die Kollagenfibrillen wurden kurz aufgeschüttelt, bei 5000 g für 5 min abzentrifugiert und der Überstand verworfen. Die Kollagenpellets wurden gesammelt, mit 6 mM Phosphatpuffer gespült, eingefroren und gefriergetrocknet.

Die erhaltene Lyophilisate, sowohl der nativen Kollagene als auch des selbst assemblierten Kollagens, dienten als Ausgangsmaterial für alle weiteren Schritte, insbesondere der Herstellung homogener Kollagensuspensionen. Diese wurden hergestellt, indem kleine

Portionen des Lyophilisats in geeigneten Puffern (Phosphatpuffer, TrisHCl) mithilfe eines Propellerrührers auf niedriger Stufe (Vermeidung von Lufteintrag) über einen Zeitraum von 4 h vorgelöst und anschließend mit einem Magnetrührer über 1-2 d bei 37°C endverarbeitet wurden. Die erhaltenen Suspensionen mit typischerweise 30 mg/ml Kollagen waren homogen und ließen sich mittels Verdrängerpipette exakt dosieren.

4.3 Templatfunktion der Kollagenphase für Silikat

Durch die Bestimmung des Anteils primärer Aminogruppen des Kollagens wurde geprüft, ob die in der Literatur angeführte Bindung der Kieselsäure an diese Gruppen im vorliegenden Fall bestätigt werden kann [CL03]. Dazu wurden homogene Kollagensuspensionen in Phosphatpuffer nach SÖRENSEN bei pH 7,0, pH 7,4 und pH 8,0 mit unterschiedlichen Konzentrationen an PP-TEOS versetzt. Da die absolute Kollagenmasse in allen Ansätzen gleich gehalten wurde, erlaubten die relativen Verhältnisse der jeweiligen Anteile primärer Aminogruppen Rückschlüsse auf die Templatfunktion des Kollagens für die Silikatisierung. Die Methode wurde außerdem zur Analyse des Einflusses von Hydroxylapatit auf die Silikatisierung des Kollagens angewendet. Die verwendete Nachweismethode beruht auf einer Farbreaktion von 2,4,6-Trinitrobenzolsulfonsäure (TNBS) [KL69]. Diese wird in schwach alkalischer Lösung bei Reaktion mit den primären Aminogruppen von Aminosäuren, Peptiden und Proteinen zu einem stabilen Trinitrobenzolderivat umgesetzt. Das bei dieser Substitutionsreaktion gebildete trinitrophenylierte, gelb gefärbte Reaktionsprodukt wird spektralphotometrisch gemessen [BO92].

Das Gesamtvolumen der Mischung von PP-TEOS und Kollagensuspension betrug pro Ansatz jeweils 1 ml, wobei Masseverhältnisse von Silikat/Kollagen von 90/10, 80/20, 70/30, 60/40 und 50/50 eingestellt wurden. Die absoluten Konzentrationen wurden so gewählt, dass im Versuchszeitraum keine Gelbildung einsetzte. Als Referenzwert diente eine Kollagensuspension ohne Zusatz von PP-TEOS. Nach einstündiger Reaktionszeit bei Raumtemperatur wurden zu jedem Ansatz 1 ml 4 %ige $NaHCO_3$-Lösung zupipettiert und für 30 min inkubiert. Anschließend wurde jeweils 1 ml 0,5 %ige TNBS-Lösung (gelöst in 4 %iger $NaHCO_3$-Lösung) zugegeben und für 2 h bei 40°C ausreagiert. Für die abschließende Hydrolyse wurden alle Ansätze bei 60°C für 90 min mit je 2 ml 6 M HCl versetzt. Für die photometrische Messung wurden alle Proben auf Raumtemperatur abgekühlt, von jeder Probe viermal 300 μl in Mikrotiterplatten pipettiert und die Absorption bei einer Wellenlänge von 420 nm bestimmt.

4.4 Herstellung von Silikat- und Kompositgelen sowie Scaffolds

Als Ausgangsmaterialien für die Probenherstellung dienten die im Kapitel 3 aufgeführten Komponenten Silikat (als PP-TEOS), Kollagen (als Suspension) und Calciumphosphat (als Pulver).

4.4.1 Probenzusammensetzung und Nomenklatur

In Tabelle 4.1 sind beispielhaft die Zusammensetzungen typischer Proben basierend auf einem Gesamtvolumen von 1 ml und einer Konzentration der Kollagensuspension von 30 mg/ml aufgeführt. Die Probenbezeichnungen setzen sich dabei aus den Anfangsbuchstaben des verwendeten Kollagentyps (B: bovin, P: porcin) und gegebenenfalls der Calciumphosphatphase (H: HAP, C: CPC) zusammen. Jeweils hinten angestellt ist der Masseanteil der entsprechenden Komponente in Prozent. Der Silikatanteil entspricht jeweils der Differenz der Summe der Anteile der Kollagen- und Calciumphosphatkomponenten zu 100 %. Alle weiteren Probenzusammensetzungen können bei variablem Gesamtvolumen und variabler Kollagenkonzentration anhand der im Abschnitt 5.1.4 auf Seite 79 dargestellten Formeln ermittelt werden.

Tab. 4.1: Beispiele für Probenansätze der zweiphasigen und dreiphasigen Kompositgele in Abhängigkeit vom prozentualen Masseverhältnis der Komponenten bei einem Gesamtvolumen von 1 ml und einer Kollagenkonzentration der verwendeten Suspension von 30 mg/ml.

Probe	Silikat [%]	Kollagen [%]	CPP [%]	V(PP-TEOS) [ml]	V(Kollagen) [ml]	m(CPP) [mg]
B5	95	5	0	0,740	0,260	0
B10	90	10	0	0,574	0,426	0
B20	80	20	0	0,375	0,625	0
B30	70	30	0	0,259	0,741	0
B40	60	40	0	0,184	0,816	0
B50	50	50	0	0,130	0,870	0
B10H5	85	10	5	0,560	0,440	6,596
B10H10	80	10	10	0,545	0,455	13,642
B10H20	70	10	20	0,512	0,488	29,280
B15H15	70	15	15	0,412	0,588	17,653
B30H5	65	30	5	0,245	0,755	3,774
B30H10	60	30	10	0,231	0,769	7,694
B30H20	50	30	20	0,200	0,800	16,002

Für die Herstellung der Silikatgele ohne Kollagenanteil wurde anstelle der Kollagensuspension der Puffer verwendet, in dem das Kollagen im Falle des Silikat/Kollagen-Komposits gelöst gewesen wäre (siehe Tabelle 4.2).

Tab. 4.2: Beispiele für Probenansätze der reinen Silikatgele, basierend auf denen der zweiphasigen Komposite.

Probe	Silikat [%]	Kollagen [%]	CPP [%]	V(PP-TEOS) [ml]	V(Puffer) [ml]	m(CPP) [mg]
S10	100	0	0	0,574	0,426	0
S30	100	0	0	0,259	0,741	0

4.4.2 Herstellung, Stabilisierung, Entwässerung und Vernetzung der Silikat- und Komposithydrogele

Die Herstellung jedes einzelnen Hydrogels erfolgte separat in dem Gefäß, das nach Erstarren der zunächst fließfähigen Mischungen die endgültige Gelform bestimmen sollte. Zunächst wurde das entsprechende Volumen der Kollagensuspension vorgelegt und dieses ggf. mit der berechneten Masse an CPP durch Vortexen vermischt. Im nächsten Schritt wurde das PP-TEOS zugegeben und unverzüglich durch intensives Vortexen mit der Kollagensuspension vermischt, da sich die Gelbildungsdauer vor allem bei hohen Kollagenkonzentrationen auf teilweise wenige Sekunden verkürzte. Für die zur Stabilisierung der Festkörperstruktur durchgeführte Alterung wurden die Gefäße mit den Hydrogelen direkt nach Vermischung der Komponenten und Erreichen des Gelpunktes luftdicht verschlossen und für 72 h bei 37°C gelagert. Gegebenenfalls wurde eine Entwässerung der Hydrogele durchgeführt, indem die Proben mit Ethanol sukzessive steigender Konzentration (50 %, 60 %, 70 %, 80 %, 90 %, 95 %, 100 %) überschichtet und jeweils für 1 h inkubiert wurden. Eine Vernetzung des Kollagens in den Kompositxerogelen wurde vorgenommen, indem 100 mM EDC und 50 mM NHS in 40 % Ethanol gelöst und für 24 h auf den Proben belassen wurden. Anschließend wurde die Vernetzungslösung abgesaugt und die Proben fünfmal je 30 min mit entionisiertem Wasser gespült.

4.4.3 Überführung der Hydrogele in Xerogele

Die zuvor beschriebenen Silikat- und Komposithydrogele wurden unter verschiedenen klimatischen Bedingungen getrocknet. Variiert wurden dabei Temperatur und relative Luftfeuchtigkeit in folgender Form: 4°C, 85 % r.F. (Kühlzelle), 20°C, 30 % r.F. (Raumklima im Labor), 37°C, 15 % r.F. (Trockenschrank) und 20°C, 40°C, 60°C mit jeweils 75 % r.F. (eingestellt im Klimaprüfschrank). Um den Verlauf der Trocknungsvorgänge zu beurteilen, wurden in definierten Zeitintervallen die Gelmassen bestimmt. Das Volumen der Xerogele wurde entweder nach dem Prinzip von ARCHIMEDES oder bei definierter Geometrie durch Ausmessen bestimmt. Als Quotient des Volumens und der Masse der Xerogele wurden deren scheinbare Dichten errechnet. Nach Erreichen der Massekonstanz wurden die nun als

Xerogel vorliegenden Proben den weiteren Untersuchungsmethoden zugeführt.

4.4.4 Herstellung von porösen Scaffolds

Die Herstellung von porösen Proben des Kompositmaterials erfolgte durch Einfrieren der Hydrogele mit einer Rate von 10 K/h auf -20°C und anschließender Gefriertrocknung. In Abhängigkeit von der Probenzusammensetzung wurden dadurch Proben mit dem Materialcharakter poröser Kollagenscaffolds oder Kryogele erhalten.

4.5 Mechanische Testungen

Die Testungen dienten der Beurteilung der zusammensetzungsabhängigen mechanischen Eigenschaften der Xerogele sowohl im trockenen als auch im nassen Zustand. Von besonderem Interesse war dabei der Einfluss der Kollagenphase und der CPP auf die als Referenz gewerteten mechanischen Eigenschaften der reinen Silikatgele. Für die Herstellung der entsprechenden Prüfkörper wurden 6 ml-Ansätze der Grundkomponenten zunächst zu Hydrogelen vermischt, die anschließend in Xerogele überführt wurden.

4.5.1 Mechanische Bearbeitung der Xerogele

Um die für die mechanischen Testungen notwendigen definierten Probengeometrien zu gewährleisten, wurden die Xerogel-Rohlinge mithilfe einer Drehmaschine sowohl an den Basisflächen als auch an der Mantelfäche so bearbeitet, dass Zylinder mit einem Höhe/Durchmesser-Verhältnis von 2:1 erhalten wurden. Je nach Größe des Rohlings lagen die Probendurchmesser im Bereich von ca. 5-6 mm.

4.5.2 Bestimmung der Druck- und Zugfestigkeit der Xerogele

Für die Bestimmung der Druck- und Zugfestigkeit der Xerogele wurde eine Universalprüfmaschine *Instron 5566* in Verbindung mit der Steuerungs- und Auswertesoftware *Merlin IV* verwendet. Unter Druckfestigkeit wird im Allgemeinen die unter einachsiger, kurzzeitiger Druckbelastung gemessene Bruchfestigkeit verstanden. Zugfestigkeit kennzeichnet die entsprechend unter Zugbelastung gemessene Maximalspannung. Pro Zustand wurden mindestens 10 Proben gemessen. Die Druckfestigkeit wurde ermittelt, indem die Prüfkörper aufrecht auf der Basisfläche stehend zwischen den Druckstempeln in Richtung der Zylinderachse bis zum Bruch belastet wurden. Der Vorschub betrug dabei 5 %/min. Die gemessenen Kräfte (F) wurden auf die anfängliche Querschnittsfläche (A) der Proben bezogen und als Spannungswert (σ) ausgegeben.

$$\sigma = \frac{F}{A} \qquad (4.1)$$

Die Dehnung bzw. Stauchung berechnet sich als Quotient der Längenänderung und der Anfangsmesslänge. Für die Auswertung wurden die Ergebnisse als Spannungs-Stauchungs-Kurven aufgetragen und zunächst die Druckfestigkeit abgelesen. Der Elastizitätsmodul wurde als Steigung in einem Stauchungsbereich von ca. 2 % um den ersten Wendepunkt im Bereich zunehmender Spannung berechnet. Die Bruchstauchung wurde als Differenz der Gesamtstauchung bei Höchstkraft und dem Schnittpunkt der Gerade des Elastizitätsmoduls mit der Abszisse berechnet.

Die Zugfestigkeit der Xerogele wurde bestimmt, indem die Prüfkörper auf der Mantelfläche liegend unter gleichen Bedingungen längs zweier genau gegenüberliegender gerader Linien belastet wurden. Dieser Versuchsaufbau entspricht der auch als *Brasil-Test* bekannten Methode, mit der im Speziellen die diametrale Zugfestigkeit bzw. Spaltzugfestigkeit ermittelt wird. Diese wird in verschiedenen DIN Normen wie z. B. EN 12390-6, 22024 und 1048 behandelt. Aus den gemessenen Kräften lässt sich die Spaltzugfestigkeit (β_{SZ}) bei zylindrischer Probengeometrie mithilfe der Formel

$$\beta_{SZ} = \frac{2\,F}{\pi \cdot d \cdot l} \qquad (4.2)$$

berechnen (F..gemessene Kraft, d..Durchmesser des Zylinders, l..Länge des Zylinders).

4.6 Röntgenbeugung (XRD)

Mittels XRD wurde die Kristallinität der Phasen der Xerogele geprüft. Dazu wurden die monolithischen Proben mit Cu-Kα-Strahlung in einem *Bruker D8 Discover*, ausgestattet mit einem *Vantec 2000* Flächendetektor, über einen Messbereich von 19-40 2-θ und einer vergleichsweise langen Messzeit von 10 min analysiert. Die Messungen wurden freundlicherweise von Herrn Dr. M. Ruhnow (IfWW, Dresden) druchgeführt.

4.7 Mikro-Computertomographie (Mikro-CT)

Eine dreidimensionale Gefügeanalyse der Xerogele wurde mittels Mikro-CT durchgeführt, die in Abhängigkeit von den Probeneigenschaften eine Ortsauflösung der Materialdichte im unteren Mikrometerbereich ermöglicht. Dabei stand vor allem die Poren- und CPP-Verteilung im Fokus des Interesses. Die Messungen wurden freundlicherweise von Herrn

Dr. R. Bernhardt mit einem *SCANCO MEDICAL vivaCT 75* (Standort: MBZ, Dresden) durchgeführt. Die Beschleunigungsspannung betrug 45 keV und die Voxelgröße ca. 20 µm bei 1000 Projektionen. Für die Gefügeanalyse wurden Schnittbilder angefertigt, deren Grauwerte die lokale Materialdichte repräsentierten. Dabei wurde vorausgesetzt, dass reines Silikat durch einen mittleren Grauwertbereich, Kollagen bzw. Poren durch einen unteren Grauwertbereich (geringere Materialdichte im Vergleich zu Silikat, dunkler im Schnittbild) und die CPP durch einen oberen Grauwertbereich (höhere Materialdichte im Vergleich zu Silikat, heller im Schnittbild) repräsentiert werden. Die Flächenanteile dieser Phasen wurden mithilfe der freien Software *ImageJ* (National Institutes of Health, USA) nach Ermittlung der entsprechenden Grenzwerte ausgehend vom reinen Silikat quantitativ berechnet. An ausgewählten Proben wurde zudem hochauflösende Synchrotron-Mikro-CT am Berliner Elektronensynchrotron (BESSY II) durchgeführt. Dabei wurden unter Verwendung einer Photonenenergie von 30 keV 1440 Projektionen mit einer Voxelgröße von ca. 4 µm aufgenommen. Die Rekonstruktionen der Projektionen wurden mit einem gefilterten Rückprojektionsalgorithmus angefertigt.

4.8 Bioaktivität und Degradationsverhalten

Die Bioaktivität und das Degradationsverhalten wurden für die reinen Silikatxerogele sowie die zwei- und dreiphasigen Kompositxerogele bestimmt. Dazu wurden 1 ml-Ansätze zunächst zu Hydrogelen vermischt, die anschließend in Xerogele überführt wurden. Als organische Komponente kam sowohl selbst assembliertes bovines Kollagen als auch natives porcines Kollagen zum Einsatz. Der Kollagenanteil in den Proben betrug bei den zwei- und dreiphasigen Kompositen jeweils 15 m-%, genauso der HAP- bzw. CPC-Anteil in den dreiphasigen Kompositen. Jede Xerogelprobe wurde separat in 1 ml simulierter Körperflüssigkeit (SBF), phosphatgepufferter Kochsalzlösung (PBS) bzw. 1 mM Zitronensäure (ZAC) inkubiert. Über die Versuchsdauer von bis zu sechs Monaten wurden sowohl das Inkubationsmedium als auch die Proben selbst analysiert. In den Medien wurde die Silikatkonzentration (siehe Abschnitt 4.1.1), Calciumkonzentration (siehe Abschnitt 4.8.1) und Proteinkonzentration (siehe Abschnitt 4.8.2) bestimmt. Die Xerogele selbst wurden jeweils kurz mit entionisiertem Wasser gespült und bis zur Massekonstanz getrocknet bevor sie für die Bestimmung der Masseabnahme gewogen und für die elektronenmikroskopischen Untersuchungen (siehe Abschnitt 4.10.2) präpariert wurden. Die Probennahme für die genannten Analysen erfolgte nach 1 d, 3 d, 7 d, 14 d, 28 d und 6 M.

4.8.1 Kolorimetrische Calciumbestimmung

Die o-Kresolphtalein-Komplex-Methode wurde angewendet, um die Calciumionenkonzentration in verschiedenen Medien zu bestimmen. Calcium reagiert dabei in alkalischer Lösung mit o-Kresolphtalein unter Bildung eines violetten Farbkomplexes, dessen Intensität zur Calciumkonzentration in der Probe proportional ist. Für den Test wurden jeweils 10 μl Probenlösung in Mikrotiterplatten überführt. Anschließend wurden je 300 μl der Messreagenz zupipettiert, die durch Mischen der im Calcium-Kit enthaltenen Reagenzien 1 (AMP Puffer, pH 10,7) und 2 (o-Kresolphthalein Komplexon, 8-Hydroxyquinolin, HCl, Detergenz) im Verhältnis 1:1 erhalten wurde [Bio06]. Nach 10-minütiger Durchmischung auf dem Schüttler wurde die Absorption des entstandenen Farbstoffes bei 570 nm gemessen. Eine Kalibriergerade wurde anhand einer Verdünnungsreihe des im Kit enthaltenen Calciumstandards (2,5 mM) erstellt.

4.8.2 Proteinbestimmung nach LOWRY

Die LOWRY-Methode ist eine der am häufigsten angewandten photometrischen Protein- und Peptidbestimmungsmethoden im Mikromaßstab [LRFR51]. Die Reaktion erfolgt in zwei Schritten. Zuerst wird ein Kupfer-Protein- bzw. Kupfer-Peptid-Komplex gebildet, der anschließend das Wolframatophosphorsäure-Molybdatophosphorsäure-Reagenz nach FOLIN-CIOCALTEAU reduziert. Dabei entsteht ein blauer Farbstoff, dessen Intensität sich proportional zur vorliegenden Proteinkonzentration verhält. In der vorliegenden Arbeit diente diese Methode zur Untersuchung der Kollagendegradation bei Inkubation der Kompositxerogele.

Zu 50 μl Probe wurden 250 μl einer Mischung von 98 vol.-% 2 % Natriumcarbonat in 0,1 N Natronlauge und 2 vol.-% 0,5 % Kupfersulfat in 1 % Natriumcitratlösung gegeben, gut geschüttelt und 20 min stehen gelassen. Anschließend wurden jeweils 25 μl der Reagenz nach FOLIN-CIOCALTEAU zupipettiert und der Ansatz nochmals gut geschüttelt. Nach 90 min Reaktionszeit erfolgte die photometrische Absorptionsmessung bei 700 nm Lichtwellenlänge. Nach Abzug der Absorptionswerte der Leerproben wurde anhand von Kalibrierkurven (Verdünnungsreihen von Tropokollagen) auf die Proteinkonzentration in den Medien geschlossen.

4.9 Bestimmung der Biokompatibilität der Komposite

In Zellkulturexperimenten wurde die Biokompatibilität der zwei- und dreiphasigen Xerogele gegenüber Zellen des Knochenremodellierungsprozesses untersucht. Im Rahmen dieser Arbeiten wurden humane mesenchymale Stammzellen (hMSC) zu Osteoblasten

4.9. Bestimmung der Biokompatibilität der Komposite

(hOb) und humane Monozyten (hMz) zu Osteoklasten (hOk) differenziert. Neben der Einzelkultivierung beider Zelltypen wurde eine Kokultur etabliert. Die verwendeten Xerogele (0,5 ml-Ansätze als Hydrogel, Durchmesser der Xerogele ca. 4 mm bei 2 mm Höhe) wurden im Vorfeld von der Firma *Gamma-Service Produktbestrahlung* (Radeberg) durch Gamma-Bestrahlung (Dosis: 25 kGy) sterilisiert. Alle Arbeiten in der Zellkultur wurden unter einer sterilen Laminarflowbox und mit autoklavierten oder sterilfiltrierten Lösungen und sterilen Geräten durchgeführt. Alle Lösungen wurden vor Verwendung für die Zellkultur im Wasserbad auf 37°C vorgewärmt. Die Medienwechsel erfolgten alle zwei bis drei Tage. Mithilfe verschiedener biochemischer Untersuchungen wurden die Zellproliferation und -differenzierung quantitativ ermittelt und ausgewertet. Zur statistischen Absicherung wurden jeweils mindestens drei Proben pro Messpunkt analysiert. Außerdem wurden qualitativ beschreibende mikroskopische Untersuchungen durchgeführt.

4.9.1 Kultivierung der humanen mesenchymalen Stammzellen (hMSC)

Es wurde mit aus Knochenmark isolierten hMSC des Spenders 040 (30 Jahre, kaukasisch, männlich) gearbeitet, die freundlicherweise von Prof. Dr. M. Bornhäuser, Medizinische Klinik I, TU Dresden zur Verfügung gestellt wurden. Die Zellen sind adhärent und Fibroblasten morphologisch ähnlich.

4.9.1.1 Auftauen und Subkultivierung der hMSC

Krykonservierte Zellaliquote lagen in flüssigem Stickstoff bei -196°C vor. Zum Auftauen wurden diese kurz im Wasserbad erwärmt und der Zelleisklumpen in ein 50 ml-Falkon-Röhrchen überführt. Anschließend wurden tropfenweise 50 ml 4°C kaltes DMEM (*low glucose*) mit 20 % FCS (=Auftaumedium) zugegeben. Nach 10 min Ruhezeit wurden die Zellen bei 1500 rpm 5 min abzentrifugiert. Das entstandene Zellpellet wurde mit frischem Anzuchtmedium resuspendiert und in eine 175 cm^2-Kulturflasche überführt. Das Anzuchtmedium bestand aus DMEM mit zusätzlich 10 % FCS sowie 100 U/ml Penicillin/100μg/ml Streptomycin. Die Kultivierung erfolgte im Brutschrank bei 37°C und einem CO$_2$-Gehalt von 7 % in gesättigter Wasserdampfatmosphäre.

Zur Subkultivierung wurde das Medium abgesaugt und die Zellen zweimal mit warmem PBS gewaschen. Anschließend wurden die Zellen mit 10 ml Trypsin/EDTA-Lösung überschichtet und für 5 min im Brutschrank inkubiert, um die Peptidbindungen aufzubrechen und die Zellen vom Boden der Kulturflasche abzulösen. Nach Zugabe von 40 ml Anzuchtmedium wurde die Zellsuspension in ein Falkon-Röhrchen überführt und bei 1500 rpm für

5 min zentrifugiert. Anschließend wurde das Zellpellet in 10 ml frischem Medium resuspendiert und die Zellzahl ermittelt.

Zur Bestimmung der Zellzahl wurden der Zellsuspension 40 µl entnommen und mit 10 µl Trypan-Blau (0,18 %ig) gemischt. Von der Mischung wurden 10 µl unter das Deckblatt einer NEUBAUER-Zählkammer pipettiert und die lebenden Zellen in den vier äußeren Großquadraten (je 16 Kleinquadrate) unter dem Mikroskop ausgezählt. Aus dem Mittelwert der Zellzahl in den vier Großquadraten und dem Verdünnungsfaktor wurde die Zellzahl pro Milliliter Suspension wie folgt ermittelt:

$$\frac{Zellzahl}{ml} = MW\ der\ Zellzahl \cdot Verduennungsfaktor \cdot Kammerkonstante\,(10^4) \quad (4.3)$$

Nach entsprechender Verdünnung wurden die Zellen in neuen Kulturflaschen ausgesät oder zur Besiedlung von Proben eingesetzt. In dieser Arbeit wurden Passage 2 sowie Passage 3 expandiert und Passage 4 zur Besiedlung der Proben verwendet.

4.9.1.2 Besiedlung der Xerogele mit hMSC

Für die Kultivierung in 48er Wellplatten wurden die sterilen Xerogele zunächst für 24 h in je 500 µl DMEM eingelegt. Anschließend wurde das Medium abgesaugt und 10 µl Zellsuspension (7,0·10^4 Zellen) vorher eingestellter Zellkonzentration auf die trockene Probe gesetzt. Nach 30 min Adhäsionszeit wurde mit je 500 µl hMSC-Versuchsmedium aufgefüllt. Dieses enthielt im Vergleich zum Anzuchtmedium zusätzlich 50 µM Ascorbinsäure-2-phosphat. Da das hMSC-Versuchsmedium keine osteogenen Zusätze enthält, wird es auch als Minusmedium bezeichnet. Für die Kultivierung in 96er Wellplatten wurden die sterilen Xerogele ebenfalls für 24 h in 250 µl DMEM eingelegt. Nach Absaugen des Mediums wurden 200 µl hMSC-Versuchsmedium ohne Zellen vorgelegt und 50 µl Zellsuspension (2,0·10^4 Zellen) vorher eingestellter Zellkonzentration zugegeben. Zur Kontrolle wurden 0,8·10^4 Zellen in 48er Wellplatten auf PS ausgesät.

4.9.1.3 Osteoblastäre Differenzierung der hMSC

Die osteogene Differenzierung der hMSC wurde ab dem dritten Versuchstag nach der Besiedlung induziert. Das hMSC-Differenzierungsmedium enthielt zusätzlich zum hMSC-Versuchsmedium 10 nM Dexamethason, 10 nM 1,25-Dihydroxyvitamin D3 und 10 mM β-Glycerophosphat (β-GP). Aufgrund der osteogenen Zusätze wird es auch als Plusmedium bezeichnet. Als Referenz wurden nichtinduzierte Proben mitgeführt, die mit Minusmedium kultiviert wurden.

4.9.2 Kultivierung der humanen Monozyten (hMz)

Monozyten wurden aus humanem Buffycoat isoliert, das nach Zentrifugation von Vollblut als Grenzschicht zwischen Erythrozyten und Blutplasma gewonnen wurde. Es macht etwa 1 % der Blutspende aus und besteht zum größten Teil aus Lymphozyten und Granulozyten. Monozyten stellen einen Anteil von ca. 3-8 %, wobei die Werte je nach Spender schwanken. Die experimentelle Schwierigkeit bestand in der exakten Trennung der enthaltenen Zelltypen mit dem Ziel, eine möglichst reine Monozytenfraktion zu erhalten. Die Buffycoat-Konserven wurden vom DRK-Blutspendedienst bezogen und durften nicht älter als 24 h sein.

4.9.2.1 Isolation der hMz

Im ersten Präparationsschritt wurde das Buffycoat zentrifugiert, um die Leukozytenfraktion anzureichern. Anschließend wurden aus dieser Fraktion mittels Dichtegradientenzentrifugation (1,078 g/ml-Gradient; eingestellt mittels OptiPrep, ProGen Biotechnik) mononukleare Zellen (Monozyten und Lymphozyten) isoliert. Im zweiten Zentrifugationsschritt wurden, unter Verwendung des 1,078 g/ml und 1,068 g/ml Dichtegradienten in Kombination, Monozyten und Lymphozyten voneinander getrennt. Die Lymphozyten befanden sich an der Grenzfläche zwischen beiden Gradienten, die Monozyten oberhalb des 1,068 g/ml-Gradienten. Der letzte Schritt diente zur Aufreinigung der Monozyten, indem noch enthaltene Nichtmonozyten magnetisch separiert wurden (Monocyte Isolation Kit II, Miltenyi Biotech). Dabei wurden Magnetbeads an alle Nichtmonozyten über eine Antikörperbindung gekoppelt. Diese Zellsuspension durchlief anschließend ein Magnetfeld, wobei die markierten Nichtmonozyten am Magneten verblieben und die reine Monozytenfraktion gewonnen wurde. Die Monozyten wurden im Anschluss gezählt und direkt für die Besiedlung der Proben verwendet.

4.9.2.2 Besiedlung der Xerogele mit hMz und osteoklastäre Differenzierung

HMz wurden bei einem CO_2-Gehalt von 7 % in DMEM kultiviert, dem 7,5 % FCS, 7,5 % HS, 50 μM Ascorbinsäure-2-phosphat und 100 U/ml Penicillin/100μg/ml Streptomycin zugesetzt wurden. Die Besiedlung der Xerogele mit hMz erfolgte, indem in 96er Wellplatten 200 μl hMz-Kulturmedium mit zusätzlich 50 ng/ml M-CSF sowie 50 ng/ml RANKL vorgelegt und anschließend 50 μl Monozytensuspension (30·10^4 Zellen) zugegeben wurden. Die osteoklastäre Differenzierung wurde somit direkt mit der Besiedlung induziert.

4.9.3 Cokultur von hMSC und hMz

Cokulturen von hMSC/Osteoblasten und hMz/Osteoklasten auf Xerogelen in 96er Wellplatten wurden angelegt, indem zunächst $2 \cdot 10^4$ hMSC für 13 Tage gemäß dem in den Abschnitten 4.9.1.2 und 4.9.1.3 beschriebenem Regime vorkultiviert wurden. Nach diesem Zeitraum wurde das Medium abgesaugt und die Proben mit $40 \cdot 10^4$ Monozyten, suspendiert in hMz-Kulturmedium, überdeckt und damit weiterkultiviert. Auf eine osteoklastäre Induktion durch Zugabe von M-CSF und RANKL wurde in diesen Fällen verzichtet.

4.9.4 Biochemische Untersuchungsmethoden

Zu den entsprechenden Versuchszeitpunkten wurden die Proben dreimal mit 37°C warmem PBS gewaschen und ohne Flüssigkeitszusatz bis zur späteren Messung bei −80°C eingefroren. Für die Messserien wurden die bei -80°C gelagerten Proben über 30 min auf Eis aufgetaut, wobei sich bereits ein teilweiser Aufschluss der Zellmembranen vollzieht. Danach wurden die Xerogele in 1,5 ml Reaktionsgefäße überführt und mit 250 µl Lysepuffer (1% Triton X-100 in PBS) versetzt. Die auf Polystyrol kultivierten Zellen wurden direkt mit 250 µl Puffer lysiert. Die Lyse wurde auf Eis über einen Zeitraum von einer Stunde durchgeführt. Für die nachfolgend beschriebenen Messungen der DNA-Menge, LDH-, ALP- und TRAP 5b-Aktivität lagen nun jeweils die auf Eis gehaltenen Lysate vor.

4.9.4.1 DNA-Messung

Zur Ermittlung von Zellzahlen wurde die DNA-Konzentration mittels des *Quant-iT PicoGreen dsDNA Reagent* (Invitrogen) bestimmt. Dabei bindet *PicoGreen* spezifisch an Doppelstrang-DNA und wird anschließend fluorometrisch gemessen. Dazu wurden 10 µl Lysat in schwarze, speziell für Fluoreszenzmessungen vorgesehene Mikrotiterplatten pipettiert, anschließend 200 µl der *PicoGreen*-Arbeitslösung zugegeben und nach 5 min Reaktionszeit die Fluoreszenz bei λ_{ex}=485 nm und λ_{em}=535 nm gemessen. Als Leerwert wurde Lysepuffer verwendet, dessen Fluoreszenzwert von allen anderen Messwerten abgezogen wurde. Zur Berechnung der Zellzahl aus den erhaltenen Fluoreszenzwerten wurden Ansätze bekannter Zellzahlen präpariert, von denen ebenfalls die Fluoreszenzwerte bestimmt wurden.

4.9.4.2 Bestimmung der LDH-Aktivität

Als stabiles Enzym des Zytoplasmas wird die Lactatdehydrogenase (LDH) von nahezu allen Zelltypen synthetisiert. Mittels des *LDH Cytotoxicity Detection* Kitsystems von *Takara* wurde die LDH-Aktivität in einer enzymatischen Reaktion nachgewiesen [Tak06].

4.9. Bestimmung der Biokompatibilität der Komposite

Dabei katalysiert die LDH zunächst die Oxidation von Lactat zu Pyruvat, wodurch NAD^+ zu $NADH/H^+$ reduziert wird. Anschließend werden die H/H^+-Protonen des Katalysators (Diaphorase) auf das Tetrazoliumsalz INT (2-[4-Iodophenyl]-3-[4-nitrophenyl]-5-phenyltetrazolium) (gelb gefärbt) übertragen, das daraufhin zu einem wasserlöslichen intensiv rot gefärbten Formazan reduziert wird, dessen Intensität photometrisch gemessenen wird.

Für den Test wurden 50 µl des jeweiligen Lysats und anschließend je 50 µl der im Kit enthaltenen Substratlösung in Mikrotiterplatten pipettiert und die Inkubation lichtgeschützt bei Raumtemperatur für 20 min auf dem Schüttler durchgeführt. Danach wurde die Reaktion durch Zugabe von 50 µl 0,5 M HCl abgestoppt und die Absorption des entstandenen Farbstoffes bei 492 nm gemessen. Bei hohen Zellzahlen war eine vorherige Verdünnung mit Lysepuffer erforderlich, um den linearen Messbereich des verwendeten Spektrometers nicht zu überschreiten. Als Leerwerte wurden für die Polystyrolproben 50 µl des reinen Lysepuffers, ansonsten die Lyselösung der unbesiedelten Xerogele der gleichen Reaktion unterzogen und der erhaltene Absorptionswert als Untergrund abgezogen. Für jeden Versuch wurden zur Erstellung einer Kalibriergeraden Ansätze verschiedener Zellzahlen mitgeführt, deren LDH-Aktivität gleichermaßen bestimmt wurde. Anhand dieser wurden die Absorptionswerte der Proben in die entsprechenden Zellzahlen umgerechnet.

4.9.4.3 Bestimmung der ALP-Aktivität

Die alkalische Phosphatase (ALP) ist ein membrangebundes Zellenzym, das als Marker für die Differenzierung von hMSC in Osteoblasten nachgewiesen wird. Als Substrat für den Aktivitätstest wird das farblose p-Nitrophenolphosphat (pNPP) verwendet, das von der ALP unter Abspaltung von Phosphat abgebaut wird. Das dabei freigesetzte p-Nitrophenol (gelb gefärbt) ist proportional der ALP-Aktivität und die Intensität des Farbstoffes wird photometrisch gemessen.

Es wurden 25 µl des Lysats bzw. mit Lysepuffer verdünntes Lysat in Mikrotiterplatten vorgelegt, dazu jeweils 100 µl der ALP-Substratlösung (20 mg pNPP in 10 ml ALP-Substratpuffer) pipettiert und der Ansatz für 30 min bei 37°C inkubiert. Anschließend wurde die Reaktion mit 50 µl 0,5 M NaOH abgestoppt und die Absorption des gebildeten Farbstoffes bei 405 nm gemessen. Zur Bestimmung der Untergrundabsorption durch den Substrat- bzw. Lysepuffer wurden als Leerwerte bei den Polystyrolproben anstelle des Lysats der Lysepuffer bzw. bei den Xerogelen die Lyselösung der Xerogele ohne Zellen verwendet. Die gemessene Absorption des Farbstoffes wurde anhand einer, durch Verdünnung einer p-Nitrophenol-Standardlösung erhaltenen, Kalibriergeraden in die entsprechende Stoffmenge p-Nitrophenol in nmol umgerechnet. Diese wurde auf die Reaktionsdauer

(30 min) bezogen und auf das Ausgangsvolumen des Lysats hochgerechnet. Die erhaltenen Werte wurden abschließend auf die mittels DNA- bzw. LDH-Messung bestimmte Zellzahl bezogen und die Ergebnisse als relative ALP-Aktivität angegeben.

4.9.4.4 Bestimmung der TRAP 5b-Aktivität

Die Tartrat-resistente saure Phoshatase Typ 5b (TRAP 5b) ist ein lysosomales Enzym, das von Präosteoklasten und vor allem von reifen Osteoklasten gebildet wird. Daher kann sie als Differenzierungsmarker für den Nachweis der Osteoklasten-Aktivität genutzt werden. Das Messprinzip beruht auf der hydrolytischen Aktivität des Enzyms in leicht saurer Umgebung (pH 6,1) [JTSY01]. Dabei hemmt das Tartrat die Aktivität anderer Phosphatasen, wodurch die Messung TRAP 5b-spezifisch wird. Als Substrat für den Aktivitätstest wird Naphthol-ASBI-Phosphat verwendet, das von der TRAP 5b in Phosphat und Naphthol-ASBI (fluoreszierend) umgewandelt wird.

Für die Messung wurden 10 µl Lysat in schwarzen 96er Wellplatten vorgelegt, 50 µl TRAP-Substratpuffer zugegeben und für 30 min bei 37°C inkubiert. Anschließend wurde die Reaktion mit 125 µl TRAP-Stopplösung beendet und die Fluoreszenz bei 405/535 nm gemessen. Die erhaltenen Werte wurden anhand einer Standardreihe (Verdünnungen des TRAP 5b-Enzyms) in die entsprechenden TRAP 5b-Aktivitäten [U/L] umgerechnet.

4.9.5 *Reverse-Transkriptase-Polymerase Chain Reaction (RT-PCR)*

Die Expression osteoblastärer und osteoklastärer Markergene in der entsprechenden Monokultur sowie der Cokultur von hMSC und hMz wurde mittels RT-PCR nachgewiesen.

Die RNA der Zellen wurde mittels des *peqGOLD Microspin Total RNA Kit* (Peqlab) isoliert. Dafür wurden die Proben in 1,5 ml Eppendorfgefäße überführt und je 200 µl des RNA-Lysepuffers zupipettiert. Nach 10-minütiger Lyse wurden je 200 µl 70 % Ethanol zupipettiert und die Lösung gemischt. Anschließend wurde die RNA an die *HiBind-Microspin*-Säulen durch mehrfaches Zentrifugieren gebunden. Die RNA wurde anschließend durch mehrere Wasch- bzw. Zentrifugationsschritte aufgereinigt und abschließend in 20 µl DEPC-Wasser (mit DEPC (Diethyldicarbonat, Diethylpyrocarbonat, $C_6H_{10}O_5$), einem Enzyminhibitor, behandeltes Wasser, das RNAse-frei ist) eluiert. Die Konzentration und Reinheit der isolierten RNA wurde mithilfe eines *Nanodrop 1000* Spektrophotometers bestimmt.

Zum Nachweis der RNA mittels PCR wurde anschließend an der einsträngigen RNA mittels des Enzyms Reverse Transkriptase (RT) eine zur RNA komplementäre DNA (cDNA) synthetisiert. Dafür wurden für alle Zustände gleiche RNA-Mengen (mindestens

4.9. Bestimmung der Biokompatibilität der Komposite

100 ng) mit 200 U *Superscript II* RT, 0,5 mM Desoxyribonukleosidtriphosphaten (dNTPs), 12,5 ng/µl Random Hexamer Primern und 40 U RNAse Inhibitor (RNAse OUT) in einem PCR-Tube gemischt. Der Ansatz wurde anschließend für 50 min bei 42°C und 15 min bei 70°C inkubiert.

Mittels genspezifischer Primer wurden die interessierenden DNA-Abschnitte bei der PCR repliziert. Dafür wurden zu 2 µl cDNA die spezifischen Primerpaare für das *housekeeping*-Gen Glyceraldehyd-3-phosphat Dehydrogenase (GAPDH), alkalische Phosphatase (ALP), Bone Sialoprotein II (BSP II), Osteocalcin (OC), *Receptor Activator of Nuclear factor Kappa B Ligand* (RANKL), Tartrat-resistente saure Phosphatase (TRAP), Calcitoninrezeptor (CALCR), Vitronektinrezeptor (VTNR) und Cathepsin K (CTSK) hinzugefügt. Anschließend wurde die PCR im Thermocycler bei folgendem Regime gefahren (siehe Tabelle 4.3): Aktivierungsschritt bei 95°C für 4 min, entsprechende Anzahl PCR-Zyklen mit je Denaturierung bei 95°C für 45 s, Annealing bei der entsprechenden Temperatur für 45 s und Synthese bei 72°C für 1 min. Der letzte Syntheseschritt erfolgte über 10 min.

Tab. 4.3: Mittels RT-PCR detektierte Gene, Primersequenzen, Zyklenanzahl, Annealing-Temperatur (T_{anneal}) und Produktgröße.

Gen	Primersequenzen	Zyklen und T_{anneal}	Produktgröße
GAPDH	for: 5'-GGTGAAGGTCGGAGTCAACGG-3'	25×55°C	520 bp
	rev: 5'-GGTCATGAGTCCTTCCACGAT-3'		
ALP	for: 5'-ACCATTCCCACGTCTTCACATTTG-3'	30×55°C	162 bp
	rev: 5'-ATTCTCTCGTTCACCGCCCAC-3'		
BSP II	for: 5'-AATGAAAACGAAGAAAGCGAAG-3'	35×55°C	450 bp
	rev: 5'-ATCATAGCCATCGTAGCCTTGT-3'		
OC	for: 5'-CAAAGGTGCAGCCTTTGTGTC-3'	35×55°C	177 bp
	rev: 5'-TCACAGTCCGGATTGAGCTCA-3'		
RANKL	for: 5'-CCAAGATCTCCAACATGACT'	35×50°C	142 bp
	rev: 5'-TACACCATTAGTTGAAGATACT-3'		
TRAP	for: 5'-TTCTACCGCCTGCACTTCAA-3'	30×55°C	484 bp
	rev: 5'-AGCTGATCTCCACATAGGCA-3'		
CALCR	for: 5'-ACTGCTGGCTGAGTGTGGAAA-3'	35×57°C	317 bp
	rev: 5'-GAAGCAGTAGATGGTCGCAC-3'		
VTNR	for: 5' AAGTTGGGAGATTAGACAGAGG-3'	30×57°C	355 bp
	rev: 5'-CTTTCTTGTTCTTCTTGAGGTGG-3'		
CTSK	for: 5'-GATACTGGACACCCACTGGGA-3'	30×57°C	464 bp
	rev: 5'-CATTCTCAGACACACAATCCAC-3'		

Die erhaltenen PCR-Produkte wurden anschließend mittels des *FlashGel Dock System* (Cambrex Bio Science) aufgetrennt und mit einem Geldokumentationssystem erfasst. Eine semiquantitative Auswertung der Gele wurde vorgenommen, indem die absoluten Bandenintensitäten auf die jeweiligen Werte der GAPDH bezogen, und die Probenwerte gegeneinander relativiert wurden [Mil10].

4.10 Mikroskopische Methoden

4.10.1 Atomkraftmikroskopie (AFM)

Für die morphologischen Untersuchungen der Kollagene und der Silikatpartikel wurde die Atomkraftmikroskopie eingesetzt. Bei dieser Methode wird die Probenoberfläche mit einer Siliziumspitze abgetastet. Wechselwirkungen zwischen den oberflächennahen Atomen der Probe und der Spitze werden mithilfe einer Laseroptik erfasst und für die Bildgebung ausgewertet. In der vorliegenden Arbeit wurden sowohl Kollagene als auch Silikat in geeigneten Puffern verdünnt und als Tropfen auf eine frisch gespaltene Glimmeroberfläche gegeben. Nach ca. 15-minütiger Adsorptionszeit wurde der Tropfen entfernt, mit entionisiertem Wasser gespült und mit Stickstoff getrocknet. Die Messungen erfolgten an einem *Nanoscope IIIa Bioscope* (Digital Instruments/Veeco) im *Tapping*-Modus an Luft unter Verwendung Aluminium-bedampfter Siliziumspitzen (Kraftkonstante 40 N/m). Amplitudenbild und Höhenbild wurden simultan bei einer Abtastfrequenz von 1,2 Hz (512 Zeilen) erfasst. Die erhaltenen Aufnahmen wurden mit der Software *WSxM 4.0* (Nanotec Electronica S.L.) ausgewertet.

4.10.2 Rasterelektronenmikroskopie (REM)

Die Rasterelektronenmikroskopie diente zur Charakterisierung des strukturellen Aufbaus der Xerogele sowie der Analyse der Bioaktivität und des Degradationsverhaltens. Außerdem wurden nach entsprechender Präparation auch mit Zellen besiedelte Proben mikroskopiert.

Die Xerogele wurden in geeigneter Größe auf einem mit einem Kohlenstoffpad versehenen Probentisch fixiert. Alle Proben wurden mit Kohlenstoff bedampft und bei Bedarf Stromableitungen mit Leitsilber gezogen, um Aufladungen zu verringern. Alle REM-Aufnahmen wurden an einem *ESEM XL 30* (Philips) im *High-Vacuum*-Modus durch Detektion der Sekundärelektronen angefertigt. Es wurde dabei mit Beschleunigungsspannungen von 3 kV gearbeitet. Energiedispersive Röntgenspektroskopie (EDX) in Form von Spektrenerfassung, Linienscan und Mapping diente der Elementanalyse, insbesondere der Xerogeloberfläche im Rahmen der Bioaktivitätsuntersuchungen.

Die Präparation zellbesiedelter Proben erforderte zudem einige vorhergehende Schritte. Dafür wurden die Zellen zu Beginn auf den Proben fixiert und mittels einer aufsteigenden Ethanolreihe (jeweils 10 min in 10 %, 30 %, 50 %, 70 %, 80 %, 90 %, 96 %, 100 %) dehydriert. Anschließend wurde eine Kritisch-Punkt-Trocknung durchgeführt.

4.10.3 Konfokale Laser-Scanning-Mikroskopie (cLSM)

Die konfokale Laser-Scanning-Mikroskopie (cLSM) diente in der vorliegenden Arbeit vor allem der Beurteilung des Zellverhaltens bei Kultivierung auf den Xerogelproben. Dazu wurden charakteristische Zellbestandteile (Kerne, Aktin) und insbesondere spezifische Marker (ALP, CD68, TRAP) mit Fluoreszenzfarbstoffen markiert, was Aussagen zum Differenzierungsstadium der entsprechenden Zellen ermöglichte.

Das in dieser Arbeit verwendete Laser-Scanning-Modul *LSM 510 Meta* (Zeiss) ist an ein Fluoreszenzmikroskop *Axioskop 2 FS mot* (Zeiss) gekoppelt. Die Steuerung des Mikroskops, die primäre Bildverarbeitung und die 3D-Rekonstruktion erfolgte über einen PC mit der LSM-Software von Zeiss. Die Emission erfolgte über spektrale Diskriminierung mittels des Zeiss-*META*-Detektors. Für die Aufnahmen wurden die Objektive *Plan-Neofluar* $10\times/0.30$, *Plan-Neofluar* $20\times/0.50$ und *Plan-Apochromat* $20\times/0.75$ verwendet.

Für die Fluoreszenzfärbung wurden die Zellen auf den Xerogelen mit warmem PBS gewaschen, durch Zugabe einer 3,7 %igen Formaldehyd/PBS-Lösung für 10 min bei 4°C fixiert und durch die Zugabe von 0,2 % Triton X-100 permeabilisiert. Anschließend wurden die Zellen dreimal für je 5 min mit PBS gewaschen. Um unspezifische Bindungen zu verhindern, wurden die entsprechenden Gruppen mit Proteinen abgesättigt bzw. geblockt. Als Blockreagenz wurde 1 % BSA in PBS verwendet, das für 30 min auf den Proben belassen wurde.

Der zur Aktinfärbung verwendeten Fluoreszenzfarbstoff *Alexa Fluor 488* ist an Phalloidin gekoppelt, das spezifisch an filamentäres F-Aktin bindet [MP06]. Die Zellkerne wurden mittels des Farbstoffes DAPI (4',6-Diamidino-2-phenylindoldihydrochlorid) sichtbar gemacht. Dieser interkaliert mit der DNA der Kerne und fluoresziert in diesem Zustand nach Anregung blau [SA05]. Die Farbstoffe wurden entsprechend den Herstellerangaben gemeinsam in Blocklösung verdünnt (*Alexa Fluor 488* 1:100, DAPI 1:1000) und die Proben damit bei Raumtemperatur für 1 h im Dunkeln inkubiert. Nach der Inkubation wurden die Proben dreimal mit PBS gespült und bis zur mikroskopischen Betrachtung lichtgeschützt bei 4°C in PBS aufbewahrt.

Zur Anfärbung der von den Zellen gebildeten ALP wurde das *ELF 97 Endogenous Phosphatase Detection Kit* verwendet [MP01]. Das Substrat des Kits ist im Ausgangszustand wasserlöslich und fluoresziert nicht. Im Falle einer ALP-Aktivität wird das Phosphat des Substrats enzymatisch abgespalten und es verbleibt ein unlösliches Derivat als intensiv gelb-grün fluoreszierender Niederschlag. Die Proben wurden in der *ELF 97*-Färbelösung (*ELF 97*-Phosphatase-Substrat (Komponente A) im Verhältnis 1:20 im *Detection Buffer* (Komponente B) gelöst) für 20 min inkubiert. Anschließend wurde die Reaktion mit ALP-Stopppuffer beendet und die Proben mehrmals mit diesem Puffer gespült.

Die CD68-Färbung wurde eingesetzt, um Vorläuferzellen der Osteoklasten fluoreszenzmikroskopisch sichtbar zu machen. Dazu wurde das CD68 mit einem monoklonalen anti-human CD68 (KP1):sc-20060 Antikörper (mouse IgG) markiert und an diesen der sekundäre Antikörper *Alexa Fluor 546* rabbit-anti-mouse IgG gekoppelt.

Infolge der osteoklastären Differenzierung und Osteoklasten-Aktivierung wird die Expression von TRAP erhöht und deren Nachweis kann als Differenzierungsmarker dienen. TRAP wurde mit einem polyklonalen anti-human TRAP (K-17):sc-30833 Antikörper (goat IgG) markiert und an diesen der sekundäre Antikörper *Alexa Fluor 488* donkey-anti-goat IgG gekoppelt.

Die in Abhängigkeit vom jeweiligen Fluophor verwendeten Geräteparameter sind in Tabelle 4.4 zusammengefasst.

Tab. 4.4: Verwendete Fluophore, deren Anregungs- und Emmisionswellenlänge (λ_{ex}, λ_{em}), Laser und Hauptfilterteiler (HFT).

Fluophore	Stoffeigenschaften		Laser	HFT
	λ_{ex} [nm]	λ_{em} [nm]		
Alexa Fluor 488	495	519	Argon$^+$ (488 nm)	BP 488
Alexa Fluor 546	556	573	HeNe (543 nm)	BP 488/543
DAPI	358	461	Titan:Saphir (780 nm)	KP 680
ELF 97	345	530	Titan:Saphir (780 nm)	KP 680

4.11 Statistische Auswertung

Eine Bewertung der statistischen Signifikanz ausgewählter Ergebnisse wurde mithilfe der einfaktoriellen Varianzanalyse (ANOVA) vorgenommen. Dabei gelten p-Werte von $p < 0{,}05$ als signifikant (gekennzeichnet mit *), $p < 0{,}01$ als sehr signifikant (gekennzeichnet mit **) und $p < 0{,}001$ als hoch signifikant (gekennzeichnet mit ***).

5

Ergebnisse und Diskussion

Das Konzept der vorliegenden Arbeit beruht auf der Vereinigung der Komponenten bzw. Phasen Silikat, Kollagen und Calciumphosphat zu einem neuartigen Kompositmaterial. Dieser Prozess erfolgt durch das Mischen eines Kieselsols, in dem kolloidale Silikate dispers gelöst sind, mit einer Kollagensuspension, in der Kollagen homogen verteilt ist. Zusätzlich kann Calciumphosphat in partikulärer Form im Kieselsol, in der Kollagensuspension, oder einer Mischung dieser beiden suspendiert sein (siehe Abbildung 5.1). Treten die ein-

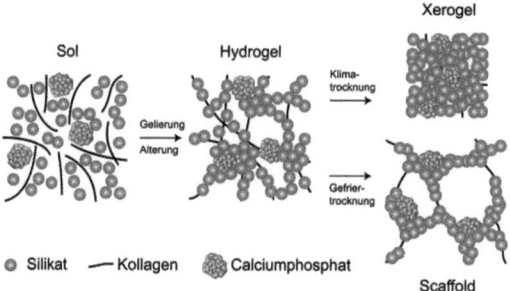

Abb. 5.1: Schematische Darstellung der Reaktionen der Ausgangskomponenten (kolloidales Silikat, fibrilläres Kollagen, partikuläre Calciumphosphatphase) zum Zwischenprodukt Komposithydrogel und dessen prozessabhängigen Endprodukten Kompositxerogel bzw. Kompositscaffold.

zelnen Komponenten sowohl mit sich selbst als auch untereinander in Wechselwirkung – vor allem initiiert durch die Polymerisation der Silikatphase – entsteht bei ausreichender Konzentration als Zwischenprodukt ein Komposithydrogel. Dabei gehen vor allem die Komponenten Silikat und Kollagen eine feste Bindung ein und ein dreidimensionales Netzwerk bildet sich. Sowohl eine in partikulärer Form eingebrachte Calciumphosphatphase als auch das mit der Silikat- und Kollagenphase eingetragene Lösungsmittelgemisch ist in den Zwischenräumen eingelagert. Ausgehend vom Komposithydrogel, wird in Abhängigkeit von der Weiterverarbeitungsmethode mit Klimatrocknung bzw. Gefriertrocknung zwischen Kompositxerogelen und Kompositscaffolds unterschieden. Durch die bei Klimatrocknung auftretenden Kapillarkräfte schrumpft das Gel zu einem kompakten Material – einem Xerogel – mit Poren im Nanometerbereich. Bei Gefriertrocknung bilden sich durch Sublimation der Eiskristalle Poren im Mikrometerbereich, die äußeren Abmessungen des Gels ändern sich dabei nur unwesentlich. Der Ergebnisteil gibt zunächst Auskunft über Parameter, die für die Herstellung und Verarbeitung der Kompositmaterialien von Bedeutung sind. Aus den sich daraus ergebenden Möglichkeiten und Grenzen der Herstellungsprozesse werden optimale Zusammensetzungsbereiche für die Erzeugung von Xerogelen bzw. Scaffolds definiert. Es folgt die Darstellung der Gefüge der Xerogele und die Zusammenstellung von Kennwerten mechanischer Eigenschaften. Nach den Betrachtungen zur Bioaktivität und zum Degradationsverhalten schließen sich die quantitative und qualitative Biokompatibilitätstestung *in vitro* sowie die Darstellung ausgewählter Ergebnisse einer Tierstudie an.

5.1 Entwicklung der Herstellungsprozesse, Möglichkeiten und Grenzen

Zur Ermittlung der Möglichkeiten und Grenzen für die Herstellung der Kompositmaterialien wurden wichtige verarbeitungsrelevante Parameter identifiziert und variiert, die für die Erzeugung von reproduzierbar testfähigen Proben von Bedeutung sind. Der spezifische Einfluss dieser Parameter auf die jeweiligen Materialeigenschaften der Zwischen- und Endprodukte wird in den darauf folgenden Abschnitten erläutert. Außerdem wurden grundlegende Reaktionsmechanismen zwischen den Phasen Silikat und Kollagen untersucht.

5.1.1 Polymerisationsverhalten des PP-TEOS

Unter PP-TEOS wird das nach der Hydrolyse des TEOS erhaltene Gemisch von Kieselsäure, Alkohol und Wasser verstanden (siehe Abschnitt 3.1 auf Seite 41). Der pH-Wert wird als dominierende Einflussgröße für das Polymerisationsverhalten des PP-TEOS betrachtet (siehe Abschnitt 2.3.2.5 auf Seite 30). Es war davon auszugehen, dass dieser beim Mischen des PP-TEOS mit einer Kollagensuspension neutralen pH-Wertes erhöht wird. Daher wurde der Einfluss verschieden konzentrierter TrisHCl- und Phosphatpuffer, in denen nachfolgend das Kollagen suspendiert werden sollte, auf den pH-Wert der Mischung und den dadurch maßgeblich gesteuerten Gelbildungsprozess untersucht (siehe Abbildung

5.1. Entwicklung der Herstellungsprozesse, Möglichkeiten und Grenzen

5.2). Beide Puffertypen werden standardmäßig für die Assemblierung von Tropokollagen zu (mineralisierten) Fibrillen verwendet [BMTP99]. Die direkt nach der Hydrolyse des

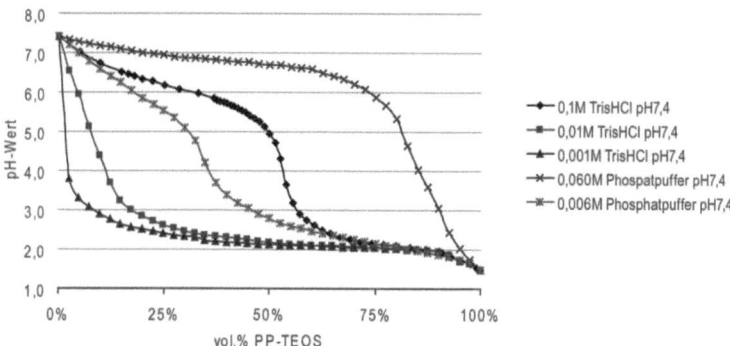

Abb. 5.2: Titration des PP-TEOS gegen verschieden konzentrierte TrisHCl- und Phosphatpuffer

TEOS erhaltene 3,33 M Kieselsäure weist einen pH-Wert von ca. 1,5 auf. Bei Zugabe des 0,060 M Phosphatpuffers pH 7,4 steigt der pH-Wert der Mischung schnell an und geht bereits bei ca. 75 vol.% PP-TEOS und ca. pH 6 in den Plateaubereich über. Bei einem Zehntel der Pufferkonzentration ist bis zu ca. 60 vol.% PP-TEOS nur ein Anstieg auf ca. pH 3 festzustellen, der erst ab ca. 30 vol.% PP-TEOS und ca. pH 5 annähern linear auf den pH-Wert des Puffers zuläuft. Bei der Verwendung von 0,1 M TrisHCl pH 7,4 steigt der pH-Wert bis ca. 60 vol.% PP-TEOS auf ca. pH 2,5, anschließend bis ca. 45 vol.% PP-TEOS sprunghaft auf ca. pH 5,5 und geht in einen nahezu linear verlaufenden Plateaubereich über. Die zwei verdünnten TrisHCl-Puffer führen erst ab ca. 5-15 vol.% PP-TEOS zu einem Anstieg des pH-Wertes in den neutralen Bereich.

Die jeweilige Gelbildungsdauer der beschriebenen Ansätze ist bis zu einer Maximaldauer von 24 h (entspricht 1440 min) in Abbildung 5.3 dargestellt. Diese bestimmt das Zeitfenster, in dem der Mischvorgang des PP-TEOS und der Kollagensuspension abgeschlossen sein muss, um schlussendlich homogene Komposite zu erzeugen. Für die dargestellten Kurven ist jeweils ein Verlauf mit ausgeprägtem Minimum zu erkennen. Die kürzesten Gelbildungszeiten sind bei Verwendung des 0,060 M Phosphatpuffer pH 7,4 zu verzeichnen und liegen im Bereich von ca. 30-75 vol.% PP-TEOS unter einer Minute. Grund dafür sind die in diesem Bereich erreichten neutralen pH-Werte (vgl. Abbildung 5.2), die die Gelbildung maßgeblich beschleunigen. Unterhalb ca. 30 vol.% PP-TEOS steigt die Gelbildungsdauer trotz neutraler pH-Werte an, was auf die Abnahme der PP-TEOS-Konzentration infolge der entsprechenden Mischungsverhältnisse zurückzuführen ist. Oberhalb 75 vol.% nimmt

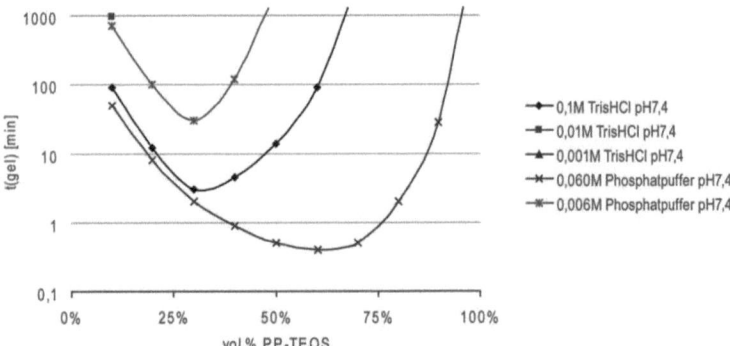

Abb. 5.3: Gelbildungsdauer des PP-TEOS bei Mischung mit verschieden konzentrierten Tris-HCl- und Phosphatpuffern. Nicht dargestellte Messpunkte weisen Gelbildungszeiten von mehr als 24 h auf.

die Gelbildungsdauer des PP-TEOS ebenfalls deutlich ab, da hier die pH-Werte in den sauren Bereich des reinen PP-TEOS laufen. Qualitativ gleiche Verläufe wurden für die anderen Puffer festgestellt, wobei sich die jeweiligen Minima im Vergleich zum 0,060 M Phosphatpuffer pH 7,4 zu geringeren PP-TEOS-Konzentrationen und damit neutraleren pH-Werten verschieben. Nicht dargestellt im Diagramm sind Werte, die über 24 h Gelbildungsdauer liegen, wie sie bei Verwendung der verdünnten TrisHCl-Puffer erreicht werden. Allein der Wert für 10 vol.% PP-TEOS in 0,01 M TrisHCl pH 7,4 liegt mit ca. 16 h noch im dargestellten Bereich. Die Gelbildungsdauer des reinen PP-TEOS beträgt bei Raumtemperatur etwa eine Woche.

Da die Beschreibung der Komposite vorrangig auf dem Masseverhältnis von Silikat zu Kollagen beruhen sollte, musste die Frage beantwortet werden, welche Masse Silikat aus einem gegebenen Volumen PP-TEOS erhalten wird. Die anhand der Mischung von PP-TEOS mit 0,1 M TrisHCl durchgeführte Kalibrierung für die Silikatphase ist in Abbildung 5.4 dargestellt. Unter der Annahme vollständiger Hydrolyse des TEOS und Umsetzung zu SiO_2 gemäß Gleichung 3.2 auf Seite 42 ergibt sich stöchiometrisch bei Variation von 0 bis 100 % PP-TEOS ein linearer Zusammenhang zur Silikatmasse in mg mit einem Anstieg von 200,04. Die praktisch erhaltenen Massen liegen mit steigender PP-TEOS-Konzentration zunehmend über den berechneten Werten, wodurch sich ein Geradenanstieg von 232,06 ergibt. Grund hierfür ist an den inneren und äußeren Oberflächen des Gels gebundenes Wasser.

Neben der Bestimmung der Gelbildungsdauer wurde die Polymerisation des PP-TEOS

5.1. Entwicklung der Herstellungsprozesse, Möglichkeiten und Grenzen

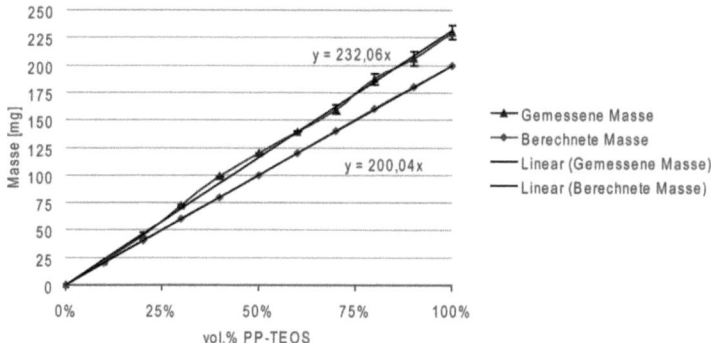

Abb. 5.4: Gemessene Gelmasse und berechnete Silikatmasse bei vollständiger Trocknung von verschieden konzentriertem PP-TEOS. Dargestellt sind außerdem die linearen Fits und zugehörigen Geradengleichungen.

bei verschiedenen Konzentrationen und pH-Werten anhand der Konzentration freier Kieselsäure, die als molybdatreaktives Silizium gemessen wird (siehe Abschnitt 4.1.1 auf Seite 47), untersucht. Die Ergebnisse sind in den Diagrammen der Abbildung 5.5 dargestellt. Für das reine PP-TEOS werden fünf Minuten nach der Hydrolyse ca. 13 mg/ml Silizium

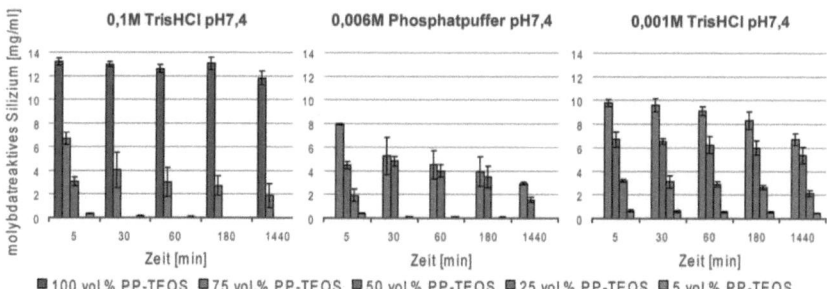

Abb. 5.5: Zeitabhängiges Polymerisationsverhalten des PP-TEOS in Abhängigkeit vom Mischungsverhältnis mit verschiedenen Puffern. Nicht dargestellte Balken kennzeichnen das Erreichen des Gelpunktes der Zusammensetzung zum entsprechenden Zeitpunkt.

nachgewiesen. Dieser Wert liegt etwa um den Faktor 7 unter der theoretisch berechneten Siliziumkonzentration von ca. 93,5 mg/ml. Dies kann entweder mit unvollständiger Hydrolyse oder Autopolymerisation des PP-TEOS zu diesem Zeitpunkt erklärt werden. Gegen eine unvollständige Hydrolyse des TEOS spricht die Beobachtung, dass auch zu späteren Zeitpunkten in keinem Fall eine Erhöhung der Konzentration molybdatreaktiven Siliziums gemessen wurde. Wahrscheinlicher ist unter den gegebenen Bedingungen die rasche Polymerisierung zu Molekülgrößen, die mit der Nachweismethode unterrepräsentiert werden [Cor06]. Es kann mit dieser Methode somit nur ein Teil der an der Gelbildung beteiligten Silikatphase erfasst und sein Verhalten beschrieben werden. Der Polymerisationsprozess des reinen PP-TEOS setzt sich fort und nach 24 h wird mit ca. 12 mg/ml eine nochmals verringerte Siliziumkonzentration gemessen. Beim Mischen mit 0,1 M TrisHCl pH 7,4 wird bei 75 vol.% PP-TEOS etwa die Hälfte der, bezogen auf das reine PP-TEOS, erwarteten Siliziumkonzentration nachgewiesen. Das weißt auf die Erhöhung des pH-Werts durch den Puffer (vgl. Abbildung 5.2) und die damit beschleunigte Polymerisation hin. Mit zunehmender Dauer fallen die Werte bis auf ca. 2 mg/ml nach 24 h ab. Bei 50 vol.% PP-TEOS konnte nur nach fünf Minuten eine etwa um den Faktor 4,5 verringerte Siliziumkonzentration detektiert werden, da kurz darauf der Gelpunkt (vgl. Abbildung 5.3) erreicht wurde. Bei 25 vol.% PP-TEOS war eine Bestimmung der Siliziumkonzentration im Versuchszeitraum wegen Gelbildung nicht möglich. Bei 5 vol.% PP-TEOS erlaubte die Gelbildungsdauer die Messung bis zum Zeitpunkt 60 min.

Wird der beschriebene Versuch mit 0,006 M Phosphatpuffer pH 7,4 durchgeführt, werden im Vergleich zu 0,1 M TrisHCl pH 7,4 höhere Siliziumkonzentrationen gemessen. Die Polymerisation vollzieht sich demzufolge langsamer, aber wiederum abhängig von der Konzentration des PP-TEOS. Die Werte zu Beginn des Versuchs liegen wiederum unter denen der Berechnung. Bei 75 vol.% PP-TEOS nimmt die Siliziumkonzentration bereits in den ersten Minuten stark ab und erreicht nach 24 h ca. 3 mg/ml. Diese Abnahme vollzieht sich bei 50 vol.% PP-TEOS in diesem Zeitraum langsamer und ist auf die geringere Konzentration des PP-TEOS zurückzuführen. Bei 25 vol.% PP-TEOS ist nur die Messung nach fünf Minuten und bei 5 vol.% PP-TEOS die bis 180 min möglich.

Für die Mischung mit 0,001 M TrisHCl pH 7,4 finden sich in den ersten Minuten gut die durch die Verdünnung erwarteten Siliziumkonzentrationen wieder. Der Einfluss auf die Polymerisation ist durch die nur geringe Erhöhung des pH-Werts reduziert. Nach etwa 180 min lassen sich Polymerisationsprozesse bei 75 vol.% PP-TEOS anhand der abnehmenden Siliziumkonzentration feststellen, was sich nach 24 h verstärkt und sich zu diesem Zeitpunkt auch bei der mit 50 vol.% geringer konzentrierten Lösung zeigt.

Aus den Messergebnissen lässt sich im Vergleich mit den Daten der Abbildung 5.3 feststellen, dass der Moment, in dem in der Lösung kein molybdatreaktives Silizium mehr nachgewiesen wird, mit dem Gelpunkt zusammenfällt. Auch wenn nicht die gesamte Silikatphase mit der Nachweismethode erfasst wird, ist sie somit dennoch geeignet die Kinetik der Gelbildung unter den gegebenen Bedingungen zu beschreiben.

5.1.2 Einfluss des Kollagens auf die Gelbildung

Dieser Abschnitt beschreibt sowohl die Wechselwirkungen zwischen polymerisierender Kieselsäure und Kollagenfibrillen auf molekularer Ebene als auch deren Einfluss auf die Bildung des Komposithydrogels.

In der Literatur wird die bevorzugte Reaktion von Silikatanionen (deprotonierte Kieselsäure) mit positiv geladenen Gruppen (z. B. protonierte Aminogruppen) beschrieben [CL03]. Zur Untersuchung des Wechselwirkungsmechanismus im vorliegenden Fall wurden gleiche Kollagenmassen bei verschiedenen pH-Werten mit Kieselsäure steigender Konzentration versetzt und jeweils der Anteil freier Aminogruppen des Kollagens mittels TNBS-Assay bestimmt. Die Ergebnisse wurden auf die für reines Kollagen bestimmte Menge freier Aminogruppen bezogen und sind in Abbildung 5.6 dargestellt. Da Tris selbst auch zum Messsignal des Assays beiträgt, wurde das Kollagen für diese Untersuchung in Phosphatpuffer suspendiert. Wie dem Diagramm zu entnehmen ist, wird bei pH 7,0 und dem

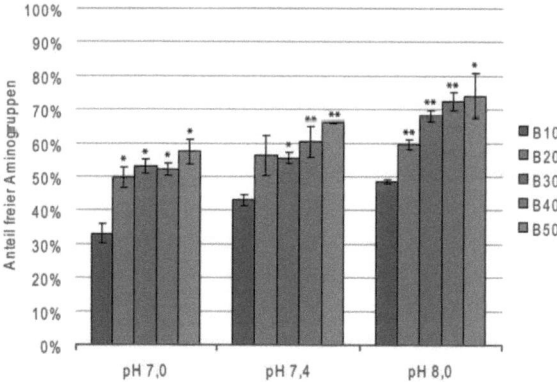

Abb. 5.6: Wechselwirkung des Silikats mit den freien Aminogruppen des Kollagens bei verschiedenen Zusammensetzungen des zweiphasigen Ansatzes und verschiedenen pH-Werten. Sterne kennzeichnen bei den jeweiligen pH-Werten die Signifikanz gegenüber der Probe B10.

höchsten Silikat/Kollagen-Verhältnis von 90/10 (B10) der mit ca. 32 % geringste Anteil an freien Aminogruppen, bezogen auf die Kontrolle, detektiert. Die Differenz zu 100 % repräsentiert den Anteil an Aminogruppen der mit Silikationen reagiert hat und dadurch unzugänglich für die Nachweismethode ist. Mit Verringerung des Silikatanteils nimmt die Anzahl freier Aminogruppen im Volumen kontinuierlich zu. Bei einem Masseverhältnis von 1/1 (B50) werden ca. 58 % freie Aminogruppen detektiert. Mit steigendem pH-Wert verschieben sich die Werte aller Zusammensetzungen zu höheren Anteilen freier Aminogruppen, wobei der mit ca. 72 % höchste Anteil für die Zusammensetzung B50 bei pH 8,0 gemessen wurde.

Mit dem Nachweis, dass das Kollagen in Wechselwirkung mit dem polymerisierenden Silikat tritt und somit ein Kompositnetzwerk aufgebaut wird, war davon auszugehen, dass bei sonst identischen Reaktionsbedingungen die Kollagenkonzentration Einfluss auf die Gelbildungszeit hat. Die Ergebnisse der Untersuchungen bei Suspendierung des Kollagens in 0,1 M TrisHCl pH 7,4 sind in Abbildung 5.7 dargestellt. Die Daten belegen, dass

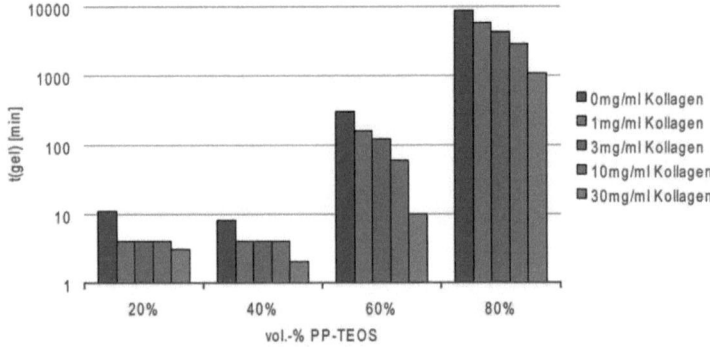

Abb. 5.7. Abhängigkeit der Gelbildungsdauer von der Kollagenkonzentration in 0,1 M TrisHCl pH 7,4 und dem Volumenanteil PP-TEOS.

bei gleichem Volumenanteil PP-TEOS die Gelbildungsdauer mit steigender Kollagenkonzentration abnimmt. Dieser Effekt variiert gemäß des anhand der Abbildungen 5.2 und 5.3 diskutierten pH-Wert-Einflusses in Abhängigkeit vom Volumenanteil PP-TEOS von wenigen Minuten (20 vol.% PP-TEOS) bis hin zu mehreren Tagen (80 vol.% PP-TEOS). Die beschleunigte Gelbildung kann mit der Überbrückung von Wegstrecken durch die länglichen Kollagenfibrillen erklärt werden, was anhand der vereinfachten linearen Darstellung in Abbildung 5.8 verdeutlicht werden soll. Während beim reinen Silikatgel (obere Reihe) ausschließlich die Aneinanderreihung einzelner Silikatpartikel zum Aufbau eines ununterbrochenen Netzwerks (von links nach rechts) führt und somit der geschwindigkeitsbestimmende Schritt ist, können im Komposit (zweite bis vierte Reihe) zusätzlich größere Distanzen auch durch den Einbau von Kollagenfibrillen überbrückt und somit das Gel in kürzerer Zeit aufgebaut werden. Diese Hypothese wird gestützt durch die Morphologie der *in vitro* erzeugten Kompositnetzwerke aus Kollagenfibrillen und Silikat, von denen eines beispielhaft in Abbildung 5.9 dargestellt ist.

Die vorangegangenen Untersuchungen haben gezeigt, dass besonders der Volumenanteil

5.1. Entwicklung der Herstellungsprozesse, Möglichkeiten und Grenzen 75

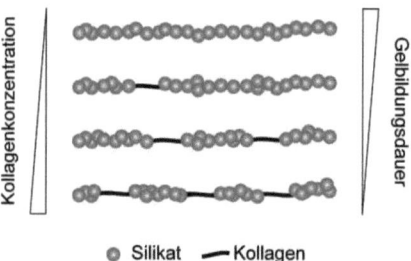

Abb. 5.8: Schematische Darstellung des Modells, wie der Einbau von Kollagenfibrillen in ein Silikatnetzwerk zur Reduzierung der Gelbildungsdauer führen kann.

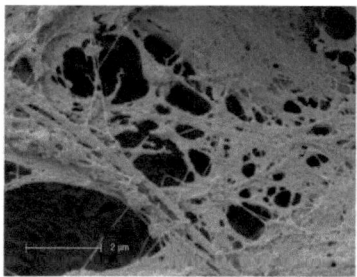

Abb. 5.9: REM-Aufnahme eines Kompositnetzwerks aus Kollagenfibrillen und Silikat

des PP-TEOS (vol.%$_{PP-TEOS}$), die Kollagenkonzentration der verwendeten Suspension (c_K) und der Masseanteil des Kollagens (ω_K) Einfluss auf die Gelbildung haben. Die Größen sind jedoch nicht unabhängig voneinander, sondern stehen über die Gleichung 5.1 in Verbindung. Der Berechnung liegt zugrunde, dass als Ausgangslösung PP-TEOS mit einer Silikatkonzentration von $c_S = 200{,}04\,\mathrm{mg/ml}$ und eine Kollagensuspension bekannter Konzentration unverdünnt gemischt werden. Der Volumenanteil PP-TEOS ist als Dezimalzahl einzusetzen.

$$\omega_K\,[\%] = \frac{-c_K \cdot (vol.\%_{PP-TEOS} - 1)}{vol.\%_{PP-TEOS} \cdot (c_S - c_K) + c_K} \cdot 100\,[\%] \qquad (5.1)$$

Aus diesen Randbedingungen ergeben sich beispielhaft die auf der Ordinate des Diagramms in Abbildung 5.10 aufgetragenen Kollagen-Masseanteile im Gel. Wie die Grafik zeigt, besteht ein nichtlinearer Zusammenhang der beiden Parameter, was auf die unterschiedlichen Feststoffkonzentrationen der Komponenten zurückzuführen ist. Ausgehend von der reinen Kollagensuspension hat eine Zunahme des Volumenanteils des PP-TEOS eine rasche Abnahme des Kollagenanteils zur Folge. Der Scheitelpunkt des Kurvenverlaufs liegt beispielsweise für eine Kollagensuspension mit 5 mg/ml bei etwa 15 % Kollagenanteil

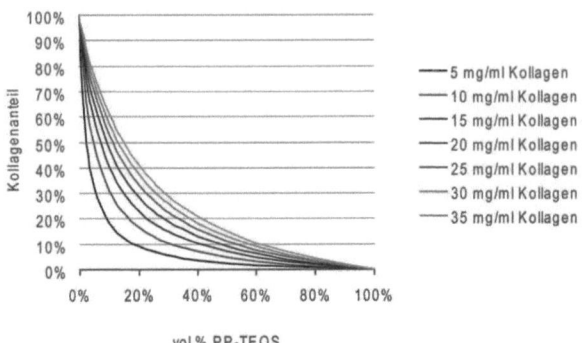

Abb. 5.10: Abhängigkeit des Kollagen-Masseanteils im Gel vom Volumenanteil des PP-TEOS im Ansatz und von der Kollagenkonzentration der Ausgangssuspension.

und 15 vol.% PP-TEOS. Steigt der Volumenanteil PP-TEOS darüber hinaus, fällt der damit verbundene Kollagenanteil mit reduzierter Rate ab. Eine Erhöhung der Kollagenkonzentration der Suspension bewirkt eine Verschiebung des Scheitelpunkts der Kurven zu höheren Werten beider Komponentenanteile.

5.1.3 Einfluss der Calciumphosphatphasen auf die Gelbildung

Neben Kollagen und Silikat wurde als dritte Komponente Hydroxylapatit (HAP) bzw. Calciumphosphatzement (CPC) eingeführt, um den Feststoffgehalt des Hydrogels zu erhöhen und die Bioaktivität des Komposits zu beeinflussen. Der Einfluss der Calciumphosphatphase (CPP) auf die Verarbeitungseigenschaften der Gele erfolgt maßgeblich über die Beeinflussung des pH-Werts, was in diesem Abschnitt dargestellt wird. Für die nachfolgend aufgeführten Messungen wurden die Zusammensetzungsverhältnisse von Puffer, CPP und PP-TEOS unter der Annahme eines Kollagenanteils von 30 % bei einer Kollagenkonzentration von 30 mg/ml gewählt. Gelöst in entionisiertem Wasser ergibt HAP initial einen pH-Wert von ca. 6, wohingegen CPC einen pH-Wert von ca. 9,5 aufweist.

Die Zugabe von HAP in 0,1 M TrisHCl mit pH-Werten von 6,5-8,5 führt mit steigendem Anteil der CPP zu einer stetigen Absenkung der pH-Werte (siehe Abbildung 5.11). Beispielsweise beträgt diese bei 50 % HAP in TrisHCl pH 8,5 ca. 0,1 und in 0,1 M TrisHCl pH 6,5 ca. 0,5. Im Gegensatz dazu erhöhen sich die Ausgangswerte bei Verwendung von CPC. Während die pH-Werte für 0,1 M TrisHCl pH 7,5-8,5 bis 50 % CPC nahezu unbeeinflusst bleiben, steigt der pH-Wert bei 0,1 M TrisHCl pH 6,5 bereits bei 10 % CPC um 0,5.

Beim dreiphasigen Ansatz laufen die Einflüsse des PP-TEOS und der CPP auf den

5.1. Entwicklung der Herstellungsprozesse, Möglichkeiten und Grenzen

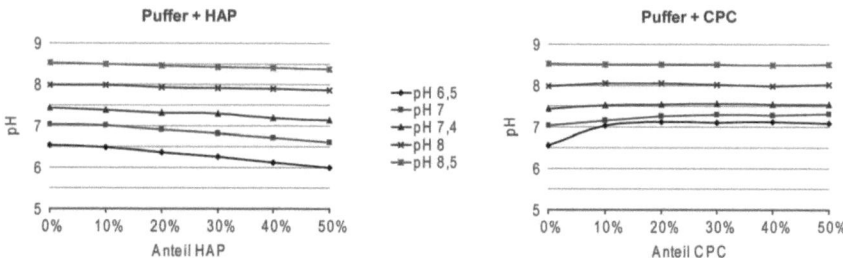

Abb. 5.11: Einfluss der Calciumphosphatphasen HAP und CPC auf den pH-Wert von 0,1 M TrisHCl verschiedener Ausgangs-pH-Werte.

pH-Wert gegeneinander. Da im vorliegenden Fall der Kollagenanteil als konstant angenommen wird, hat eine Erhöhung des Anteils der CPP eine Verringerung des Anteils an PP-TEOS zur Folge. Das führt dazu, dass bei Verwendung von HAP der pH-Wert mit zunehmendem Anteil steigt (siehe Abbildung 5.12). So sinkt beispielsweise der pH-Wert

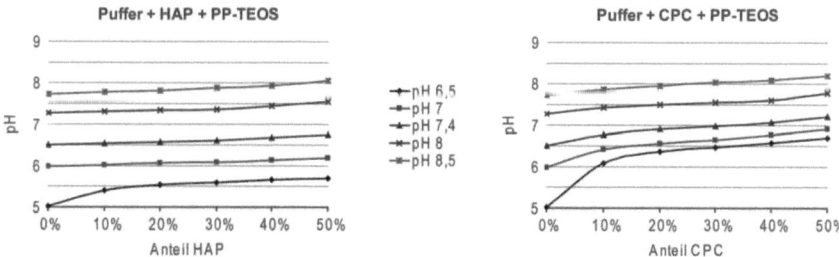

Abb. 5.12: Einfluss von PP-TEOS sowie der Anteile der Calciumphosphatphasen Hydroxylapatit (HAP) und Calciumphosphatzement (CPC) auf den pH-Wert von 0,1 M TrisHCl verschiedener Ausgangs-pH-Werte.

des 0,1 M TrisHCl pH 6,5 durch Zugabe des PP-TEOS zunächst auf ca. pH 5,0 und steigt durch Erhöhung des HAP-Anteils aber wieder auf ca. pH 5,7 an. Qualitativ gleiche Verhältnisse lassen sich bei Verwendung des CPC feststellen, wobei der Anstieg der pH-Werte mit zunehmendem CPC-Anteil stärker ausfällt.

Stellt man die Gelbildungszeiten der soeben dargelegten Ansätze gegen die entsprechenden initialen pH-Werte, lässt sich neben der bei konstanter Probenzusammensetzung bereits angeführten Abhängigkeit der Gelbildungsdauer vom pH-Wert, ein weiterer Zusammenhang erkennen (siehe Abbildung 5.13). Bei gleichen pH-Werten nimmt die Gelbildungsdauer mit zunehmendem CPP-Anteil zu. Dieser Effekt lässt sich auf die verringerte Konzentration des PP-TEOS zurückführen, kann darüber hinaus aber auch auf eine inhi-

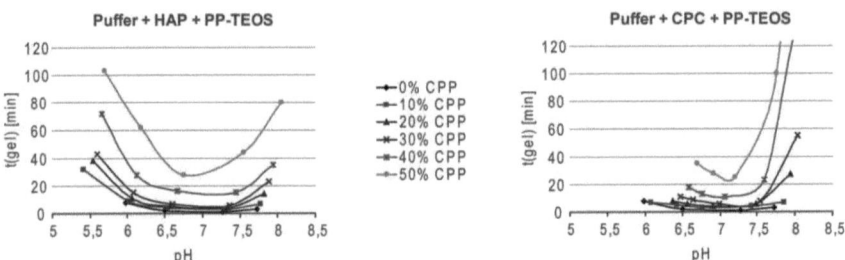

Abb. 5.13: Einfluss der Anteile der Calciumphosphatphasen Hydroxylapatit (HAP) und Calciumphosphatzement (CPC) auf die Gelbildungsdauer.

bierende Wirkung der CPP auf die Gelbildung der Silikatphase hinweisen.

Wie sich die CPP auf den Anteil freier Aminogruppen des Kollagens auswirkt, ist am Beispiel des dreiphasigen Ansatzes mit HAP in Abbildung 5.14 dargestellt. Die Zugabe

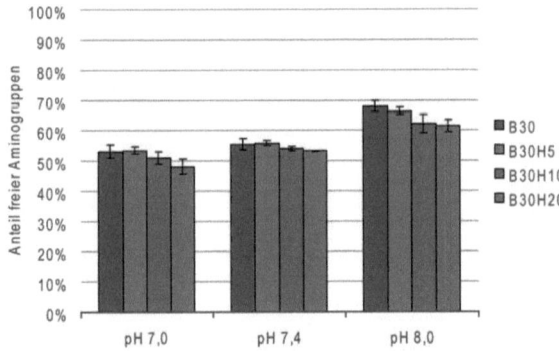

Abb. 5.14: Wechselwirkung des Silikats mit den freien Aminogruppen des Kollagens bei verschiedenen Zusammensetzungen des dreiphasigen Ansatzes und verschiedenen pH-Werten.

von 5 % HAP hat, unabhängig vom pH-Wert, noch keinen Einfluss auf den Anteil freier Aminogruppen. Bei Steigerung des HAP-Anteils auf 10 % und 20 % reduziert sich der Anteil freier Aminogruppen bei pH 7,0 um ca. 3 bzw. 5 Prozentpunkte. Da bei konstanter Kollagenmenge die Steigerung des HAP-Anteils gleichzeitig eine Verringerung des Silikatanteils bedeutet, würde analog Abbildung 5.6 vielmehr eine Zunahme des Anteils freier Aminogruppen erwartet. Im vorliegenden Fall begünstigt die CPP demzufolge die Anbindung des Silikats an das Kollagen oder die CPP selbst tritt in Interaktion mit den

Aminogruppen des Kollagens. Bei pH 7,4 und pH 8,0 werden die gleichen relativen Verhältnisse nachgewiesen, wobei die absoluten Werte der Anteile freier Aminogruppen mit zunehmendem pH-Wert steigen.

5.1.4 Aufstellung der Zusammensetzungsbereiche für die Kompositvarianten

Für die Herstellung von ein-, zwei- und dreiphasigen Proben bzw. Gelen wurden die Formeln 5.2, 5.3, 5.4 entwickelt, die bei vorgegebenem Masseverhältnis der am Komposit beteiligten Phasen (Silikat: ω_S; Kollagen: ω_K; CPP: ω_C) das einzusetzende Volumen an PP-TEOS ($V_{PP-TEOS}$) und Kollagensuspension ($V_{Kollagensuspension}$) sowie die Masse an CPP (m_{CPP}) angeben. Dabei gilt $\omega_S + \omega_K + \omega_C = 1$. Den Gleichungen liegt zugrunde, dass alle Ausgangskomponenten ohne weitere Verdünnung eingesetzt werden, um die jeweils maximale Feststoffkonzentration zu erzielen.

$$V_{PP-TEOS} = \frac{\omega_S \cdot ((\omega_S + \omega_K)^2 + \omega_C) \cdot V_g \cdot c_K}{(\omega_S + \omega_K) \cdot (\omega_K \cdot c_S + \omega_S \cdot c_K)} \quad (5.2)$$

$$V_{Kollagensuspension} = \frac{\omega_K \cdot ((\omega_S + \omega_K)^2 + \omega_C) \cdot V_g \cdot c_S}{(\omega_S + \omega_K) \cdot (\omega_K \cdot c_S + \omega_S \cdot c_K)} \quad (5.3)$$

$$m_{CPP} = \frac{\omega_C \cdot V_g \cdot c_K \cdot c_S}{(\omega_S + \omega_K) \cdot (\omega_K \cdot c_S + \omega_S \cdot c_K)} \quad (5.4)$$

Um zu evaluieren, welche Zusammensetzungen unter Klimatrocknung (Raumklima, 20°C, 30 % r.F.) für die Herstellung von Xerogelen, bzw. unter Gefriertrocknung für die Herstellung von Scaffolds geeignet sind, wurden Proben identischen Ausgangsvolumens (1 ml) über den gesamten Zusammensetzungsbereich des Dreistoffsystems mit 10 %-Abstufung im Masseanteil für alle Phasen hergestellt und mit je beiden Trocknungsverfahren weiterverarbeitet. Als CPP wurde HAP eingesetzt. Den in Abbildung 5.15 dargestellten Fotografien ist zu entnehmen, dass sowohl die Zusammensetzung, als auch das Trocknungsverfahren deutlichen Einfluss auf das makroskopische Erscheinungsbild der Proben haben. Die Ecken des Dreistoffsystems entsprechen dabei den reinen Phasen Silikat (blau), Kollagen (orange) und CPP (grün). Die in der Mitte schematisch dargestellte Probe repräsentiert maßstabsgetreu das Ausgangsvolumen aller Ansätze.

Zunächst werden die mittels Klimatrocknung erzeugten Proben beschrieben. Reines Silikat bildet ein transparentes Xerogel. Bei 10 % Kollagenanteil wird ein Kompositxerogel erhalten, das aufgrund des eingelagerten fibrillären Kollagens weiß erscheint. Mit zuneh-

80 Kapitel 5. Ergebnisse und Diskussion

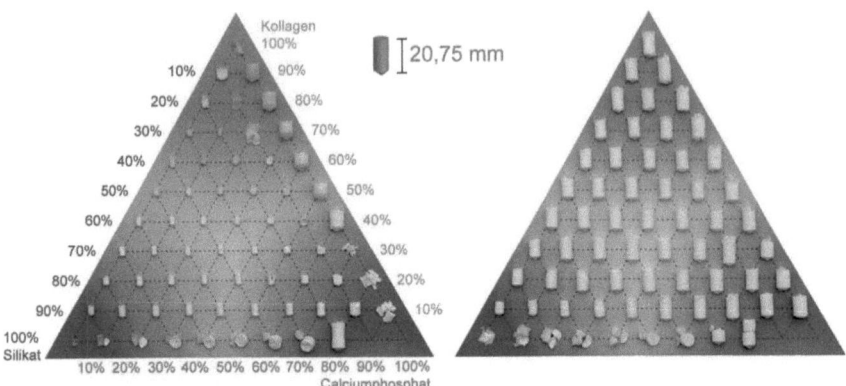

Abb. 5.15: Fotografien der Proben bei Variation der Zusammensetzung, erhalten nach Klimatrocknung (links) bzw. nach Gefriertrocknung (rechts). Die Ausgangsgröße aller Proben ist schematisch maßstabsgetreu in der Mitte dargestellt.

mendem Kollagenanteil im Zweistoffsystem Silikat-Kollagen, nimmt die Probengröße ab und die äußere Form weicht mehr und mehr von der des zylindrischen Ausgangsgels ab. Die Spitze des Schemas repräsentiert schlussendlich die eingetrocknete reine Kollagensuspension. Mit Einführung von HAP als dritte Phase liegen, ausgehend vom reinen Silikat, jeweils zwei Bruchstücke nach Beendigung der Klimatrocknung vor. In diesen Fällen hat vor Erreichen des Gelpunktes eine Phasenseparation stattgefunden, wodurch Silikatxerogel und HAP-Fragment – gewiss mit Spuren der jeweils anderen Phase – getrennt erhalten werden. Über 80 % Calciumphosphatanteil ist eine Probenherstellung im vorgegebenen Volumen nicht möglich, weshalb hier keine Proben abgebildet sind. Grundsätzlich anders stellen sich die Proben bei 10 % Kollagen und steigendem HAP-Anteil dar. Hier erhält man für die dreiphasigen Ansätze bei allen Variationen monolithische Kompositxerogele. Ab etwa 50 % HAP werden makroskopische Hohlräume sichtbar und die Sprödigkeit der Proben nimmt zu. Die gleichen Zusammenhänge bestätigen sich für steigende Kollagenanteile bei den dreiphasigen Ansätzen, wobei sich der Bereich in dem homogene monolithische Proben erhalten werden immer weiter auf das Zweistoffsystem Silikat-Kollagen einengt. Monolithische Formkörper im Zweistoffsystem Kollagen-HAP lassen sich unter den gegebenen Bedingungen nicht herstellen. Bei den Proben von 40-90 % Kollagen handelt es sich um dünne Schichten, die die zylindrische Form des Mischgefäßes widerspiegeln.

Die Beschreibung der nach Gefriertrocknung erhaltenen Proben geht vom reinen Kollagenansatz aus, bei dem ein typisch poröser Scaffold erhalten wird. Mit steigendem Silikatanteil nimmt die Sprödigkeit der Proben zu. Das erhaltene Probenvolumen hingegen

5.1. Entwicklung der Herstellungsprozesse, Möglichkeiten und Grenzen

nimmt ab, was darauf hinweist, dass das Silikat im Zuge der Gefriertrocknung als Vernetzer fungiert und somit das Kollagennetzwerk kompaktiert. Ein solcher Effekt, der besonders entlang der Zusammensetzungsreihe mit jeweils 10 % Kollagen deutlich wird, ist im Falle des Zweistoffsystems Kollagen-HAP nicht festzustellen. Unabhängig sind die ein- und zweiphasigen Ansätze aus Silikat und HAP zu betrachten, da hier die Scaffold-bildende Kollagenkomponente fehlt. Das reine Silikat wird als Pulver erhalten, da die Volumenvergrößerung der Flüssigphase beim Gefriertrocknungsprozess die Gelfestigkeit übersteigt und somit zur Zerstörung des Silikatnetzwerks führt. Mit steigendem HAP-Anteil ähneln die Proben zunehmend den durch Klimatrocknung erhaltenen Äquivalenten.

Aus den Beobachtungen zu den unter Klimatrocknung hergestellten Proben lässt sich ableiten, dass der Anteil der silikatischen Phase offensichtlich von zentraler Bedeutung für die Xerogelbildung ist. Ausgehend von dieser, haben vor allem der Kollagenanteil und in untergeordneter Rolle der CPP-Anteil Einfluss auf das makroskopische Erscheinungsbild der Kompositxerogele. Mit dem Ziel formstabile monolithische Proben herzustellen, erscheint aus den Betrachtungen vor allem die mit der Zusammensetzung der Proben verbundene Feststoffkonzentration des initialen Phasengemisches über die makroskopischen Eigenschaften der Komposite zu entscheiden. Der Zusammenhang von Zusammensetzung und Feststoffkonzentration spiegelt sich in der Gleichung 5.5 wider und ist anhand ausgewählter Beispiele in den Diagrammen der Abbildung 5.16 dargestellt.

$$c_{Feststoff} = \frac{\omega_S \cdot ((\omega_S + \omega_K)^2 + \omega_C) \cdot c_S \cdot c_K}{(\omega_S + \omega_K) \cdot (\omega_K \cdot c_S + \omega_S \cdot c_K)} \quad (5.5)$$

Bei dieser Berechnung zeigt sich der deutliche Einfluss sowohl der Zusammensetzung als auch der Konzentration der Kollagensuspension auf die resultierende Feststoffkonzentration. Gleichermaßen wird deutlich, dass ein steigender CPP-Anteil nur einen geringen Anstieg der Feststoffkonzentration des Dreiphasensystems zur Folge hat. Dieser Effekt nimmt sowohl mit abnehmender Konzentration der Kollagensuspension als auch mit zunehmendem Kollagenanteil kontinuierlich ab. Für die Herstellung von Xerogelen ist eine möglichst hohe Feststoffkonzentration von Vorteil, damit formstabile Proben erhalten werden. Für Scaffolds hingegen empfielt sich eine geringe Feststoffkonzentration um eine entsprechende Porosität und Porengrößenverteilung erzielen zu können. Aus diesem Grund wurde das Diagramm zugunsten der Darstellung bei 40 % Kollagenanteil geteilt. Diese Grenze erscheint sinnvoll, um die beiden Probentypen gegeneinander abzugrenzen. Unter 40 % Kollagenanteil werden vorteilhaft Xerogele, darüber Scaffolds hergestellt.

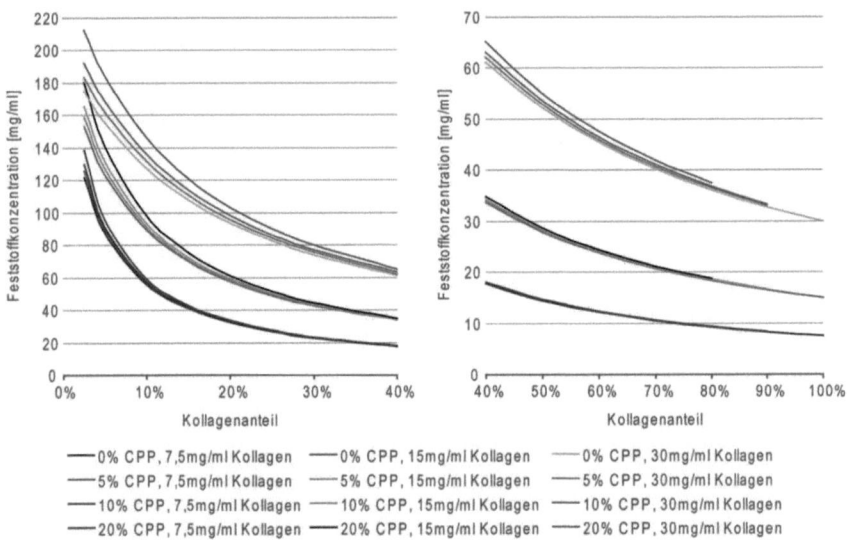

Abb. 5.16: Berechnete Feststoffkonzentration der Komposithydrogele in Abhängigkeit von der Zusammensetzung und der Konzentration der eingesetzten Kollagensuspension.

5.1.5 Überführung der Hydrogele in Xerogele

Der Herstellung von Xerogelen geht die Erzeugung entsprechender Hydrogele voraus. Mit dem Ziel, kompakte und vor allem monolithische Xerogele zu erhalten, kommt dem Überführungsprozess besondere Bedeutung zu. Unter den bereits betrachteten Herstellungsparametern zählen vor allem die Temperatur, die relative Feuchte und die Substitution der Flüssigphase zu den Trocknungsbedingungen, die wichtig für die Überführung der Hydrogele in Xerogele sind. Der Einfluss dieser Parameter wurde unter Verwendung reiner Silikatxerogele anhand des Masseverlaufs über den betrachteten Trocknungszeitraum evaluiert. Die Ergebnisse repräsentieren die Trocknungsgeschwindigkeit und sind in Abbildung 5.17 dargestellt. Die Massen der nach der Herstellung erhaltenen Hydrogele wurden auf 100 % gesetzt, bevor eine Gruppe durch Inkubation in entionisiertem Wasser (Kontrollgruppe), die andere Gruppe durch Inkubation in Ethanol weiterbehandelt wurde. In beiden Gruppen stiegen die Gelmassen im gequollenen Zustand auf ca. 150 % an, bevor die Trocknung gestartet wurde.

Zunächst wird die mit entionisiertem Wasser behandelte Gruppe betrachtet. Die höchste Trocknungsgeschwindigkeit wird bei 60°C/75 % r.F. beobachtet, wobei die Gelmasse nach einem Tag ca. 85 % beträgt und nach fünf Tagen mit ca. 22 % bereits die Endmas-

5.1. Entwicklung der Herstellungsprozesse, Möglichkeiten und Grenzen

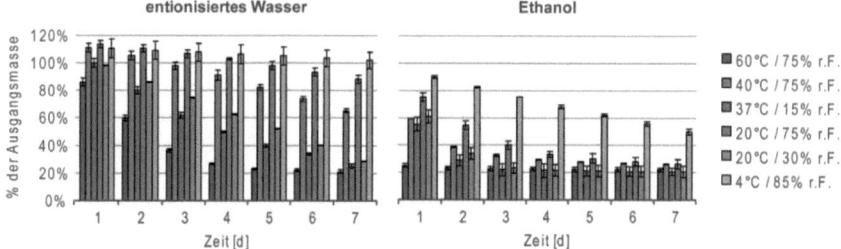

Abb. 5.17: Masseverlauf der bei verschiedenen klimatischen Bedingungen getrockneten Silikatgele, ohne (links) und mit (rechts) Substitution der Flüssigphase durch Ethanol. Die Massen sind normiert auf die Ausgangsmasse der Hydrogele. Werte über 100 % kommen durch die Inkubation zustande.

se des getrockneten Xerogels erreicht. Mit abnehmender Temperatur sinkt bei gleicher relativer Feuchte die Trocknungsgeschwindigkeit. So stellen sich nach sieben Tagen bei 40°C ca. 65 % und bei 20°C ca. 90 % der Ausgangsmasse ein. Im Vergleich zu diesen beiden Werten führt eine Absenkung der relativen Feuchte auf 15 % bei 37°C bzw. auf 30 % bei 20°C zu einer Erhöhung der Trocknungsgeschwindigkeit. Bei beiden letztgenannten Bedingungen werden nach sieben Tagen nahezu die Endmassen erreicht. Die langsamste Trocknung wird bei 4°C und 85 % r.F. festgestellt.

Die Substitution der in den Hydrogelen enthaltenen Flüssigkeit durch Ethanol führt in allen Fällen zu einer deutlichen Steigerung der Trocknungsgeschwindigkeit, so dass bei 60°C/75 % r.F. bereits nach einem Tag das vollständig getrocknete Xerogel erhalten wird. Dieser Zustand tritt bei niedriger relativer Feuchte sowohl bei 37°C als auch bei 20°C nach drei Tagen ein. Bei hoher relativer Feuchte nimmt die Trocknungsgeschwindigkeit wiederum mit sinkender Temperatur ab. Bei 75 % r.F. und 40°C bzw. 20°C wird nach sieben Tagen annähernd die Endmasse erreicht, wohingegen zu diesem Zeitpunkt bei 4°C ca. 50% der Hydrogelmasse verbleiben. Sowohl die Einflüsse der Flüssigphasensubstitution als auch der Trocknungstemperatur und relativen Feuchte korrelieren mit den Ergebnissen von *Zhong und Greenspan* [ZG00], die diese Parameter variiert haben, um monolithische Sol-Gel-Biogläser herzustellen, die aber vor ihrer weiteren Verwendung einer Wärmebehandlung bei 700°C unterzogen wurden.

Mit Hinblick auf möglichst schonende Bedingungen für die organische Phase, wurde der Einfluss der Zusammensetzung der Gele auf das Trocknungsverhalten bei 37°C und ohne Flüssigphasensubstitution untersucht. Um gleichzeitig aber eine hohe Trocknungsgeschwindigkeit zu erreichen, wurden 15 % r.F. in der Klimakammer eingestellt. In den Diagrammen der Abbildungen 5.18 und 5.19 sind die Trocknungsgeschwindigkeiten der zweiphasigen Gele und die der dreiphasigen Gele anhand der Gelmassen, bezogen auf die berechneten Massen der Summen der Festphasen, dargestellt. Die Gelherstellung beruht auf einer Kollagensuspension mit 30 mg/ml.

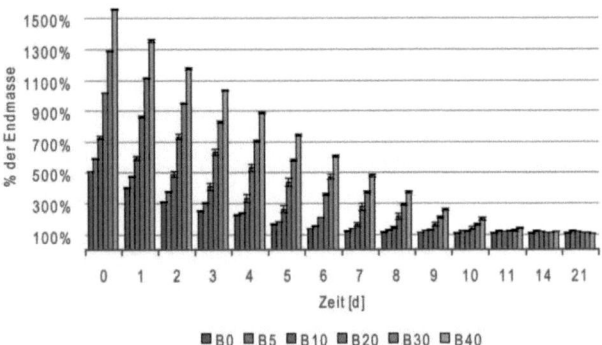

Abb. 5.18: Masseverlauf der bei 37°C/15 % r.F. getrockneten ein- und zweiphasigen Gele in Abhängigkeit von der Zusammensetzung. Die Massen sind normiert auf die aus dem Feststoffgehalt berechneten Endmassen bei vollständiger Trocknung.

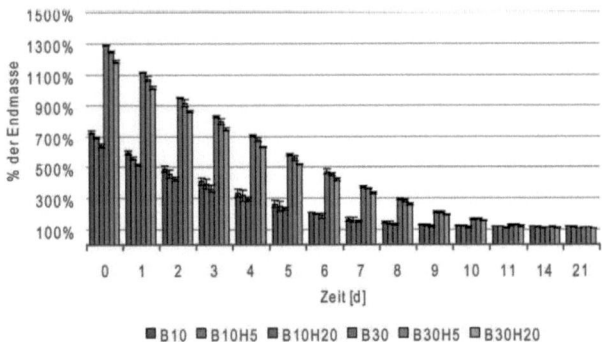

Abb. 5.19: Masseverlauf der bei 37°C/15 % r.F. getrockneten zwei- und dreiphasigen Gele in Abhängigkeit von der Zusammensetzung. Die Massen sind normiert auf die aus dem Feststoffgehalt berechneten Endmassen bei vollständiger Trocknung.

Im Ausgangszustand zeigt sich der deutliche Einfluss der Feststoffgehalte der Zusammensetzungen (vgl. Abbildung 5.16) auf das Masseverhältnis zwischen Hydrogel und Xerogel. Während beim reinen Silikatgel (B0) etwa ein Faktor von 5 zwischen beiden Probenzuständen liegt, steigt dieser mit zunehmendem Kollagenanteil kontinuierlich an und

5.1. Entwicklung der Herstellungsprozesse, Möglichkeiten und Grenzen

erreicht beispielsweise bei B40 den Wert 16. Gleichzeitig steigt die anfänglich nahezu linear, später asymptotisch verlaufende Trocknungsrate mit zunehmendem Kollagenanteil. Die Zusammensetzungen B0, B5 und B10 haben bereits nach etwa sieben Tagen, die mit höheren Kollagenanteilen nach spätestens 14 Tagen Massekonstanz erreicht. Nach einer weiteren Woche ändern sich die Gelmassen nur unwesentlich und liegen bei allen Zusammensetzungen fast genau bei 100 % der berechneten Massen, was für die Reproduzierbarkeit des Gesamtsystems spricht.

Bei den dreiphasigen Gelen resultiert die Zugabe der CPP bei konstantem Kollagenanteil in einer Reduzierung der Hydrogelmasse, da sich gleichzeitig der Silikatanteil verringert. Am Beispiel des Vergleiches von B10 und B10H20 beträgt dieser Wert etwa 80 Prozentpunkte im Ausgangszustand. Diese Beobachtung steht wiederum im Einklang mit dem Verlauf des Feststoffgehalts, der durch die Zunahme des CPP-Anteils gemäß Abbildung 5.16 steigt. Dadurch erreichen die Proben mit höherem CPP-Anteil unter gleichen klimatischen Bedingungen zu früheren Zeitpunkten die Massekonstanz. Die gleichen qualitativen Verhältnisse, jedoch bei höheren Startwerten, lassen sich für die Proben mit 30 % Kollagenanteil feststellen.

Die prozentuale Volumenschrumpfung (100 % entsprechen dem Ausgangsvolumen des Hydrogels) und die scheinbare Dichte der nach Erreichen der Massekonstanz erhaltenen Xerogele sind in Abbildung 5.20 aufgetragen. Bei den im linken Block aufgetragenen Daten der reinen Silikatgele kennzeichnet S10 eine Zusammensetzung die den Komponentenvolumina von B10 entspricht, jedoch kein Kollagen enthält. Gleichermaßen verhält es sich mit S30 und B30. Angehängt an diese Bezeichnung ist jeweils der auf pH 7,4 eingestellte Puffer mit dem das PP-TEOS versetzt wurde. Für die reinen Silikatgele wird bei hoher PP-TEOS-

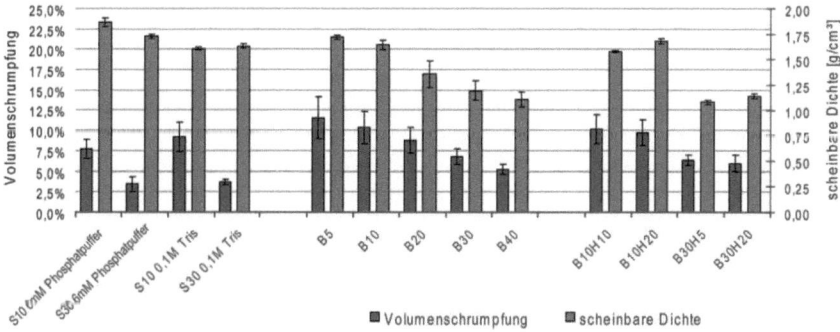

Abb. 5.20: In Abhängigkeit von der Zusammensetzung ermittelte Volumenschrumpfung (bezogen auf das Ausgangsvolumen des Hydrogels) und scheinbare Dichte der Xerogele.

Konzentration (S10) im Ansatz mit 6 mM Phosphatpuffer eine Volumenschrumpfung auf ca. 7,5 % nachgewiesen, was sich mit Werten in der Literatur deckt [Sio03]. Der Grad der Schrumpfung wird an dieser Stelle bestimmt vom Gleichgewicht zwischen der Kapillarspannung und dem Elastizitätsmodul der Silikatmatrix. Der Wert sinkt bei Verringerung der PP-TEOS-Konzentration (S30) und dem damit verbundenem reduzierten Feststoffgehalt im Hydrogel auf ca. 3,5 %. Die scheinbare Dichte der genannten Proben unterscheidet sich mit ca. 1,8 g/cm^3 zu ca. 1,6 g/cm^3 nur wenig. Nahezu identische Werte für Volumenschrumpfung und scheinbare Dichte werden bei Verwendung des TrisHCl-Puffers erhalten. Bei den zweiphasigen Gelen nimmt die Differenz zwischen Volumen des Hydrogels und des Xerogels mit steigendem Kollagenanteil zu. Die Volumenschrumpfung liegt dabei im Bereich von ca. 11,5 % (B5) bis ca. 5,5 % (B40), was maßgeblich auf den Feststoffgehalt des Hydrogels zurückzuführen ist. Die scheinbare Dichte der Xerogele nimmt von ca. 1,7 g/cm^3 bei B5 stetig bis auf ca. 1,1 g/cm^3 bei B40 ab, was sich mit der höheren spezifischen Dichte der Silikatphase im Vergleich zum Kollagen erklärt. Wie in Abbildung 5.16 festgestellt wurde, ist der Einfluss des Anteils der CPP auf den Feststoffgehalt der Xerogele wesentlich geringer als der Einfluss des Kollagenanteils. Dies zeigt sich auch bei Betrachtung der Volumenschrumpfung und der scheinbaren Dichte der dreiphasigen Gele, die sich sowohl bei 5 % CPP als auch bei 20 % CPP kaum von denen der entsprechenden zweiphasigen Gele unterscheidet.

5.1.6 Diskussion zu den Herstellungsprozessen

Ziel der Untersuchungen zu den Herstellungsprozessen war es Parametersätze zu finden, die eine reproduzierbare Verarbeitung der Ausgangskomponenten der Silikat-, Kollagen- und Calciumphosphatphasen zu einem homogenen monolithischen Kompositmaterial ermöglichen. Einige wichtige Zusammenhänge in der Prozesskette werden im Folgenden formuliert:

- Volumen$_{PP-TEOS}$ ↓, Volumen$_{Kollagensuspension}$ ↑ $\Longrightarrow$ pH-Wert der Mischung ↑, Masseverhältnis$_{Silikat/Kollagen}$ ↓

- pH-Wert der Mischung ↑, Kollagenkonzentration$_{Suspension}$ ↑ $\Longrightarrow$ Gelbildungsdauer ↓, Verarbeitungszeit ↓

- Masseverhältnis$_{Silikat/Kollagen}$ ↓ $\Longrightarrow$ Feststoffkonzentration$_{Hydrogel}$ ↓, Volumenschrumpfung$_{Hydrogel \rightarrow Xerogel}$ ↑, scheinbare Dichte$_{Xerogel}$ ↓

Darüber hinaus führt eine zusätzlich eingeführte CPP zur Verschiebung sowohl des pH-Werts der Mischung als auch der Volumenanteile des PP-TEOS und der Kollagensuspension. Beides hat wiederum die aufgeführten Effekte zur Folge. Der Einfluss der CPP

5.1. Entwicklung der Herstellungsprozesse, Möglichkeiten und Grenzen

auf den Feststoffgehalt des Hydrogels ist nur gering. Die beschriebenen Zusammenhänge stellen zwar den für die vorliegende Arbeit wichtigsten, aber dennoch nur einen Teil des Gesamtsystems dar, das aufgrund der zahlreichen sich gegenseitig beeinflussenden Größen zu komplex für eine umfassendere Darstellung ist.

Bei der Wahl des Puffers, hat sich 0,1 M TrisHCl pH 7,4 als guter Kompromiss herausgestellt. In diesem lassen sich homogene Kollagensuspensionen mit Konzentrationen von bis zu ca. 40 mg/ml herstellen, was Voraussetzung für eine hohe Feststoffkonzentration im Hydrogel ist. Dieser Puffer behält, wenn er mit bis zu ca. 50 vol% PP-TEOS versetzt wird, nahezu neutrale pH-Werte. Dabei liegen die Gelbildungszeiten über einer Minute, was einem genügend langen Verarbeitungszeitraum entspricht um eine homogene Mischung der Komponenten zu erzielen, aber auch maximal im Bereich von 1-2 h, wodurch Entmischungserscheinungen eingeschränkt werden. Darüber hinaus kann das Silikat/Kollagen-Masseverhältnis über einen recht großen Bereich variiert werden, was für die spätere Betrachtung der Kompositeigenschaften von Bedeutung ist. Ein von Beginn an neutral eingestellter pH-Wert der Gele ist bezüglich des angestrebten Einsatzes in physiologischer Umgebung von Vorteil, da auf Spül- bzw. Neutralisationsschritte verzichtet werden kann.

Die Kieselsäurepolymerisation lässt sich gut anhand des Erreichens des Gelpunktes und der abnehmenden Konzentration molybdatreaktiven Silikats in der Lösung erfassen. Der Einfluss des Kollagens auf diese Prozesse macht sich vor allem in Bezug auf die Gelbildung bemerkbar. Die Bildung von Silikat kann durch Proteine auf unterschiedliche Weise gefördert werden. So können positiv geladene Proteine negativ geladene Silikatpartikel verbinden und somit zur Aggregation führen. Außerdem kann die Anbindung von Silikaten an die Aminogruppen einer Proteinkette die Polymerisation der Silikate begünstigen [CABL06]. In beiden Fällen sind für eine Wechselwirkung des Silikats und des Kollagens untereinander die Ladungsverhältnisse beider Komponenten von Bedeutung. Da der pH-Wert in allen Fällen über pH 3 (isoelektrischer Punkt des Silikats) liegt, sind die Silikatpolymere negativ geladen [CL01]. Die Ionisierung der Aminosäuren in wässrigen Lösungen hängt von deren pK-Wert ab. Der pK-Wert der Carboxylgruppen liegt typischerweise bei 2, wohingegen der der Aminogruppen im Bereich von 9 bis 10 liegt. Im neutralen pH-Bereich sollten die Carboxylgruppen demzufolge negativ geladen und die Aminogruppen protoniert sein. Ausgehend von einem sauren pH-Wert führt dessen Erhöhung zum einen zur Deprotonierung der Kieselsäure, wodurch sich deren Ladung vom neutralen in den negativen Bereich verschiebt und zum anderen zur Deprotonierung der Aminogruppen des Kollagens, wodurch dessen anfänglich positive Ladung abnimmt. Die Balance zwischen beiden Effekten führt zur pH-Abhängigkeit der katalysierenden Wirkung der Aminogruppen des Kollagens wie sie auch für Serin, Lysin, Prolin und Asparaginsäure ermittelt wurde [CL01]. In Anlehnung an die Arbeit von *Cordes* [Cor06] zur Ausfällung von Kieselsäure in Gegenwart von Polyaminen kann damit auch die mit steigendem pH-Wert und steigender Kollagenkonzentration abnehmende Gelbildungsdauer erklärt werden.

Einen großen Einfluss auf die Homogenität des Kompositgels hat die Methode, mit der das niedrigviskose PP-TEOS und die in Abhängigkeit von der Konzentration hochviskose Kollagensuspension vermischt werden. In der vorliegenden Arbeit wurden die am häufigsten angewandten Methoden dafür evaluiert. Das Mischen mittels Propellerrührer oder Magnetrührer ist nicht geeignet, da das Rührwerkzeug vor Erreichen des Gelpunktes der Mischung entnommen werden muss. Da dieser Zeitpunkt teilweise nach wenigen Sekunden erreicht wird und während des Mischprozesses die Viskosität der Mischung stetig steigt, besteht die Gefahr der mechanischen Beschädigung des Gels oder zumindest des Verbleibs von Hohlräumen an den Stellen wo sich zuvor das Rührwerkzeug befand. Statikmischer sind prinzipiell geeignet, jedoch im vorliegenden Labormaßstab schwer zu realisieren, u. a. da diese vor allem für kontinuierliche Prozesse mit großen Volumina ausgelegt sind [Sch74]. Außerdem müssen im Falle einer technischen Umsetzung die großen Viskositätsverhältnisse der Komponenten durch die Mischerlänge sowie die Pumpleistung und der zulässige Druckverlust berücksichtigt werden. Als gut geeignet hat sich in der vorliegenden Arbeit das Mischen mittels Vortexer erwiesen, da bei dieser Methode auf ein Rührwerkzeug verzichtet werden kann. Der intensive Energieeintrag kann dosiert erfolgen und erlaubt mit Einsetzen der Gelbildung eine Kompaktierung des Gemisches. Die unterschiedliche Viskosität der Komponenten hat keine negativen Auswirkungen. Dabei müssen Vortexerleistung und Mischvolumen aneinander angepasst sein, weshalb mit den in der vorliegenden Arbeit verwendeten Laborgeräten bei einem Mischvolumen von ca. 5-8 ml eine Obergrenze erreicht wurde. Eine Steigerung des Mischungsvolumens bei ähnlichem Mischverhalten ist bei Nutzung einer Schwingmühle (ohne Mahlkörper) möglich. Die Herausforderung besteht dabei vor allem im zügigen Erreichen der Maximalmischleistung und anschließendem Sammeln des Gemisches im Gefäß. Diese Variante erscheint aussichtsreich, bedarf aber entsprechender technischer Lösungen.

Für den Untersuchungskomplex zur Kompositbildung und des Einflusses der Zusammensetzung wurde zusammenfassend eine grafische Darstellung erarbeitet, die in Abbildung 5.21 ersichtlich ist. Gekennzeichnet sind darin die sich unter konstanten Randbedingungen ausbildenden charakteristischen Zusammensetzungsbereiche die zu unterschiedlichen Materialcharakteristiken führen. Das sind zum einen die in der vorliegenden Arbeit im Mittelpunkt stehenden kompakten Xerogele, deren Eigenschaften vorrangig auf die der Silikatmatrix aufbauen. Zum anderen fasst der grau dargestellte Bereich die Proben mit einer den Calciumphosphatzementen ähnlichen Charakteristik zusammen. Dieser Bereich

5.1. Entwicklung der Herstellungsprozesse, Möglichkeiten und Grenzen

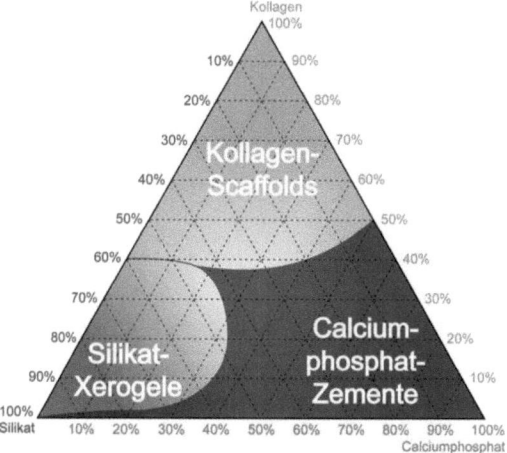

Abb. 5.21: Schematische Darstellung des Dreistoffsystems Silikat/Kollagen/Calciumphosphat (Masseanteile in Prozent) in dem typische Zusammensetzungsbereiche für die Probencharakteristiken Xerogel, Zement und Scaffold definiert sind.

wird ansatzweise von anderen Forschergruppen bearbeitet (siehe Abschnitt 2.3.2.6 auf Seite 34). Schlussendlich besteht die Möglichkeit bei höheren Kollagengehalten mittels Gefriertrocknung poröse Scaffolds herzustellen die einer anorganisch stabilisierten Kollagenmatrix entsprechen. Forschungsaktivitäten dazu werden in der eigenen Arbeitsgruppe durchgeführt, sind aber nicht Bestandteil der vorliegenden Arbeit.

5.2 Gefügecharakterisierung der Xerogele

Die Gefüge der Xerogele wurden mittels elektronenmikroskopischer Methoden (REM, EDX) und Mikro-Computertomografie (Mikro-CT) abgebildet, um den strukturellen Aufbau nachfolgend mit den makroskopischen mechanischen Eigenschaften in Beziehung setzen zu können. Die XRD-Analyse wurde zur Bewertung der Kristallinität eingesetzt.

5.2.1 Analyse der Phasenverteilung mittels REM und EDX

Der Einfluss der Kollagenmorphologie auf das Gefüge der Kompositxerogele wurde untersucht, indem sowohl Kollagenfibrillen als auch Tropokollagen und Kollagenfasern als organische Komponente bei einem Masseverhältnis von 70 % Silikat zu 30 % Kollagen eingesetzt wurden. Die in den Teilbildern a-c der Abbildung 5.22 mittels AFM dargestellte Morphologie der Template entspricht der, wie sie für die Gelbildung vorlag. Das bovine Tropokollagen (a) liegt in der bekannten Form von Molekülen mit etwa 300 nm Länge vor, während die fibrilläre Form (b) Längen von ca. 10 μm aufweist. Die durch mechanische Aufbereitung gewonnenen bovinen Kollagenfasern (c) haben variierende Längen bei Durchmessern von etwa 10 μm.

Die REM-Bilder d-f zeigen die Oberfläche der entsprechenden Kompositxerogele in einer Vergrößerung, die der der AFM-Bilder entspricht. Die bei jeweils gleicher Vergrößerung aufgenommenen Teilbilder g-i erlauben den Vergleich der Xerogelgefüge untereinander. Der Einsatz des Tropokollagens hat eine feinstrukturierte Geloberfläche (d, g) zur Folge, die ähnlich der des reinen Silikatgels (siehe Teilbild c in Abbildung 5.23) ist. Die glatt erscheinenden Oberflächenbereiche können auf Entmischungserscheinungen bei den gegebenen Herstellungsbedingungen (die Gelbildungszeit beträgt aufgrund des sauren pH-Werts etwa zwei Tage) zurückgeführt werden. Makroskopisch gesehen werden die auf Tropokollagen basierenden Komposite als durchscheinende Xerogelfragmente erhalten, da die bei der Trocknung auftretenden Kapillarkräfte die Gelfestigkeit übersteigen. Der Einsatz von Kollagenfasern resultiert in einem mikroporösen Xerogel (f, i), dessen Oberfläche von silikatisierten Kollagenfibrillen bestimmt wird, die zu einheitlichen Fasern von etwa 10 μm Durchmesser aggregiert sind. Die Teilbilder e und h illustrieren das kompakte und homogene Gefüge der monolithischen Xerogele wie sie bei der Verwendung fibrillären Kollagens erhalten werden.

Der Einfluss des Kollagenanteils auf das Gefüge der Bruchfläche ist für Silikat/Kollagen-Masseverhältnisse von 100/0, 85/15 und 70/30 in Abbildung 5.23 dargestellt. Beginnend mit reinem Silikat (a-c) zeigen die REM-Aufnahmen das auf der Aggregation nanometergroßer Partikel basierende Gefüge. Mit hellen Grautönen sind Verformungszonen zu erkennen, die sich als lokalisierte Bruchkanten darstellen. Das Vorhandensein von 15 % (d-

5.2. Gefügecharakterisierung der Xerogele

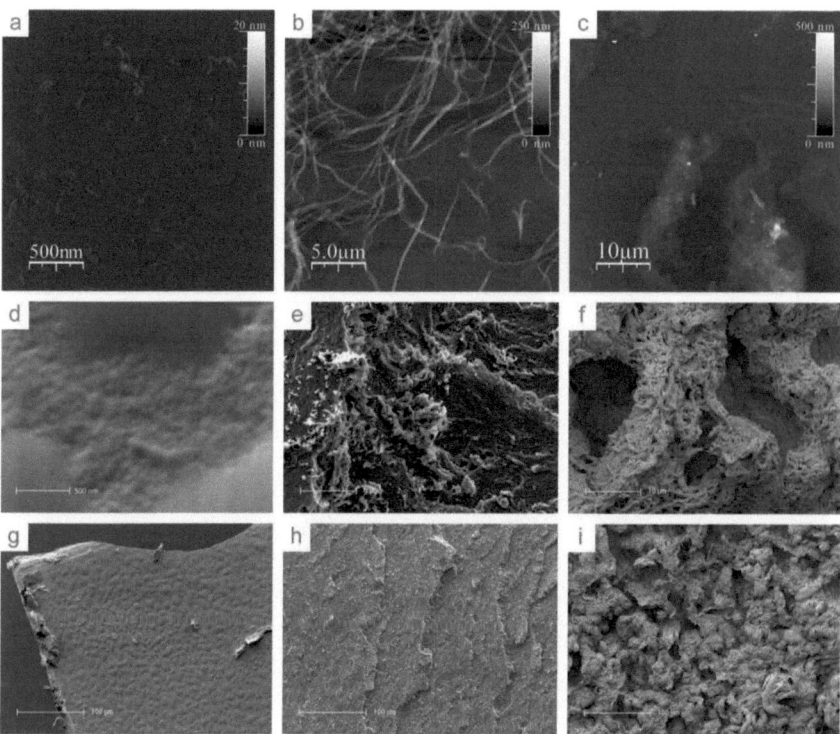

Abb. 5.22: AFM-Höhenbilder von bovinem Tropokollagen (a), bovinen Kollagenfibrillen (b) und bovinen Kollagenfasern (c). Die Teilbilder d-i zeigen REM-Aufnahmen, die den Einfluss der jeweiligen organischen Phase auf das Gefüge entsprechender Kompositxerogele mit 70 % Silikat und 30 % Kollagen offenbaren.

f) bzw. 30 % (g-i) fibrillären Kollagens verändert das Bruchgefüge der Xerogele deutlich, die in materialwissenschaftlichem Sinne als faserverstärkter Komposit aufgefasst werden können [VPV06]. Die Matrixphase ist das Silikat und die disperse Phase ist das Kollagen, dessen Fibrillen diskontinuierlich und zufällig verteilt sind. Die Bilder zeigen darüber hinaus, dass der Anteil der Verformungsbruchfläche mit zunehmendem Kollagenanteil steigt. Deren mittels Bildauswertung ermittelter relativer Flächenanteil beträgt jeweils ca. 3,6 % (100/0), 8,5 % (85/15) bzw. 24,7 % (70/30). Höhere Vergrößerungen der Deformationszonen machen deren Struktur, basierend auf Kollagenfibrillen die aus der Matrixphase gezogen wurden, sichtbar. Dieses Materialverhalten infolge Überbelastung zeigt sich sowohl an Bruchkanten (Abbildung 5.24 a, b) als auch an Bruchflächen (Abbildung 5.24 c). Die unverformten Oberflächenbereiche repräsentieren die im unverformten Gefüge ursprünglich

92   Kapitel 5. Ergebnisse und Diskussion

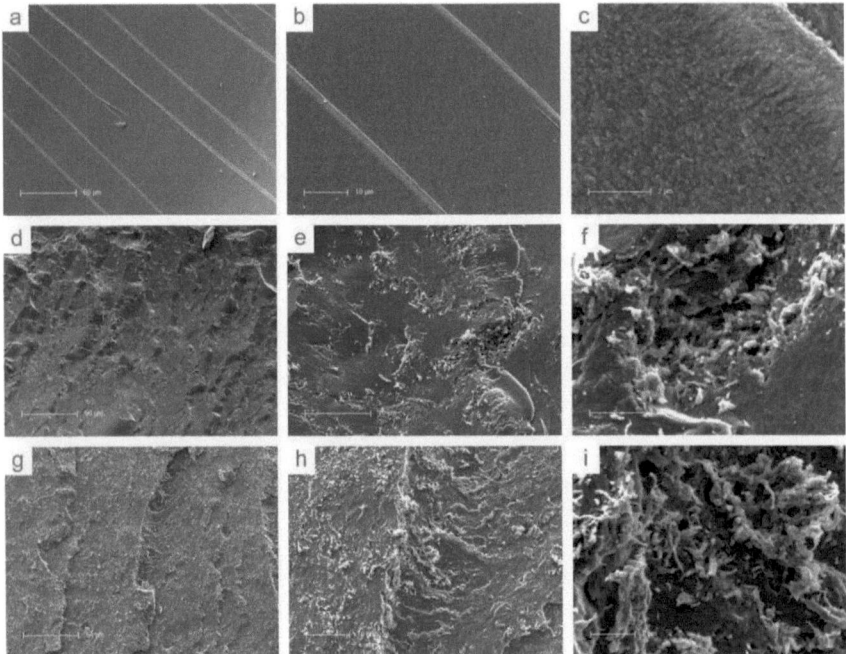

Abb. 5.23: REM-Aufnahmen von Bruchflächen der Xerogele bestehend aus 100 % Silikat (a-c) und der zweiphasigen Kompositxerogele mit 15 % Kollagen (d-f) bzw. 30 % Kollagen (g-i).

kompakte Anordnung der silikatisierten Kollagenfibrillen.

Die Abbildung 5.25 zeigt REM-Aufnahmen der dreiphasigen Xerogele mit jeweils 52,5 % Silikat, 22,5 % Kollagen und 25 % CPP. Das Silikat/Kollagen-Masseverhältnis beträgt 2,33 und entspricht damit der 70/30-Zusammensetzung. Während das Gefüge des Xerogels mit HAP keine wesentlichen Unterschiede zur zweiphasigen Variante zeigt, för-

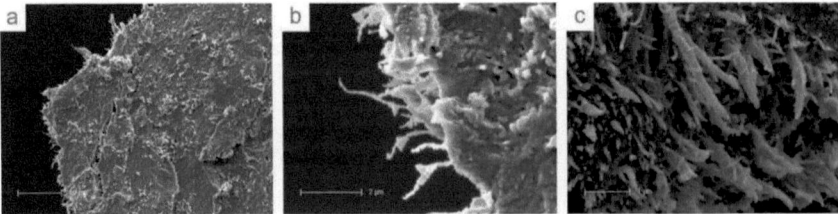

Abb. 5.24: REM-Aufnahmen einer Bruchkante (a, b) und einer Bruchfläche (c) eines zweiphasigen Kompositxerogels bestehend aus 70 % Silikat und 30 % Kollagen.

5.2. Gefügecharakterisierung der Xerogele

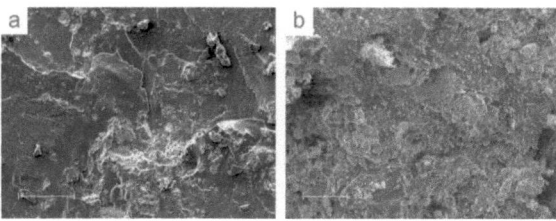

Abb. 5.25: REM-Aufnahmen der Kompositxerogele bestehend aus 52,5 % Silikat, 22,5 % Kollagen und 25 % HAP (a) bzw. CPC (b).

dert CPC im Gelbildungsprozess offensichtlich die Körnung des Materials, was in einer raueren Morphologie der Bruchfläche resultiert. Calciumphosphat lässt sich in diesem Fall in Form zufällig verteilter Agglomerate von 2-10 μm Größe, eingebettet in das Silikat-Kollagen-Gel, identifizieren.

Die EDX-Spektren der zwei- und dreiphasigen Xerogele (siehe Abbildung 5.26) belegen, dass neben den an den vorbedachten Zusammensetzungen beteiligten Elementen Silizium, Sauerstoff, Calcium und Phosphor (zu sehen sind jeweils die Zählungen der Kα-Strahlung) keine weiteren Elemente mit vergleichbaren Anteilen detektiert wurden und Verunreinigungen demzufolge ausgeschlossen werden können.

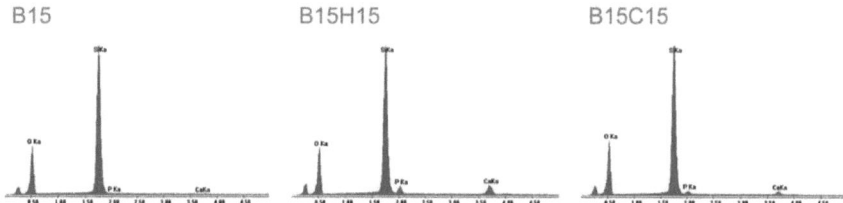

Abb. 5.26: EDX-Spektren des zweiphasigen Xerogels mit 15 % Kollagen (B15) und der dreiphasigen Xerogele mit ebenfalls 15 % Kollagen und zusätzlich 15 % HAP (B15H15) bzw. CPC (B15C15). Der Scanbereich betrug jeweils ca. 950×712 μm.

Die Verteilung der CPP wurde zudem mittels Elementmapping ermittelt. In Abbildung 5.27 sind dazu die lateralen Verteilungen von Silizium, Sauerstoff, Calcium und Phosphor für das zweiphasige Xerogel und die dreiphasigen Xerogele mit HAP bzw. CPC dargestellt. Bei allen Xerogelen findet sich eine gleichmäßige Verteilung von Silizium (repräsentiert Silikat) und Sauerstoff (repräsentiert Silikat, Kollagen, Oxidschicht, CPP). Intensitätsunterschiede werden durch die Oberflächenmorphologie hervorgerufen. Beim dreiphasigen Xerogel mit HAP werden zusätzlich gleichmäßig verteilt Calcium und Phosphor detektiert. Im Gegensatz dazu lokalisiert sich CPC in Agglomeraten, deren Verteilung die anhand der

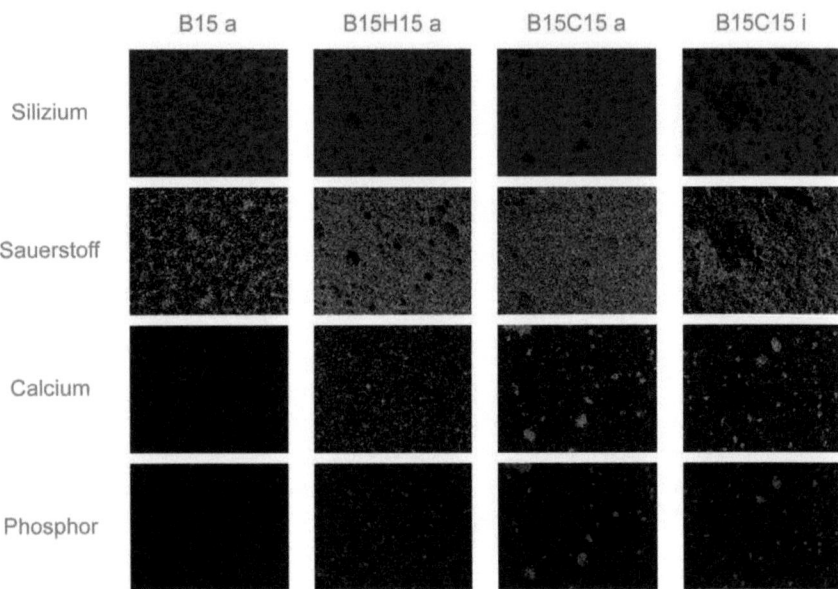

Abb. 5.27: Laterale Elementverteilung des zweiphasigen Xerogels mit 15 % Kollagen (B15) und der dreiphasigen Xerogele mit ebenfalls 15 % Kollagen und zusätzlich 15 % HAP (B15H15) bzw CPC (B15C15). Der Index a kennzeichnet die äußere Oberfläche einer unbearbeiteten Probe, der Index i eine innere Oberfläche. Der dargestellte Scanbereich betrug jeweils ca. 950×712 µm.

REM-Bilder getroffenen Schlussfolgerungen bestätigt. Anhand dieser Zusammensetzung zeigt ein weiterer Vergleich, dass die Elementverteilung an der äußeren Oberfläche einer unbearbeiteten Probe gut mit der Verteilung im Inneren der Probe übereinstimmt.

5.2.2 Mikro-Computertomografie

Um einen detaillierteren Einblick in den dreidimensionalen Aufbau – vor allem bzgl. der Verteilung der anorganischen und organischen Phasen – der Xerogele zu bekommen, wurde Mikro-CT in verschiedenen Auflösungsstufen eingesetzt und das Gefüge der Xerogele über einen weiten Zusammensetzungsbereich, der sich an die in Abbildung 5.21 diskutierten Grenzen anlehnt, abgebildet (siehe Abbildung 5.28). Für das reine Silikat lässt sich dabei eine gleichmäßige Helligkeitsverteilung mit leichter Strukturierung erkennen. Mit steigendem Kollagenanteil nimmt die Absorption des Materials ab, was sich in zunehmend dunkler dargestellten Gefügebildern niederschlägt. Grund hierfür ist der geringere Absorptionskoeffizient der organischen Phase im Vergleich zur anorganischen Silikatphase

5.2. Gefügecharakterisierung der Xerogele

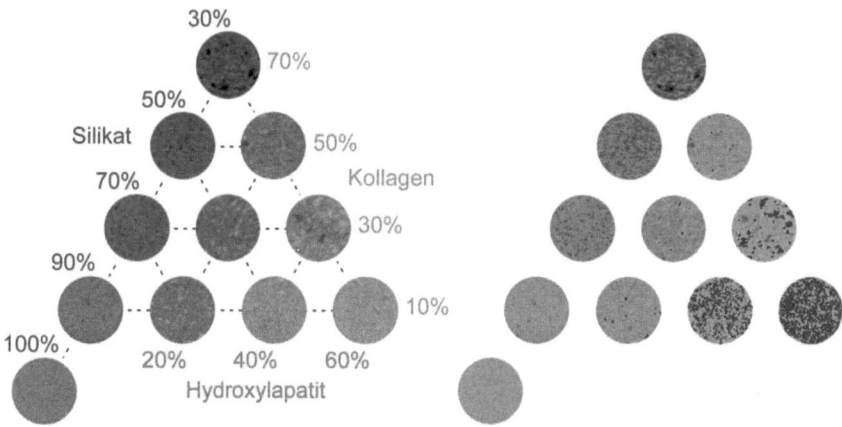

Abb. 5.28: Rekonstruktion der mittels μCT erhaltenen Scandaten des reinen Silikats sowie der zwei- und dreiphasigen Komposite verschiedener Zusammensetzungen. Der Durchmesser der dargestellten Scanbereiche entspricht 2 mm, die dreidimensionale Auflösung (Voxelgröße) beträgt ca. 20μm. Im rechten Teilbild sind die (dunklen) dem Kollagen/Poren zugeordneten Flächenbereiche grün, die (hellen) dem HAP zugeordneten Bereiche rot eingefärbt.

und die abnehmende Materialdichte (vgl. Abbildung 5.20). Vor allem die zweiphasigen Proben mit hohem Kollagenanteil weisen zudem mikroskopische Hohlräume auf, die als dunkle Bereiche im Bild zu erkennen sind. Einzelne Silikatpartikel oder Kollagenfibrillen können im vorliegenden Fall aufgrund der Probengröße und der damit verbundenen Auflösungsbeschränkung der Mikro-CT nicht unterschieden werden. Die CPP – im abgebildeten Beispiel in Form von HAP – hat wiederum einen höheren Absorptionskoeffizient als die Silikatphase und wird am Beispiel der dargestellten Proben ab einem Anteil von 20 % als helle Bereiche im Gefüge sichtbar. Wird das Gefügebild des reinen Silikats als Referenz genommen und dunklere Flächenanteile als Kollagen/Poren bzw. hellere Flächenbereiche als HAP gewertet, ergibt sich die im rechten Teilbild der Abbildung 5.28 dargestellte Phasenverteilung. Die zugehörigen Flächenanteile sind in Tabelle 5.1 aufgetragen. Der Flächenanteil an Kollagen/Poren steigt nichtlinear zum Kollagen-Masseanteil. Während der Flächenanteil bei B10 nur ca. 1 % beträgt, stimmen beide Werte bei der Probe B70 nahezu überein. Ähnliche Verhältnisse gelten für HAP im dreiphasigen Gel mit 10 % Kollagen. Hier erreicht die CPP im Falle der Probe B10H60 ca. 61 % Flächenanteil und baut somit praktisch eine eigene Matrix auf. Bei geringeren Anteilen liegt HAP in Form einer eingelagerten Phase vor, deren Flächenanteile bei 20 % Masseanteil, unabhängig vom Silikat/Kollagen-Verhältnis, etwa konstant sind. In Abbildung 5.29 sind mittels Synchrotron-Röntgenstrahlung angefertigte Mikro-CT-Aufnahmen (SR-Mikro-CT) eines

Tab. 5.1: Anhand der im rechten Teilbild der Abbildung 5.28 definierten Grauwertverteilung ermittelte Flächenanteile der Xerogelkomponenten.

Probe	Flächenanteile [%]		
	Silikat	Kollagen/Poren	HAP
B0	100	0	0
B10	99	1	0
B30	87	13	0
B50	63	37	0
B70	32	68	0
B10H20	97	0	3
B10H40	64	0	36
B10H60	39	0	61
B30H20	97	1	2
B30H40	85	1	14
B50H20	96	2	2

zweiphasigen Xerogels (a) und eines dreiphasigen Xerogels mit CPC (b, c, d) gegenübergestellt. Mit diesem Verfahren lässt sich gegenüber konventioneller Mikro-CT eine höhere Dichteauflösung – im vorliegenden Fall ca. 9 µm Voxelgröße – erzielen. Die dreidi-

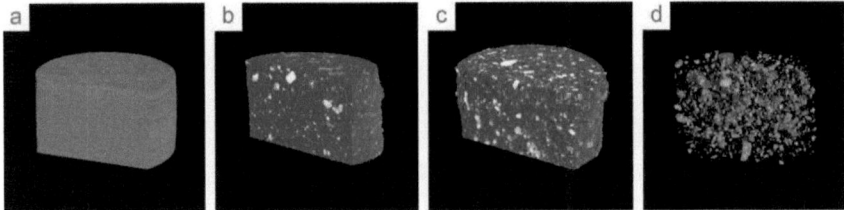

Abb. 5.29: Schnitt durch die dreidimensionale Rekonstruktion der mittels SR-Mikro-CT erhaltenen Scandaten des zweiphasigen Xerogels mit 30 % Kollagen (a), des dreiphasigen Xerogels mit 22,5 % Kollagen und 25 % CPC (b) sowie des dreiphasigen Xerogels mit 15 % Kollagen und 50 % CPC (c). Das Teilbild d zeigt ausschließlich die Verteilung der CPP im dreiphasigen Xerogel mit 25 % CPC. Der Durchmesser der Proben entspricht ca. 3 mm.

mensionale Visualisierung des 70/30-Komposits zeigt über die gesamte Probe keine Kontrastunterschiede, was auf eine homogene Verteilung der absorbierenden Materie und die gleichmäßige Kombination von Silikatpartikeln und Kollagenfibrillen im Bereich des Auflösungsvermögens schließen lässt. Im Gegensatz dazu, gibt die Analyse des dreiphasigen Xerogels mit 52,5 % Silikat, 22,5 % Kollagen und 25 % CPC die Einbettung unregelmäßig geformter, im Bild hell erscheinender, CPC-Agglomerate im Silkat-Kollagen-Gel wieder. Bei der Probe mit doppeltem CPC-Anteil (50 %) werden Risse im Material sichtbar, die auf Spannungen während des Trocknungsvorgangs zurückzuführen sind. Diese entstehen, da das schrumpfende Silikatgel die nicht schrumpfenden CPC-Partikel allseitig umschließt.

5.2.3 Analyse der Kristallinität mittels XRD

Mittels XRD wurde die Kristallinität der Gefügebestandteile analysiert. Die in Abbildung 5.30 dargestellten Diffraktogramme zeigen in allen Fällen ein geringes Reflex/Untergrund-Verhältnis, wofür die geringen Anteile kristalliner Phasen und deren Nanokristallinität verantwortlich sind. Beim reinen Silikat erscheinen keine Reflexe, sondern breite Peaks,

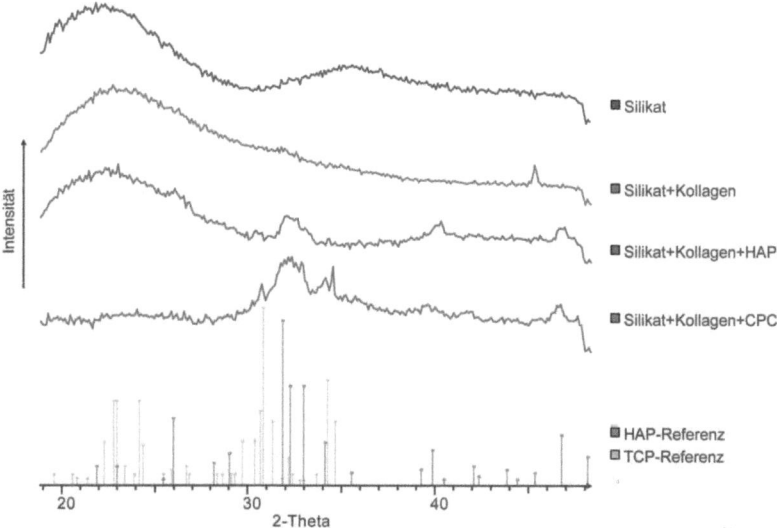

Abb. 5.30: Diffraktogramme der ein-, zwei- und dreiphasigen Xerogele sowie Referenzen für HAP und TCP.

was den amorphen bzw. röntgenamorphen (Kristallitgrößen unter 5 nm) Materialcharakter belegt, wie er von Sol-Gel-Silikat bekannt ist. Im zweiphasigen Xerogel führt auch die Anwesenheit des Kollagens nicht zu Röntgenreflexen. Die Anwesenheit von HAP im Xerogel führt zur Detektion der entsprechenden Reflexe, die aufgrund des geringen Volumenanteils der CPP klein und breit erscheinen. Das gleiche gilt für das dreiphasige Xerogel mit CPC. Hier kann neben HAP auch TCP, das die Hauptkomponente im CPC stellt, identifiziert werden.

5.3 Mechanische Eigenschaften der Xerogele

Für die Ermittlung von Kennwerten für die mechanischen Eigenschaften der Xerogele wurden Proben mit einem Höhe/Durchmesser-Verhältnis von 2/1 im trockenen und im nassen Zustand sowohl auf Druckfestigkeit als auch auf Spaltzugfestigkeit geprüft.

5.3.1 Spanabhebende Bearbeitung der Xerogele

Eine spanabhebende mechanische Bearbeitung der Xerogele war notwendig, um definierte Geometrien und Planparallelität der Prüfflächen herzustellen. Bereits dabei zeigte sich, dass ausgehend von den reinen Silikatxerogelen die Sprödigkeit mit steigendem Kollagenanteil abnimmt und somit die spanabhebende Bearbeitung erleichterte. Für die dreiphasigen Xerogele mit 30 % Kollagen wurde bis 20 % HAP-Anteil kein wesentlicher Einfluss desselben auf die Bearbeitbarkeit festgestellt. Eine Fotografie einiger der bearbeiteten Xerogelproben ist in Abbildung 5.31 dargestellt.

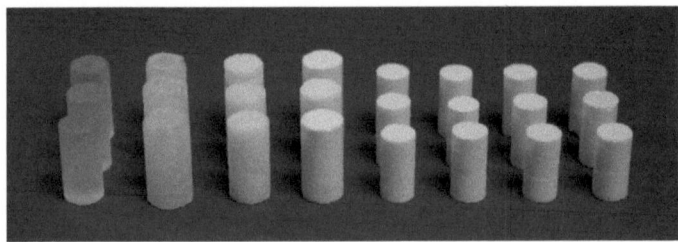

Abb. 5.31: Fotografie der ein-, zwei- und dreiphasigen Xerogele nach mechanischer Bearbeitung. Von links nach rechts: S10, B5, B10, B20, B30, B40, B30H5, B30H20. Die Zylinderdurchmesser betragen ca. 5-6 mm, die Höhen jeweils das Doppelte.

Im Zuge der spanabhebenden Bearbeitung änderte sich die Oberflächenmorphologie der Xerogele, was mittels cLSM quantifiziert wurde (siehe Abbildung 5.32). Am Beispiel der Probe B30 zeigt die Analyse, dass die Mittenrauhwerte (R_a: arithmetischer Mittelwert der Beträge aller Profilwerte des Rauheitsprofils, R_q: quadratischer Mittelwert aller Profilwerte des Rauheitsprofils) eines 1 mm² großen repräsentativen Flächenausschnitts vom unbearbeiteten Zustand (R_a=5,7 μm, R_q=7,3 μm) zum bearbeiteten Zustand (R_a=1,6 μm, R_q=2,2 μm) abnehmen. Für ein exemplarisches Linienprofil innerhalb dieser Fläche gelten im unbearbeiteten Zustand R_a=4,3 μm, R_q=5,2 μm und im bearbeiteten Zustand R_a=1,2 μm, R_q=1,5 μm. Da es sich bei den Xerogelen nicht um Beschichtungen, sondern um homogene Vollmaterialien handelt, kann davon ausgegangen werden, dass sich die chemischen Eigenschaften der spanabhebend bearbeiteten Oberflächen nicht von denen der unbearbeiteten Geloberflächen unterscheiden.

5.3. Mechanische Eigenschaften der Xerogele

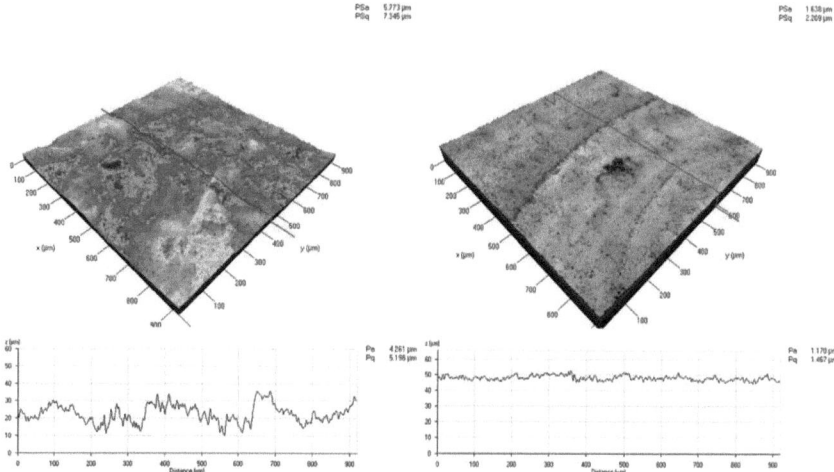

Abb. 5.32: Vergleich der Oberflächenmorphologie des Xerogels B30 im unbearbeiteten Zustand (links) und nach spanabhebender Bearbeitung (rechts), bei der zusätzlich die typischen Drehriefen erkennbar sind. Im unteren Teil der Abbildung sind jeweils die Höhenprofile entlang der rot markierten Linien aufgetragen.

5.3.2 Ergebnisse der Druckversuche

In Abbildung 5.33 sind für verschiedene Zusammensetzungen repräsentative Kurven in einem Spannungs-Stauchungs-Diagramm dargestellt. Bereits am prinzipiellen Verlauf die-

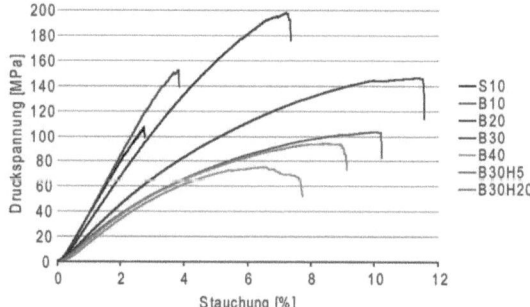

Abb. 5.33: Spannungs-Stauchungs-Kurven der ein-, zwei- und dreiphasigen Xerogele im trockenen Zustand.

ser ausgewählten Kurven ist, ausgehend vom reinen Silikatxerogel (S10), der deutliche Einfluss vor allem der Kollagenphase, aber auch der CPP zu erkennen. Einige wichtige, über die Gesamtprobenzahl erhaltene, Kennwerte der mechanischen Eigenschaften sind in den Diagrammen der Abbildung 5.34 aufgetragen. Der Elastizitätsmodul des reinen Si-

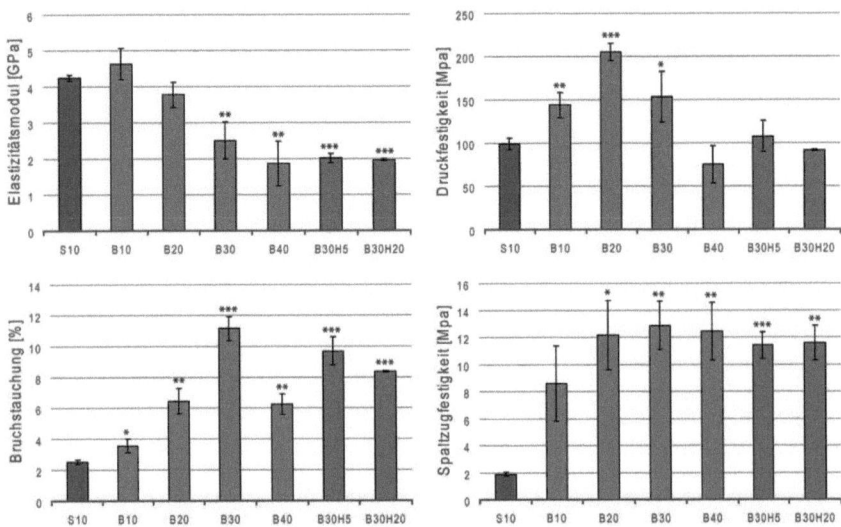

Abb. 5.34: Elastizitätsmodul, Druckfestigkeit, Bruchstauchung und Spaltzugfestigkeit der ein-, zwei- und dreiphasigen Xerogele im trockenen Zustand. Sterne kennzeichnen jeweils die Signifikanz gegenüber der Probe S10.

likatxerogels liegt bei ca. 4,2 GPa. Dieser Wert ändert sich bei 10 % Kollagenanteil kaum und fällt bei weiter zunehmendem Kollagenanteil stetig bis auf ca. 2 GPa bei Probe B40. Die CPP hat offensichtlich keinen wesentlichen Einfluss auf den Elastizitätsmodul der Kompositxerogele. Ausgehend von dem der Probe B30 ändert er sich sowohl bei 5 % CPP als auch bei 20 % CPP kaum. Die Druckfestigkeit der Xerogele steigt ausgehend vom reinen Silikat (ca. 100 MPa) durch die Kompositbildung mit Kollagen bis auf maximal ca. 200 MPa für die Probe B20. Während B10 und B30 mit ca. 150 MPa etwa gleiche Druckfestigkeiten zeigen, fällt diese bei 40 % Kollagen auf ca. 75 MPa zurück. Auch der Anstieg des Anteils der CPP führt zur Verringerung der Druckfestigkeit. Aus den Kurvenverläufen aller Proben wird ersichtlich, dass die Bruchstauchung sowohl elastische als auch plastische Dehnungsanteile enthält. Mit ca. 2,5 % ist die Bruchstauchung des reinen Silikatxerogels die niedrigste im Versuchsfeld. Sie steigt mit zunehmendem Kollagengehalt zunächst auf einen Maximalwert von ca. 11 % für die Probe B30 und fällt bei B40 wieder auf den Wert der Probe B20 zurück. Bei gleichem Kollagengehalt führt die CPP zu einer Abnahme der Bruchstauchung auf ca. 10 % bzw. 8 %. Der prozentual deutlichste Einfluss des Kollagengehalts wurde für die Spaltzugfestigkeit der Xerogele festgestellt. Der mit

5.3. Mechanische Eigenschaften der Xerogele

ca. 2 MPa vergleichsweise niedrige Ausgangswert des reinen Silikatxerogels steigt bei 10 % Kollagen bereits auf ca. 8 MPa und darüber hinaus für alle anderen Zusammensetzungen um einen Faktor von ca. 6 auf ca. 11-13 MPa.

Für die Bestimmung der Nassfestigkeit wurden die Xerogele drei Tage bei 37°C in PBS inkubiert. Dabei offenbarte sich die aus der Literatur bekannte Anfälligkeit der Gele gegenüber Kapillarkräften wie sie beim Trocken der Hydrogele bzw. beim Tränken der Xerogele auftreten [SA90, ZG00]. In Abhängigkeit vom Kollagenanteil führten die Kapillarkräfte infolge der Inkubation nach wenigen Minuten zum Zerspringen der Xerogele (siehe Abbildung 5.35). Die kleinsten Fragmente wurden dabei für das reine Silikatxerogel erhalten.

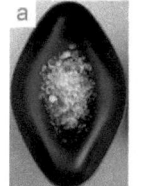     

Abb. 5.35: Fotografien der einphasigen (S10, a) und zweiphasigen (B5, B10, B20, B30, B40 b-f) Xerogele nach drei Tagen Inkubation in PBS.

Mit zunehmendem Kollagenanteil steigt die Geltestigkeit, weshalb die Kapillarspannungen besser aufgenommen werden können, der Schädigungsgrad abnimmt und zunehmend größere Fragmente erhalten werden. Als kritisches Silikat/Kollagen-Verhältnis konnte das der Probe B10 identifiziert werden, das im unbearbeiteten Zustand noch zum Zerspringen in vergleichsweise große Fragmente führte. Im mechanisch bearbeiteten Zustand waren die Proben B10 sowie alle anderen zwei- und dreiphasigen Xerogele mit höherem Kollagenanteil auch nach der Inkubation monolithisch und konnten auf ihre mechanischen Eigenschaften getestet werden. Die Inkubation der Xerogele in PBS führte zur Quellung, deren von der Probenzusammensetzung abhängige Werte in Abbildung 5.36 dargestellt sind. Wie dem Diagramm zu entnehmen ist, steigt die Quellung von ca. 1,5 % für das Xerogel mit 10 % Kollagen auf bis zu ca. 7,5 % bei der Probe B40. Auch die CPP trägt bei einem Anteil von 20 % mit ca. 1 %-Punkt zur Quellung bei.

Repräsentative Spannungs-Stauchungs-Kurven der Xerogele im nassen Zustand sind in Abbildung 5.37 dargestellt. Da das reine Silikatgel nach der Inkubation nicht mehr als monolithische Probe vorlag, konnten die Werkstoffkennwerte in diesem Fall nicht bestimmt werden. Die Werte der anderen Proben sind in Abbildung 5.38 zusammengestellt. Während der Elastizitätsmodul der Probe B10 nur leicht gegenüber dem trockenen Zustand abfällt, liegen die Werte der anderen zweiphasigen Xerogele gleichauf bei ca. 0,5 GPa. Für die dreiphasigen Xerogele wird mit ca. 0,25 GPa nochmals eine Reduzierung

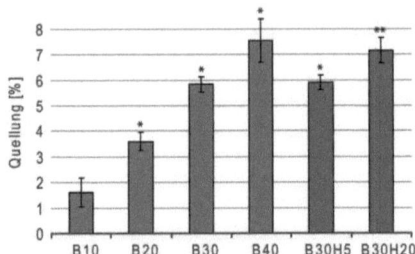

Abb. 5.36: Quellung der zwei- und dreiphasigen Xerogele nach dreitägiger Inkubation in PBS. Sterne kennzeichnen jeweils die Signifikanz gegenüber der Probe B10.

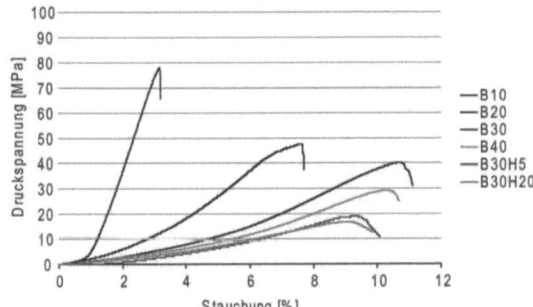

Abb. 5.37: Spannungs-Stauchungs-Kurven der zwei- und dreiphasigen Xerogele im nassen Zustand.

des Moduls festgestellt. Die Druckfestigkeit nimmt ebenfalls sowohl mit steigendem Kollagenanteil als auch mit steigendem CPP-Anteil bis auf Werte von ca. 20 MPa ab. Für die damit verbundene Bruchdehnung wurde, verglichen mit den Trockenwerten, bei gleichen Verhältnissen der Probentypen untereinander eine vergleichsweise geringe Abnahme der absoluten Werte ermittelt. Die Spaltzugfestigkeit der Probe B10 im nassen Zustand unterscheidet sich praktisch kaum vom trockenen Zustand. Darüber hinaus wird mit zunehmendem Kollagenanteil eine Abnahme der Spaltzugfestigkeit festgestellt, wobei alle Proben mit 30 % und 40 % Kollagen mit ca. 2 MPa gleichauf liegen. Die CPP hat, da sie offensichtlich keine Zugspannungen aufnimmt, bei bis zu 20 % Masseanteil im nassen sowie im trockenen Zustand keinen Einfluss auf die Spaltzugfestigkeit.

5.3. Mechanische Eigenschaften der Xerogele   103

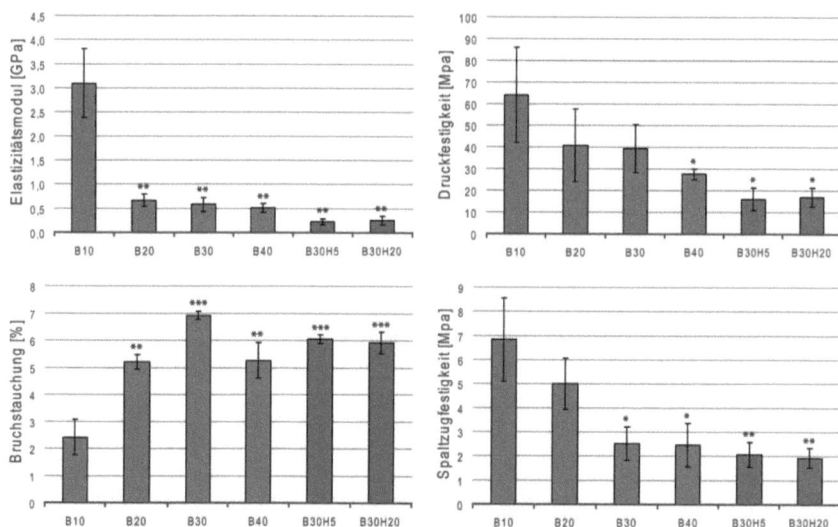

Abb. 5.38: Elastizitätsmodul, Druckfestigkeit, Bruchstauchung und Spaltzugfestigkeit der zwei- und dreiphasigen Xerogele im nassen Zustand. Sterne kennzeichnen jeweils die Signifikanz gegenüber der Probe B10.

5.3.3 Diskussion zu den mechanischen Eigenschaften

Häufig wird angestrebt, die Festigkeit von Silikatgelen durch die Einlagerung von Komponenten höherer Festigkeit wie z. B. Kohlenstoffnanoröhrchen und Nanopartikel zu steigern [LWC+07a, LWC+07b]. Die vorliegende Arbeit hingegen verfolgte das Ziel die mechanischen Eigenschaften von Silikatgelen durch den biomimetisch inspirierten Einbau von Kollagenfibrillen in vorbedachter Weise zu verändern. Dabei wurde festgestellt, dass die Kollagenfibrillen zu einer Veränderung der mechanischen Eigenschaften der Xerogele sowohl im trockenen als auch im nassen Zustand führen. Während der Elastizitätsmodul im trockenen Zustand mit steigendem Kollagenanteil stetig abnimmt, werden für die Druckfestigkeit und die damit verbundene Bruchstauchung ausgeprägte Maxima festgestellt. Die Zunahme des Anteils an CPP erfolgt auf Kosten der Silikatphase, führt in allen Fällen zur Destabilisierung des Komposits und damit zur Abnahme der Werkstoffkennwerte verglichen mit dem entsprechenden zweiphasigen Xerogel.

Die Verringerung des Elastizitätsmoduls des Komposits mit steigendem Kollagenanteil lässt sich auf den gegenüber HAP um Größenordnungen geringeren Elastizitätsmodul des Kollagens zurückführen (siehe Abschnitt 2.1.2 auf Seite 11). Bei der Kompositbildung kommt es offenbar zur anteiligen Summation der elastischen Eigenschaften der Einzelkomponenten. Wenn möglichst hohe Festigkeiten und Bruchstauchungen erreicht werden sollen, existiert ein optimales Verhältnis sowohl von Silikat/Kollagen (z. B. 2,33 bei B30) als auch allgemein von Anorganik/Organik, wobei sich der Anorganik-Anteil als Summe von Silikat und CPP zusammensetzt. Die gleichen Zusammenhänge wurden von *Kulkarni et al.* [KBBS06] für ein Kompositmaterial aus Sol-Gel-Silikat und PEPEG (Polyethylen-Polyethylenglykol) festgestellt. Auch dort zeigte im trockenen Zustand der Elastizitätsmodul einen Abfall, die Druckfestigkeit und Bruchdehnung ein Maximum in Abhängigkeit vom Masseanteil der organischen Phase (bei ca. 7 % PEPEG). Dieser Effekt wird, wie im vorliegenden Fall, mit der Existenz einer optimalen Zusammensetzung erklärt. Unterhalb dieser führt die organische Phase zu einer mechanischen Verstärkung, indem sie vorrangig in ohnehin existierende Poren eingebaut wird. Beim Überschreiten des optimalen Anteils vollzieht sich eine Änderung des Gefüges, indem die organische Phase zu einer teilweisen Störung (Unterbrechung) des Silikatnetzwerks führt. Die Erhöhung der Festigkeit des Komposits gegenüber dem reinen Silikat kann, analog zur Polymermikromechanik, beispielsweise zustande kommen, indem Rissöffnungen durch Kollagenfibrillen zusammengehalten werden, das Risswachstum an Kollagenfibrillen stoppt bzw. Energie durch das Herausziehen von Kollagenfibrillen aus der Silikatmatrix dissipiert wird [Mic92]. Dieser Vorgang wird durch die REM-Aufnahmen der Abbildung 5.24 auf Seite 92 bestätigt. Nach Überschreiten der Bruchstauchung der reinen Silikatphase (ca. 2 %) wird die Probendeformation vermutlich vorwiegend über die Kollagenphase realisiert. Da die Kollagenfibrillen selbst nicht untereinander vernetzt sind, kommen dafür indirekte Wechselwirkungen zwischen den Kollagenfibrillen durch Verzahnungen über die Silikatphase in Betracht. So kann das gegenseitige Abgleiten ungeschädigter Silikatbereiche, die an ihrer Oberfläche untereinander durch Kollagenfibrillen verbunden sind, unter Beibehaltung der monolithischen Probengestalt die gemessenen Stauchungen von bis zu ca. 11 % begründen. Bei dreiphasigen Xerogelen verschiebt sich durch die CPP zum einen das Silikat/Kollagen-Verhältnis zu niedrigeren Werten (z. B. 1,67 bei B30H20), zum anderen wird die CPP möglicherweise nur rein physikalisch eingelagert und wirkt aus mechanischer Sicht als Störstelle an der wiederum das Materialversagen bevorzugt einsetzen kann. Letzteres wird von den im Kapitel 5.2 beschriebenen Gefügebildern nahegelegt.

Anhand der Werte für die Spaltzugfestigkeit wird deutlich, dass das reine Silikatnetzwerk nur geringe Beträge an Zugspannung aufnehmen kann. Zum Tragen kommt an dieser Stelle die vergleichsweise niedrige Trennfestigkeit zwischen den einzelnen Silikatpartikeln, was durch das entsprechende Bruchbild bestätigt wird (vgl. Abbildung 5.23 Teilbilder a-c). Da das Kollagen auch aufgrund der Art seiner Einlagerung in fibrillärer Form die auftretenden Zugspannungen wesentlich besser aufnehmen kann, führt die Kompositbildung zu einem deutlichen Anstieg des Kennwerts. Erstaunlicherweise wird ab einem Kollagenanteil

5.3. Mechanische Eigenschaften der Xerogele

von 20 % weder durch Steigerung des Anteils noch durch die Hinzunahme der CPP eine Veränderung der Spaltzugfestigkeit registriert.

Im nassen Zustand verringern sich die Kennwerte der mechanischen Eigenschaften der Xerogele gegenüber dem trockenen Zustand deutlich. Neben den für den trockenen Zustand genannten Punkten, führen offensichtlich zusätzliche Mechanismen zum Materialversagen, die auf die Flüssigkeitsaufnahme der Xerogele zurückzuführen sind. Bezüglich der Silikatphase kommen dafür vor allem die mit dem Eintritt der Flüssigkeit in die Poren verbundenen Kapillarspannungen in den Xerogelen in Betracht [SA90]. Der beispielsweise für das reine Silikat beobachtete Zerfall des monolithischen Xerogels bei Inkubation tritt ein, wenn die auftretenden Kapillarspannungen die Gelfestigkeit überschreiten. Die Gelfestigkeit entspricht im vorliegenden Fall der gemessenen Spaltzugfestigkeit. Die Kapillarspannung P berechnet sich nach

$$P = \frac{2 \cdot \gamma \cdot cos\theta}{r} \qquad (5.6)$$

wobei γ die Grenzflächenspannung, θ der Randwinkel und r der Kapillarradius sind [ZG00]. Die Grenzflächenspannung ist vor allem von der verwendeten Flüssigkeit abhängig und beträgt im vorliegenden Fall zwischen Luft/Wasser ca. 0,073 N/m. Die Kapillarspannung erreicht dabei ihren Maximalwert für $\theta = 0°$ [Sie05], woraus sich der Zusammenhang von Kapillarspannung und Kapillarradius zu

$$P = \frac{0,146\,N/m}{r} \qquad (5.7)$$

ergibt. Die für das reine Silikat bestimmte Spaltzugfestigkeit von 2 MPa im trockenen Zustand wird demzufolge bei einem Porenradius von ≤73 nm überschritten. Da die vorangegangenen Untersuchungen mittels REM eine geringere mittlere Porengröße für das reine Silikat nahelegen, kann dessen Zerfall somit erklärt werden. Ähnliche Beobachtungen haben *Sakka und Adachi* [SA90] für monolithische Silikatxerogele gemacht, deren Porendurchmesser zwischen ca. 10-25 nm lagen. Im Vergleich dazu liegt beispielsweise die Gelfestigkeit des Kompositxerogels B20 mit ca. 12 MPa auch bei einem Porenradius von ≤12 nm noch über der Kapillarspannung. Dieser Wert liegt im Bereich der gemessenen Silikatpartikelgröße (siehe Abschnitt 3.1 auf Seite 41). Die Beständigkeit der mehrphasigen Xerogele gegenüber der Inkubation kann demzufolge darauf zurückgeführt werden, dass die Gelfestigkeit (erhöht infolge der Kompositbildung durch Einlagerung des Kollagens) in jedem Fall höher ist als die auftretenden Kapillarspannungen (verringert durch die Zunahme des mittleren Porenradius infolge der Einlagerung des Kollagens). Aufgrund der direkten Abhängigkeit der Quellung vom Kollagenanteil wird diese offensichtlich auch vorrangig von der Kollagenphase selbst getragen. Die Zunahme der Quellung mit steigendem CPP-Anteil kann auf Flüssigkeitsaufnahme der CPP selbst, oder auf eine durch die CPP bewirkte bessere Zugänglichkeit der Flüssigkeit zum Kollagen zurückzuführen sein. In jedem Fall führt die Quellung des Kollagens zu dessen Volumenzunahme und somit zu Spannungen im Silikatnetzwerk, die wiederum zu dessen Schädigung führen können.

Unter der Annahme, dass im nassen Zustand die Silikatphase durch die Inkubation zumindest einer teilweisen (Vor)Schädigung erlegen ist und somit die Werkstoffkennwerte weniger von der Silikatphase, sondern vielmehr von der Kollagenphase bestimmt werden, können deren Verläufe auf die Eigenschaften des reinen Kollagens zurückgeführt werden. So ist bekannt, dass sowohl der Elastizitätsmodul als auch die Zugfestigkeit von Kollagen vom trockenen zum nassen Zustand um Größenordnungen abnehmen [WPS94]. Letztgenanntes macht sich im Falle der Kompositxerogele vor allem bei deren Druck- und Spaltzugfestigkeit in Abhängigkeit vom Kollagenanteil bemerkbar. Gleichermaßen korrelieren die Ergebnisse bezüglich der Bruchstauchung der Kompositxerogele mit der Feststellung, dass die Bruchdehnung von reinem Kollagen zwischen trockenem und feuchtem Zustand oftmals nur gering variiert [WPS94].

In Tabelle 5.2 sind die Bereiche einiger Materialkennwerte von humaner Spongiosa und Kortikalis sowie die entsprechenden Werte der zwei- und dreiphasigen Xerogele gegenübergestellt. Für letztere wurden, in Bezug auf die Anwendungsbedingungen, die im nassen Zustand ermittelten Werte übernommen. Näherungsweise kann die Spaltzugfestigkeit durch Korrektur um den Faktor 0,9 in die zentrische Zugfestigkeit umgerechnet werden [ZZ06]. Es wird ersichtlich, dass die Werte für die scheinbare Dichte, den Elastizi-

Tab. 5.2: Materialkennwerte von humaner Spongiosa und Kortikalis (jeweils Minimal- und Maximalwerte entnommen aus Tabelle 2.1 auf Seite 13) sowie der zwei- und dreiphasigen Xerogele im nassen Zustand.

Probe	Scheinbare Dichte [g/cm^3]	Elastizitätsmodul [GPa]	Druckfestigkeit [MPa]	Zugfestigkeit [MPa]
Spongiosa	0,09-1,00	0,01-0,90	0,6-10	2,4-2,6
Xerogele	1,10-1,75	0,25-3	18-64	2-7
Kortikalis	1,80-2,05	6-25	106-224	50-151

tätsmodul, die Druckfestigkeit und die Zugfestigkeit der zwei- und dreiphasigen Xerogele in allen Fällen zwischen den entsprechenden Werten von Spongiosa und Kortikalis liegen. Daraus kann geschlussfolgert werden, dass die Xerogele bei Implantation im Hartgewebe Knochen gewissen mechanischen Beanspruchungen standhalten, dabei aber die negativen Effekte des *stress shielding* vermieden werden können.

5.4 *In vitro*-Bioaktivität und Degradationsverhalten der Xerogele

Ziel des kombinierten Versuchs zur Bioaktivität und Degradierbarkeit war zum einen die Beurteilung des Materialverhaltens in verschiedenen Medien über einen langen Zeitraum, und zum anderen die Ermittlung des Einflusses des Probenmaterials auf die Zusammensetzung des jeweiligen Mediums in dem es inkubiert wurde. Daraus sollten sich mögliche Zellreaktionen ableiten lassen. Es wurden, unter Verwendung bovinen und porcinen Kollagens, jeweils drei Zusammensetzungen – zweiphasige Xerogele mit 15 % Kollagen und dreiphasige Xerogele mit zusätzlich 15 % HAP bzw. CPC – getestet. Als Referenz dienten reine Silikatproben. Die in Abbildung 5.39 exemplarisch gezeigten Proben wurden einzeln in simulierter Körperflüssigkeit (SBF), in phosphatgepufferter Kochsalzlösung (PBS) bzw. in Zitronensäure (ZAC) inkubiert und über einen Zeitraum von bis zu sechs Monaten die Freisetzung anorganischer (Silikat, Calcium) und organischer (Kollagen) Komponenten, Masseabnahme und Oberflächenbeschaffenheit untersucht. Dabei simuliert SBF das Mineralisationsverhalten *in vivo*, PBS dient als physiologische Lösung ohne Mineralisationserscheinungen hervorzurufen, und ZAC kann mit dem sauren Milieu in der Resorptionszone knochenabbauender Osteoklasten verglichen werden.

Abb. 5.39: Fotografien der für die Bioaktivitäts- und Degradationsstudie eingesetzten zwei- bzw. dreiphasigen Xerogele. Bei der schematischen Darstellung einer einzelnen Probe sind die Positionen gekennzeichnet, an denen nach horizontaler Spaltung die REM-Analysen durchgeführt wurden.

5.4.1 Silikat- und Calciumfreisetzung sowie Calciumbindung der Xerogele

Bei Inkubation in SBF wird nach einem Tag in den Überständen aller Proben eine Silikatkonzentration von ca. 0,100-0,120 mg/ml nachgewiesen (siehe Abbildung 5.40). Signifikante Unterschiede zwischen den Probentypen sind nicht nachweisbar. Über einen Zeitraum von 28 Tagen schwankt die Silikatkonzentration bei allen Proben leicht und erreicht nach sechs

108 Kapitel 5. Ergebnisse und Diskussion

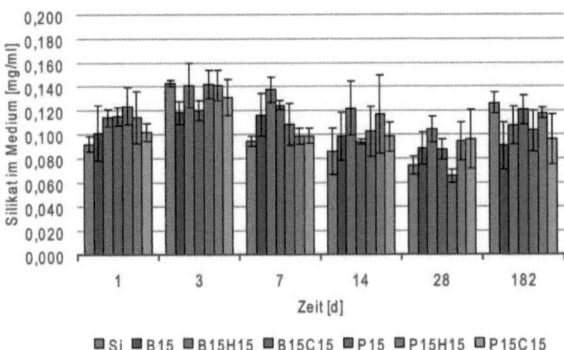

Abb. 5.40: Zeitlicher Verlauf der bei Inkubation in SBF gemessenen Silikatkonzentrationen im Überstand der ein-, zwei- und dreiphasigen Xerogele.

Monaten nahezu den Anfangswert.

Ganz andere Effekte lassen sich bezüglich der Calciumkonzentration im Medium feststellen (siehe Abbildung 5.41). Die Ausgangskonzentration der verwendeten SBF (ca. 0,135 mg/ml Calcium) diente als Bezugsgröße und wird durch den Nullwert der Ordinate repräsentiert. Positive Werte kennzeichnen somit die Freisetzung von Calcium aus den Proben in das Medium, negative Werte den Entzug von Calcium durch die Proben. Die Aufnahme von Calcium aus dem Umgebungsmedium und Abscheidung als Calciumphosphat auf der Oberfläche eines Materials wird in der Literatur unter dem Begriff *Bioaktivität* behandelt. Dieser Vorgang wurde im vorliegenden Fall ergänzend mittels rasterelektro-

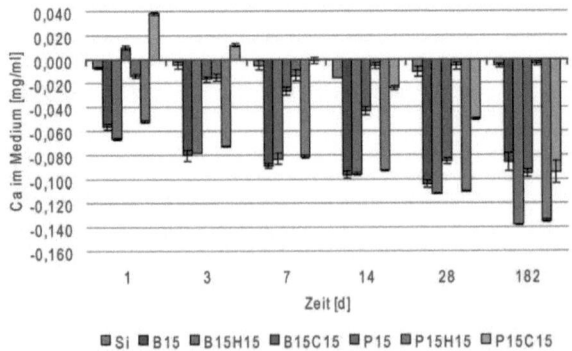

Abb. 5.41: Zeitlicher Verlauf der bei Inkubation in SBF gemessenen Calciumkonzentrationen im Überstand der ein-, zwei- und dreiphasigen Xerogele.

5.4. In vitro-Bioaktivität und Degradationsverhalten der Xerogele

nenmikroskopischer Methoden untersucht (siehe Abschnitt 5.4.4). Das reine Silikat zeigt über den gesamten Versuchszeitraum eine vergleichsweise geringe Calciumaufnahme von ca. 0,005-0,015 mg/ml. Das gleiche gilt für die Probe mit 15% porcinem Kollagen (P15). Die zweiphasigen Komposite mit bovinem Kollagen (B15) und die entsprechenden dreiphasigen Komposite mit HAP (B15H15) reduzieren die Calciumkonzentration nach einem Tag um ca. 0,060 mg/ml. Dieser Prozess setzt sich kontinuierlich fort, so dass nach 28 Tagen jeweils ca. 0,110 mg/ml Calcium der SBF entzogen sind. Praktisch gleich verhält sich die Probe P15H15. Im Gegensatz dazu setzen die dreiphasigen Komposite mit CPC bei beiden Kollagentypen zunächst Calcium frei (bis zu ca. 40 mg/ml bei P15C15 nach einem Tag) und beginnen nach etwa zwei Tagen (B15C15) bzw. nach sieben Tagen (P15C15) bezogen auf die Ausgangskonzentration der SBF ebenfalls Calcium aufzunehmen. Nach sechs Monaten haben die dreiphasigen Xerogele mit HAP dem Medium vollständig das Calcium entzogen. Die Proben B15, B15H15 und P15H15 haben der SBF zu diesem Zeitpunkt mit ca. 0,090 mg/ml etwa gleich viel Calcium entzogen, wohingegen reines Silikat und P15 nur geringe Änderungen des Referenzwertes hervorrufen.

Die Messwerte bei Inkubation in PBS zeigen nach einem Tag in den Überständen der Proben eine Silikatkonzentration von ca. 0,040-0,060 mg/ml und liegen somit etwa um den Faktor 2 unter den Werten in SBF (siehe Abbildung 5.42). Die Silikatkonzentration

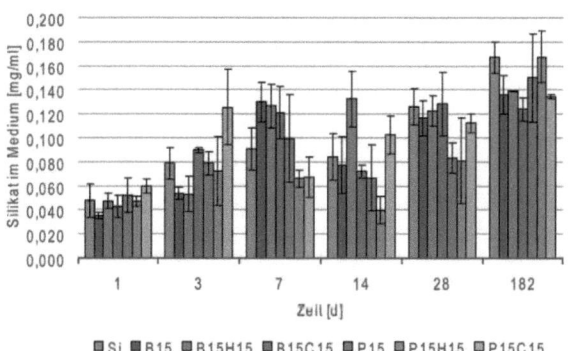

Abb. 5.42: Zeitlicher Verlauf der bei Inkubation in PBS gemessenen Silikatkonzentrationen im Überstand der ein-, zwei- und dreiphasigen Xerogele.

im Überstand der reinen Silikatproben steigt über den Versuchszeitraum kontinuierlich an und erreicht nach sechs Monaten einen Wert von ca. 0,170 mg/ml. Für die zwei- und dreiphasigen Xerogele werden um den Tag 7 leicht erhöhte Silikatkonzentrationen gemessen, die im Folgenden wieder abfallen und nach sechs Monaten mit ca. 0,130-0,170 mg/ml ihre Höchstwerte erreichen. Diese liegen über den in SBF gemessenen Konzentrationen. Die reinen Silikatproben und die zweiphasigen Xerogele enthalten kein Calcium und setzen demzufolge keines in PBS frei (siehe Abbildung 5.43). Die dreiphasigen Xerogele

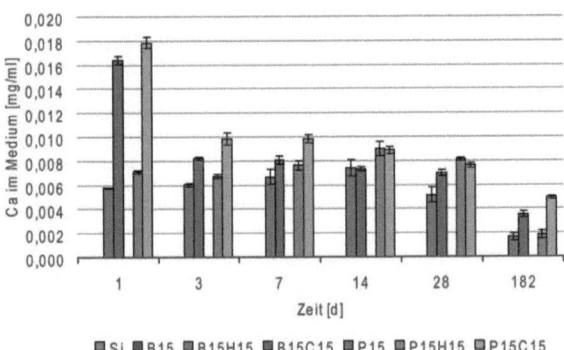

Abb. 5.43: Zeitlicher Verlauf der bei Inkubation in PBS gemessenen Calciumkonzentrationen im Überstand der ein-, zwei- und dreiphasigen Xerogele.

mit 15 % HAP-Anteil geben im Zeitraum von 28 Tagen Calcium ab, so dass die Konzentration zwischen 0,006-0,009 mg/ml variiert. Die Werte der Probe mit porcinem Kollagen (P15H15) liegen dabei leicht über denen der Proben mit bovinem Kollagen (B15H15). Nach sechs Monaten sinkt in beiden Fällen die Calciumkonzentration im Medium auf ca. 0,002 mg/ml ab. Die dreiphasigen Xerogele mit CPC bewirken nach einem Tag Inkubation eine Konzentration von 0,016-0,018 mg/ml Calcium, die im Falle der Probe P15C15 etwa um den Faktor 2 unter der Freisetzung in SBF zu diesem Zeitpunkt liegt. Im weiteren Verlauf sinkt die Calicumkonzentration sowohl bei B15C15 als auch bei P15C15 kontinuierlich, so dass sich nach sechs Monaten Konzentrationen von ca. 0,004-0,005 mg/ml Calcium einstellen. Auch in diesen Fällen liegt die Calciumkonzentration bei den dreiphasigen Xerogelen mit porcinem Kollagen leicht über der der bovinen Varianten.

Der Verlauf der Silikat-Messung bei Inkubation in ZAC gleicht qualitativ dem bei Inkubation in SBF (siehe Abbildung 5.44). Die absoluten Werte sind am Tag 1 praktisch gleich, steigen zum Tag 3 mit Werten im Bereich von 0,180-0,200 mg/ml jedoch stärker an. Darauf folgt bei allen Proben ein Abfall der Silikatkonzentration, die sich für reines Silikat und die dreiphasigen Xerogele nach sechs Monaten Inkubation auf ca. 0,160 mg/ml einstellt. Die mittleren Absolutwerte der zweiphasigen Xerogele liegen um etwa 0,020 mg/ml unter denen der anderen Proben. Die gegenüber SBF und PBS erhöhten Silikatkonzentrationen korrelieren mit der höheren Löslichkeit der Silikatphase bei sauren pH-Werten.

5.4. In vitro-Bioaktivität und Degradationsverhalten der Xerogele

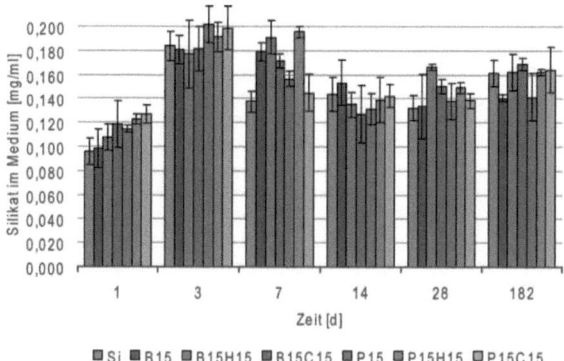

Abb. 5.44: Zeitlicher Verlauf der bei Inkubation in ZAC gemessenen Silikatkonzentrationen im Überstand der ein-, zwei- und dreiphasigen Xerogele.

Qualitativ entspricht die Entwicklung der Calciumkonzentration in ZAC der in PBS, wobei die Absolutwerte ab Tag 1 mit ca. 0,060 mg/ml für B15H15 und P15H15 bzw. ca. 0,100 mg/ml für B15C15 und ca. 0,120 mg/ml für P15C15 deutlich höher liegen (siehe Abbildung 5.45). Nach ebenfalls kontinuierlichem Abfall werden nach sechs Monaten für die dreiphasigen Xerogele mit bovinem Kollagen ca. 0,030-0,035 mg/ml und mit porcinem Kollagen ca. 0,015 mg/ml nachgewiesen.

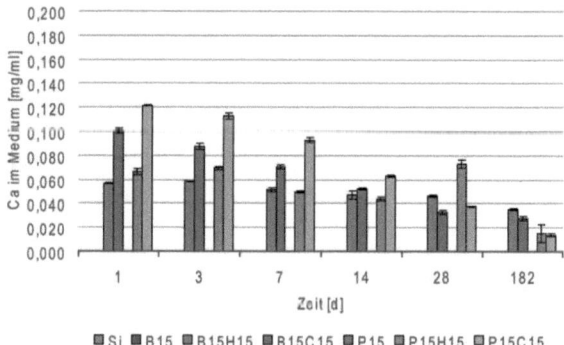

Abb. 5.45: Zeitlicher Verlauf der bei Inkubation in ZAC gemessenen Calciumkonzentrationen im Überstand der ein-, zwei- und dreiphasigen Xerogele.

5.4.2 Kollagenfreisetzung der Xerogele

Die in den Abbildungen 5.46 und 5.47 dargestellten Ergebnisse zeigen, dass aus allen Proben sowohl bei Inkubation in PBS als auch in ZAC Kollagen gelöst wird, das im Überstand nachgewiesen wird. In beiden Fällen wird nach einem Tag eine Kollagenkonzentration

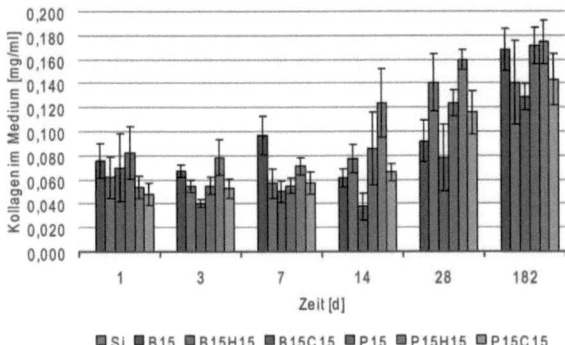

Abb. 5.46: Zeitlicher Verlauf der bei Inkubation in PBS gemessenen Kollagenkonzentrationen im Überstand der ein-, zwei- und dreiphasigen Xerogele.

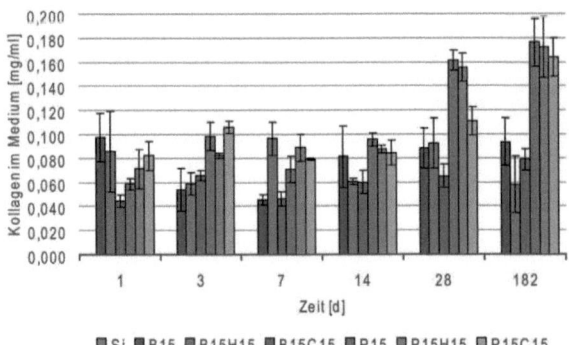

Abb. 5.47: Zeitlicher Verlauf der bei Inkubation in ZAC gemessenen Kollagenkonzentrationen im Überstand der ein-, zwei- und dreiphasigen Xerogele.

im Bereich von 0,040-0,100 mg/ml nachgewiesen, die im weiteren Verlauf des Versuchs in Abhängigkeit von der Probenzusammensetzung in unterschiedlichem Maße ansteigt oder konstant bleibt. In PBS liegen die nach sechs Monaten ermittelten Werte zwischen ca. 0,130-0,170 mg/ml und entsprechen denen der Proben mit porcinem Kollagen bei Inkubation in ZAC. Im Gegensatz dazu verlaufen die bei Inkubation der auf bovinem Kollagen

5.4. In vitro-Bioaktivität und Degradationsverhalten der Xerogele

basierenden Proben detektierten Kollagenkonzentrationen bis zum letzten Messpunkt mit ca. 0,060-0,090 mg/ml auf niedrigerem Niveau. Grund dafür kann sein, dass die zur Probenherstellung verwendete porcine Kollagensuspension gegenüber der bovinen Suspension neben Fibrillen auch kleinere kollagene Fragmente (z. B. Tropokollagen) enthält, deren Löslichkeit höher ist und sie somit schneller aus dem Materialverbund herausgelöst werden können. Das gleiche gilt für größere Fragmente wie Fasern oder Faserbündel, die als Ganzes degradiert werden. Die Bestimmung der Kollagenkonzentration bei Inkubation in SBF war nicht möglich, da das zur Pufferung eingesetzte HEPES zum Messsignal beitrug und dieses somit verfälschte.

5.4.3 Untersuchungen zur Masseabnahme der Xerogele

In den Diagrammen der Abbildungen 5.48, 5.49 und 5.50 sind die auf die Ausgangswerte normierten Massen der Xerogele bei Inkubation in SBF, PBS bzw. ZAC aufgetragen.

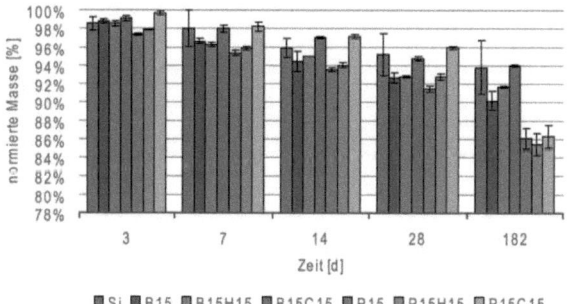

Abb. 5.48: Zeitlicher Verlauf der bei Inkubation in SBF gemessenen Masse der ein-, zwei- und dreiphasigen Xerogele.

Die Ergebnisse zeigen, dass das anhand der Masseabnahme beurteilte Degradationsverhalten sowohl vom Medium als auch von der Probenzusammensetzung abhängig ist. Generell lässt sich in allen Medien zu fast jedem Messpunkt eine Staffelung der Degradationsgeschwindigkeit *zweiphasige Xerogele < dreiphasige Xerogele mit HAP < dreiphasige Xerogele mit CPC* unabhängig vom Kollagentyp erkennen. Reines Silikat verhält sich in allen Messpunkten ähnlich wie die dreiphasigen Xerogele mit CPC. Unterschiede zwischen den verwendeten Kollagentypen bestehen bis 28 Tage nach Versuchsbeginn nicht, werden aber nach sechs Monaten deutlich. So liegen zum letzten Zeitpunkt die Proben mit porcinem Kollagen bei Inkubation in SBF mit ca. 86 % unter den, zwischen ca. 90 % und 94 % variierenden, Messwerten für die entsprechenden Proben mit bovinem Kollagen. Bei Inkubation in PBS bzw. ZAC existieren nach sechs Monaten wiederum nur geringe

114 Kapitel 5. Ergebnisse und Diskussion

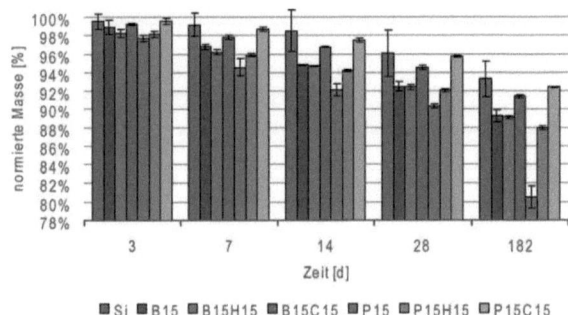

Abb. 5.49: Zeitlicher Verlauf der bei Inkubation in PBS gemessenen Masse der ein-, zwei- und dreiphasigen Xerogele.

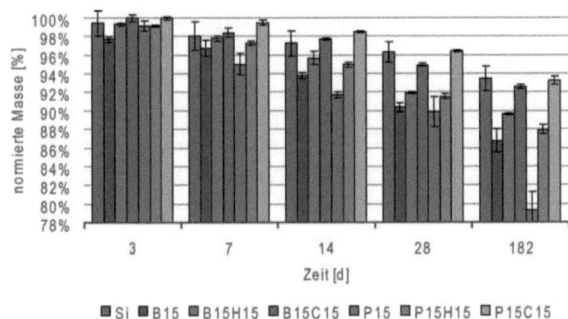

Abb. 5.50: Zeitlicher Verlauf der bei Inkubation in ZAC gemessenen Masse der ein-, zwei- und dreiphasigen Xerogele.

Unterschiede zwischen den entsprechenden dreiphasigen Xerogelen. Im Gegensatz dazu ist in diesen Medien mit ca. 80 % die im Versuchsfeld stärkste Masseabnahme für P15 festzustellen. Außerdem ist bei den auf bovinem Kollagen basierenden Xerogelen die Degradationsgeschwindigkeit zu den meisten Zeitpunkten vom Medium in der Reihenfolge $SBF < PBS < ZAC$ abhängig.

5.4.4 Veränderungen der Oberflächenbeschaffenheit der Xerogele

Ziel der Analytik mittels REM war es, die im vorangegangenen Abschnitt festgestellte Bindung von Calcium aus dem Umgebungsmedium bzw. die Freisetzung von Xerogelkomponenten mit der Beschaffenheit der Probenoberflächen selbst in Beziehung zu setzen. Dabei standen besonders die in SBF inkubierten Proben im Fokus des Interesses, da hier

5.4. In vitro-Bioaktivität und Degradationsverhalten der Xerogele

neben der Degradation auf das Mineralisationsverhalten eingegangen werden konnte. Da die Untersuchungen keine Unterschiede zwischen den verwendeten Kollagentypen erkennen ließen, werden an dieser Stelle exemplarisch die Aufnahmen der Proben mit bovinem Kollagen gezeigt.

In Abbildung 5.51 ist für Xerogele mit zunehmendem Kollagenanteil die bei Inkubation in SBF unterschiedlich ausgeprägte Bildung von Calciumphosphatkristallen auf der Probenoberfläche vergleichend dargestellt. Nach sieben Tagen haben sich auf dem reinen

Abb. 5.51: REM-Aufnahmen der Oberflächen des reinen Silikatxerogels (a) und der zweiphasigen Xerogele mit 15 % Kollagen (b) bzw. 30 % Kollagen nach sieben Tagen Inkubation in SBF.

Silikatgel gleichmäßig verteilte Kristalle gebildet, deren Morphologie der entspricht, wie sie bereits von Sol Gel Silikat oder anderen bioaktiven Oberflächen *in vitro* bekannt ist [PJR+99, LNKG93]. Während im vorliegenden Fall das Vorhandensein von 15 % Kollagen im Xerogel das qualitative Erscheinungsbild der Apatitabscheidung nicht verändert, reduziert sich im Gegensatz dazu die Fähigkeit zur Apatitbildung beim Kompositxerogel mit 30 % Kollagenanteil, was sich in einer geringeren Flächendichte und geringeren Größe der Apatitkristalle zeigt. Für alle Proben wurde auf der Oberfläche mittels EDX-Spektroskopie ein Ca/P-Verhältnis von 1,61-1,66 ermittelt, was in guter Näherung dem von HAP entspricht.

Die zeitliche Entwicklung der Apatitabscheidung in SBF und der Einfluss von HAP bzw. CPC im Kompositxerogel wird in Abbildung 5.52 anhand der Gegenüberstellung repräsentativer Aufnahmen gleicher Vergrößerung deutlich. Im Ausgangszustand (Teilbilder a-d) zeichnen sich alle Probenmodifikationen durch eine ebenmäßige Oberfläche aus. Die Oberflächenmorphologie des reinen Silikatxerogels selbst verändert sich über den Versuchszeitraum kaum. Die Größe der an dessen Oberfläche gebildeten Apatitkristalle verdoppelt sich etwa von Tag 7 zu Tag 28. Bei den Proben B15 ist nach sieben Tagen die Bildung etwa 3-4 μm großer, teilweise zusammenhängender HAP-Kristalle zu erkennen, die bis zum Tag 28 wachsen und gleichermaßen wie beim reinen Silikatgel die für HAP typische Kugelform annehmen. Die bei der Modifikation B15C15 detektierten HAP-Kristalle sind nach sieben Tagen mit 1-2 μm deutlich kleiner als zum selben Zeitpunkt

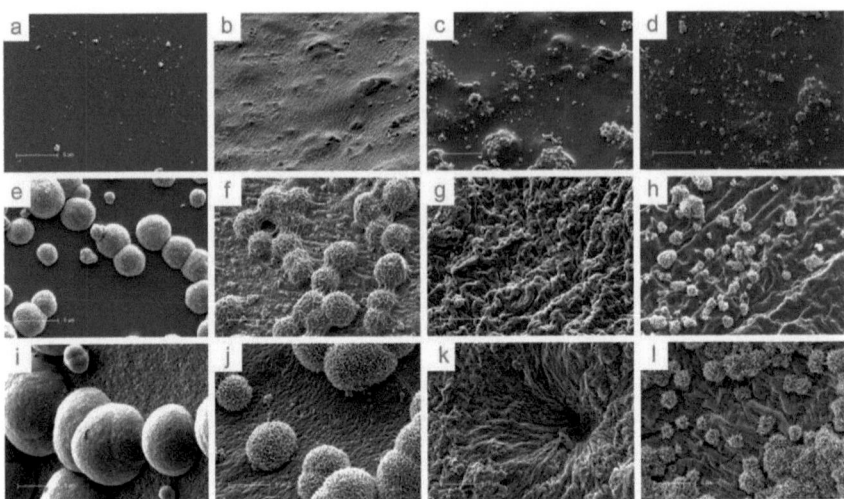

Abb. 5.52: REM-Aufnahmen der Oberflächen des reinen Silikatxerogels (a, e, i), des zweiphasigen Xerogels mit 15 % Kollagen (b, f, j) und des dreiphasigen Xerogels mit zusätzlich 15 % HAP (c, g, k) bzw. CPC (d, h, l). Die erste Zeile zeigt die Oberflächen im Ausgangszustand, die zweite nach sieben Tagen und die dritte nach 28 Tagen Inkubation in SBF.

bei den Silikatproben und B15. Ihre Flächendichte steigt bis zum Tag 28 an, dabei wachsen sie jedoch kaum. Im Gegensatz dazu sind beim dreiphasigen Xerogel mit HAP auch nach 28 Tagen die typischen HAP-Kristalle auf der Probenoberfläche nicht vorhanden. Darüber hinaus hat sich, im Vergleich zum reinen Silikat, vor allem bei den dreiphasigen Xerogelen die Morphologie der Gele selbst bereits nach sieben Tagen deutlich verändert, was im Anschluss einer genaueren Analyse unterzogen wird.

Beim Vergleich der EDX-Spektren der Probenoberflächen von B15 und B15C15 nach 28 Tagen Inkubation in SBF (siehe Abbildung 5.53) mit den Spektren der ursprünglichen Oberfläche (vgl. Abbildung 5.26) steigen die Calcium- und Phosphorpeaks deutlich gegenüber den Peaks des Substrats (Si, O) an, was auf den abgeschiedenen Apatit zurückzuführen ist. Beim dreiphasigen Xerogel mit HAP ist dies schwächer ausgeprägt. Die mittels EDX berechneten Ca/P-Verhältnisse der Probenoberflächen liegen bei ca. 1,66 (B15), 1,68 (B15H15) und 1,62 (B15C15).

Eine vergleichende Darstellung der von der Zusammensetzung abhängigen Flächendichte der Apatitkristalle und der Struktur der Geloberfläche nach 28 Tagen ist mit verschiedenen Vergrößerungsstufen in Abbildung 5.54 wiedergegeben. Wie die ersten zwei Reihen der REM-Aufnahmen zeigen, unterscheidet sich die Belegungsdichte mit Apatit beim reinen Silikatgel, B15 und B15C15 nur wenig. Beim Silikatgel sind die Apatitkristalle

5.4. In vitro-Bioaktivität und Degradationsverhalten der Xerogele

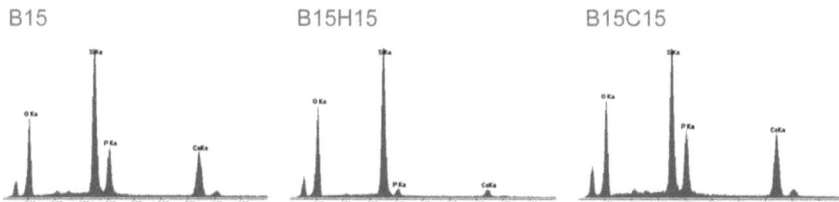

Abb. 5.53: EDX-Spektren des zweiphasigen Xerogels mit 15 % Kollagen (B15) und der dreiphasigen Xerogele mit ebenfalls 15 % Kollagen und zusätzlich 15 % HAP (B15H15) bzw. CPC (B15C15) nach 28 Tagen Inkubation in SBF. Der Scanbereich betrug jeweils ca. 950×712 μm.

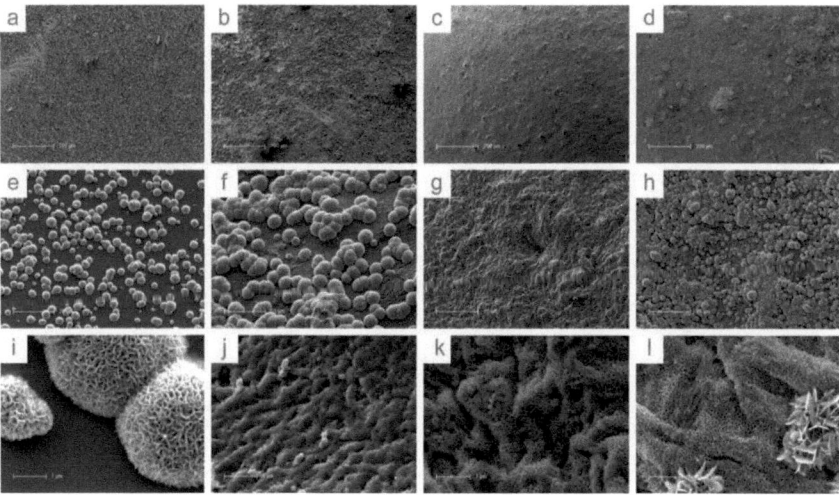

Abb. 5.54: REM-Aufnahmen der Oberflächen des reinen Silikatxerogels (a, e, i), des zweiphasigen Xerogels mit 15 % Kollagen (b, f, j) und der dreiphasigen Xerogele mit zusätzlich 15 % HAP (c, g, k) bzw. CPC (d, h, l) nach 28 Tagen Inkubation in SBF.

besonders gleichmäßig verteilt, bei B15C15 sind große Oberflächenbereiche komplett von einer Apatitschicht überzogen. Bei der Probe B15H15 konnten keine typischen Apatitkristalle detektiert werden. Bei hoher Vergrößerung lässt sich die Struktur der Geloberflächen selbst erkennen. Diese ist beim reinen Silikatgel nach 28-tägiger Inkubation unverändert glatt. Im Gegensatz dazu erkennt man bei den zwei- und dreiphasigen Xerogelen charakteristische, gleichmäßig aufgeraute Oberflächen, die möglicherweise die Struktur der im Gel eingelagerten Kollagenfibrillen widerspiegeln.

Bei den dreiphasigen Xerogelen zeichnet sich die Oberfläche nach Inkubation in SBF zusätzlich durch eine sehr gleichmäßige netzwerkartige Struktur auf Nanometerskala aus. Anhand der Probe B15C15 wurde diese Oberflächenstruktur einer Analyse mittels EDX unterzogen (siehe Abbildung 5.55). Die EDX-Messung, die im Bereich eines auf der Ober-

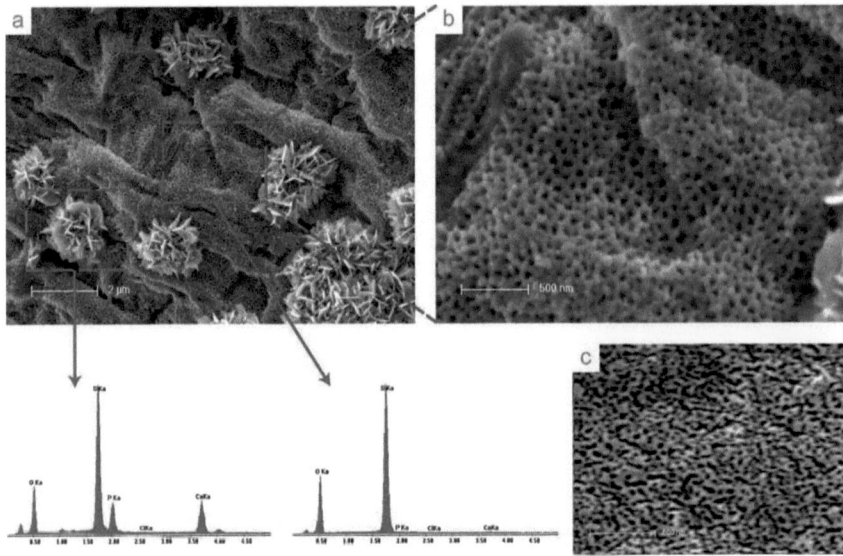

Abb. 5.55: REM-Aufnahmen der netzwerkartigen Geloberfläche von B15C15 nach 28 Tagen Inkubation in SBF (a, b) und eines bei saurem pH-Wert gebildeten reinen Silikatgels als Vergleichsprobe (c). Die EDX-Spektren zeigen Messungen eines oberflächlich gebildeten Apatitkristalls (links) bzw. der nanoskalig strukturierten Geloberfläche (rechts).

fläche gebildeten Apatitkristalls aufgenommen wurde, zeigt die typischen Peaks von Silizium, Sauerstoff, Calcium und Phosphor. Trotz der Tatsache, dass es sich bei der Gesamtprobe um ein dreiphasiges Gel handelt, werden beim Scan der netzwerkartigen Oberfläche ausschließlich Silizium und Sauerstoff detektiert.

Um den Grenzbereich zwischen den oberflächlich detektierten Strukturen und den zwei- bzw. dreiphasigen Xerogelen selbst zu untersuchen, wurden durch Sprödbruch Querschnitte angefertigt. Außerdem war die Untersuchung der oberflächen- und somit mediumnahen Gelbereiche auf Degradationserscheinungen von Interesse. Der Grenzbereich wurde mittels REM abgebildet (siehe Abbildung 5.56 Teilbilder a-f) und ein Linienscan über den Grenzbereich mittels EDX durchgeführt (siehe Abbildung 5.56 Teilbilder g-i). Die Scans begannen an der Geloberfläche (Distanz 0 μm) und führten orthogonal zur Grenzfläche in das Gel hinein (Distanz 10 μm). Dabei beträgt die laterale Auflösung der Elementvertei-

5.4. In vitro-Bioaktivität und Degradationsverhalten der Xerogele 119

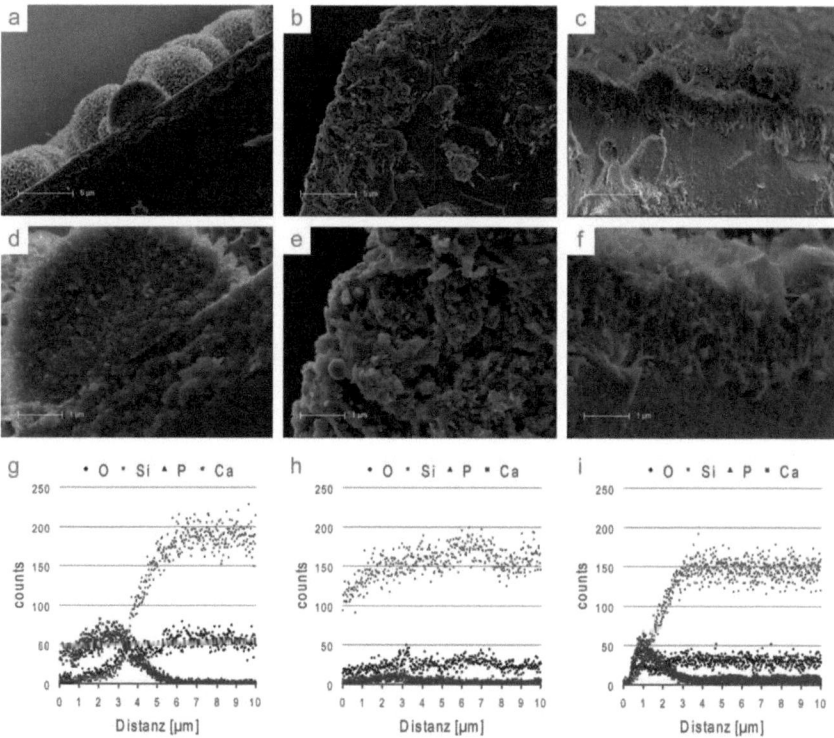

Abb. 5.56: REM-Aufnahmen der Oberflächen im Querschnitt und EDX-Linienscan der Grenzbereiche. Dargestellt sind Analysen des zweiphasigen Xerogels mit 15 % Kollagen (a, d, g) und der dreiphasigen Xerogele mit zusätzlich 15 % HAP (b, e, h) bzw. CPC (c, e, i) nach 28 Tagen Inkubation in SBF.

lung typischerweise ca. 1 μm. Bei den zweiphasigen Xerogelen bestätigt sich die ebenmäßige Geloberfläche, auf der, klar durch eine Grenzfläche unterscheidbar, die Apatikristalle aufgewachsen sind (a). An der Oberfläche des Xerogels selbst ist eine gegenüber dem Gelinneren aufgeraute Struktur mit einer Schichtdicke von ca. 2 μm erkennbar, die durch Degradation und die Freisetzung von Silikat bzw. Kollagen ins Medium entstanden sein kann. Beim Schnitt durch den Apatikristall (d) wird dessen Aufbau ersichtlich, der im Inneren granulär und an der Kristalloberfläche plättchenförmig ist. Der EDX-Linienscan über den Grenzbereich bildet mit den hohen Zählraten für Calcium und Phosphor im Bereich von 0-5 μm zunächst die Apatitschicht ab. In diese ist, erkennbar an der Elementverteilung des Siliziums, zusätzlich Silikat eingelagert, welches seinerseits nur durch

Degradation aus dem Xerogel zugeführt worden sein kann. Gleichermaßen werden Calcium und Phosphor oberflächennah, vor allem im zuvor angesprochenen, rau strukturierten Grenzbereich detektiert, was auf die Eindiffusion dieser Elemente in das Gel hinweist.

Die REM-Aufnahmen des dreiphasigen Xerogels mit HAP lassen eine mit ca. 5 μm deutlich dickere Oberflächenschicht (b) erkennen, die sich aufgrund ihrer aufgerauten Struktur (e) vom Inneren des Gels selbst unterscheidet. Die Analyse der Elementverteilung ergab, dass im Bereich ca. 2-3 μm gemessen von der Oberfläche eine leicht erhöhte Calcium- und Phosphorkonzentration vorzufinden ist. Diese ist möglicherweise Ergebnis des bioaktiven Verhaltens, was anhand der Calciumaufnahme (vgl. Abbildung 5.41) belegt wurde. An der Oberfläche sind nur geringe Konzentrationen von Calcium und Phosphor detektierbar, was die zuvor erhaltenen Messergebnisse mittels REM zu diesem Probentyp bestätigt.

Beim dreiphasigen Xerogel mit CPC ist nach der Inkubation in SFB eine ca. 2 μm dicke Grenzschicht erkennbar (c), an deren Oberfläche Apatitplättchen identifiziert werden können (f). An einzelnen Stellen befinden sich auf dieser Oberfläche zusätzlich kugelförmige Apatitkristalle (c). Die in der Draufsicht erkannte netzwerkartige Struktur lässt sich aus diesem Blickwinkel nicht wiederfinden. Das weist darauf hin, dass diese nur sehr dünn ist, oder eine sehr anisotrope Struktur hat. Die das bioaktive Verhalten repräsentierenden Elemente Calcium und Phosphor sind im Vergleich zum zweiphasigen Xerogel mit ca. 0-3 μm auf einen wesentlich schmaleren Oberflächenbereich mit ausgeprägterem Maximum lokalisiert. Auch der ansteigende Verlauf der Siliziumkonzentration ragt weiter in diese Schicht hinein.

In Abbildung 5.57 sind REM-Aufnahmen des reinen Silikatxerogels, des zweiphasigen Xerogels mit 15 % Kollagen und der dreiphasigen Xerogele mit zusätzlich 15 % HAP bzw. CPC nach 28 Tagen Inkubation in PBS dargestellt. Da es bei Inkubation in PBS

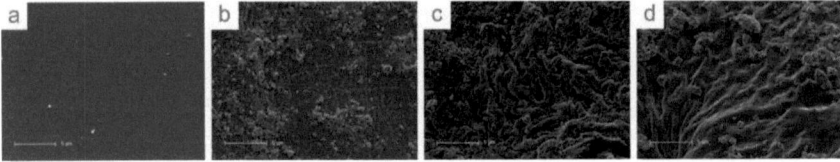

Abb. 5.57: REM-Aufnahmen der Oberflächen des reinen Silikatxerogels (a), des zweiphasigen Xerogels mit 15 % Kollagen (b) und der dreiphasigen Xerogele mit zusätzlich 15 % HAP (c) bzw. CPC (d) nach 28 Tagen Inkubation in PBS.

nicht wie in SBF zur Medium-induzierten Apatitabscheidung kommt, charakterisieren die REM-Aufnahmen vorrangig das Degradationsverhalten der Gele. Wie auch bei Inkubation in SBF festgestellt, bleibt die Oberfläche des reinen Silikatgels trotz Silikatfreisetzung

5.4. In vitro-Bioaktivität und Degradationsverhalten der Xerogele

(vgl. Abbildung 5.40) auch nach 28 Tagen praktisch unverändert zum Ausgangszustand (vgl. Abbildung 5.52). Die Oberflächen der zwei- und dreiphasigen Xerogele sind wiederum deutlich aufgeraut, was auf die Degradation der Einzelkomponenten zurückzuführen ist. Die charakteristische Wellenstruktur steht offenbar auch in diesen Fällen mit den Kollagenfibrillen in den Gelen im Zusammenhang. Im Gegensatz zur Inkubation in SBF ist bei keiner der Proben die charakteristische nanoskalige Silikatstruktur vorzufinden, was deren Vorhandensein offensichtlich an den Medientyp knüpft.

Für die in ZAC inkubierten Proben lassen sich mittels REM die gleichen Verhältnisse feststellen wie für die Inkubation in PBS (siehe Abbildung 5.58). Der verringerte pH-Wert des Mediums hat demzufolge nur geringen Einfluss auf das Degradationsgefüge. Bei den

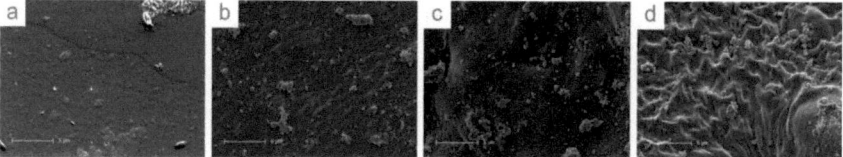

Abb. 5.58: REM-Aufnahmen der Oberflächen des reinen Silikatxerogels (a), des zweiphasigen Xerogels mit 15 % Kollagen (b) und der dreiphasigen Xerogele mit zusätzlich 15 % HAP (c) bzw. CPC (d) nach 28 Tagen Inkubation in ZAC.

zwei- und dreiphasigen Xerogelen konnten auf der gesamten Geloberfläche verteilt teildegradierte Kollagenfibrillen visualisiert werden. Einige repräsentative Beispiele sind in den Teilbildern der Abbildung 5.59 zu erkennen. In den REM-Aufnahmen ist verdeutlicht, dass

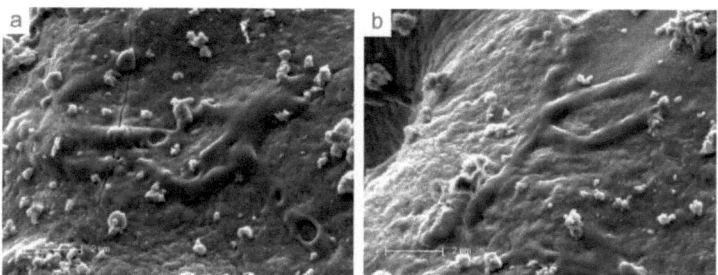

Abb. 5.59: Teildegradierte Kollagenfibrillen an der Oberfläche der Xerogele B15 (a) und B15H15 (b) nach 28 Tagen Inkubation in ZAC.

die Kollagenfibrillen gequollen und punktuell angelöst sind, so dass sich die typische Querstreifung nicht erkennen lässt. Diese visuell beobachtete Degradation der Kollagenphase steht in Einklang mit dem Proteinnachweis im Medium. Die Aufnahmen belegen darüber hinaus, dass das Degradationsverhalten der Kollagenfibrillen bzw. der neben den Fibrillen vorliegenden Silikatphase in Verbindung mit den für die zwei- und dreiphasigen Xerogele beobachteten rauen Oberflächenstrukturen steht. Dieser Zusammenhang gilt auch für die Inkubation in SBF und PBS.

5.4.5 Diskussion zur *in vitro*-Bioaktivität und zum Degradationsverhalten

Das bioaktive Verhalten der Xerogele und ihre Degradation sind Prozesse, die gleichzeitig ablaufen und sich gewiss gegenseitig beeinflussen, was eine erschöpfende Betrachtung des Gesamtsystems erschwert [RFLD02]. Im vorliegenden Fall wurde diesem Problem durch die parallele Betrachtung des Materialverhaltens bei Inkubation in verschiedenen Medien begegnet. Dabei dienten die Untersuchungen bei Inkubation in SBF vor allem zur Beschreibung der Bioaktivität der Xerogele, die sich im Allgemeinen in der Abscheidung von Apatit auf den Probenoberflächen ausdrückt, was wiederum die Verarmung der entsprechenden Medien an Calcium- und Phosphationen zur Folge hat. Dieser Zusammenhang wurde in der vorliegenden Arbeit für alle ein-, zwei- und dreiphasigen Xerogele gefunden. Die Geschwindigkeit und der Grad der Calciumverarmung des Mediums sowie die Morphologie der Apatitabscheidung hängen von der Zusammensetzung der Xerogele ab. In zahlreichen Studien wurde festgestellt, dass das bioaktive Verhalten von Sol-Gel-Gläsern gegenüber den schmelztechnisch hergestellten Gläsern bis zu höheren Silikatgehalten von ca. 90 mol% erhalten bleibt [LCH91, OKY92, VRRS03]. Die Induzierung der Calciumphosphat-Keimbildung auf der Probenoberfläche ist auf die aufgrund der angewendeten Sol-Gel-Technik große Anzahl verfügbarer Hydroxylgruppen (Si-OH) an der Grenzfläche zum Medium zurückzuführen [KT06]. Die Mechanismen beruhen auf der heterogenen Keimbildung des Apatits, die aus der Adsorption von Calciumionen durch Ionenbindung und von Phosphationen durch Wasserstoffbrückenbindungen resultiert. Außerdem können chemische Reaktionen der Oberflächen-Silanole mit Phosphationen zur Komplexierung sowohl von Phosphat- als auch von Calciumionen führen [REBV+05]. Bei der Herangehensweise aus Sicht der Biogläser wurde in den meisten Fällen ein konkreter Calciumanteil im Silikat für notwendig erachtet [PJH05]. In der vorliegenden Arbeit zeigt jedoch, wie auch bei *Radin et al.* [RFLD02], das reine Silikat selbst ebenfalls bioaktives Verhalten. Zwar wurde nur eine geringfügige Verarmung der SBF an Calcium verzeichnet, auf der Xerogeloberfläche aber bereits nach wenigen Tagen die Bildung von Apatit nachgewiesen. Daraus wurde geschlussfolgert, dass die Bioaktivität eines Sol-Gel-Silikats nicht ausschließlich von seiner Zusammensetzung, sondern auch von seiner Struktur, insbesondere Porenvolumen, Porengröße, Porenform und Oberflächen/Volumen-Verhältnis,

5.4. In vitro-Bioaktivität und Degradationsverhalten der Xerogele

abhängig ist [PJR+99, VRRS03]. Wie in der Literatur allgemein bekannt, steigt die Bioaktivität der Xerogele durch die Anwesenheit selbst geringer Mengen von Calciumphosphaten [RFLD02]. Deren Bioaktivität ist hinlänglich bekannt und wird in vielfältiger Weise in Zusammenhang mit neu entwickelten Biomaterialien ausgenutzt [BZC+10]. Dabei beeinflussen Calcium und Phospat die Bildung von Apatit auf den Substratoberflächen [PJR+99, REBV+05, YHY+06]. Im Falle der dreiphasigen Xerogele führt der Ionenaustausch von Na^+, K^+ und/oder Ca^{2+} mit den H_3O^+-Ionen in der SBF sowohl zur zusätzlichen Bildung von hydratisiertem Silikat als auch zur Übersättigung des Mediums, was beides die Apatit-Keimbildung fördert [LPK+06]. Dieser Effekt wurde in der vorliegenden Arbeit sowohl für die dreiphasigen Xerogele mit HAP als auch mit CPC festgestellt. Durch die hohe Löslichkeit des TCP-Anteils im CPC wurde zu den frühen Zeitpunkten im Medium eine Steigerung der Calciumkonzentration nachgewiesen, zu späteren Zeitpunkten aber eine dem dreiphasigen Xerogel mit HAP vergleichbare Calciumkonzentration. Darüber hinaus berichten *Yan et al.* [YHY+06] in ihren Studien mit speziellen mesoporösen bioaktiven Gläsern, dass nach Erreichen einer optimalen Probenzusammensetzung (85 % Silikat, 15 % Calcium) mit weiter erhöhtem Calciumgehalt die Bioaktivität wieder abnimmt.

Über die Rolle der Kollagenphase für die Bioaktivität des zweiphasigen Xerogele kann, wie auch bei vergleichbaren Kollagen/Anorganik-Kompositen, nur spekuliert werden [RHSI09]. Auch wenn die Nukleation von HAP an den Carboxylgruppen des Kollagens bevorzugt ablaufen kann, berichten einige Arbeiten von einer vergleichsweise geringen Bioaktivität des Kollagens selbst [RLT00, LC05]. Dies und die durch Wechselwirkung mit der organischen Komponente reduzierte Anzahl verfügbarer Hydroxylgruppen der Silikatphase können zur mikroskopisch festgestellten Reduzierung der Bioaktivität der Komposite mit steigendem Kollagenanteil beigetragen haben. *Eglin et al.* [EMLC06] berichten gar, dass sowohl Sol-Gel-Silikat als auch Kollagen allein kein bioaktives Verhalten zeigen. Werden beide Komponenten jedoch zu einem Hydrogel-Komposit – im publizierten Fall mit einem Silikat/Kollagen-Verhältnis von 10/90 – verarbeitet, ist dieser bioaktiv. Eine Erklärung für diesen synergetischen Effekt können die Autoren nicht liefern. Der Unterschied des zweiphasigen Xerogels mit procinem Kollagen gegenüber der bovinen Variante ist vermutlich auf die Verarbeitungsprozesse bei der Kollagengewinnung und die damit verbundenen morphologischen sowie chemischen Veränderungen zurückzuführen.

Besonders bei der im Falle von PBS und ZAC ohne überlagerten Mineralisationsprozess ablaufenden Degradation wurden spezifische Konzentrationen der einzelnen Phasen der Xerogele im Überstand nachgewiesen und mikroskopisch eine Auflockerung der Struktur der oberflächennahen Probenbereiche festgestellt. Diese Prozesse sind unabhängig vom verwendeten Kollagentyp. Im Falle des Silikats wird bei den im Medium ermittelten Konzentrationen ab 0,1 mg/ml die Löslichkeit der amorphen Festphase überschritten, wodurch verstärkt Autopolykondensationsprozesse einsetzen [PKT00]. Diese wiederum führen zur Bildung von Silikatpolymeren die nicht molybdatreaktiv sind und somit nicht in das Messsignal eingehen. Dieser Prozess, die Freisetzung von Gelkomponenten in Form von Partikeln oder Agglomeraten sowie die Abscheidung von freigesetzten Gelkomponenten an der Gefäßwand und die damit verbundene Verarmung des Mediums an der jeweiligen Komponente werden dazu beigetragen haben, dass die Summen der im Überstand gemessenen Massen an Silikat, Calcium und Kollagen bei allen Zusammensetzungen und zu allen Zeitpunkten unter den jeweils durch Auswiegen bestimmten Masseabnahmen liegen.

Für thermisch behandelte Silikatxerogele mit Calciumgehalten von 0-15 % stellten *Zhou et al.* [ZWW$^+$10] ebenfalls bereits nach einem Tag die Abgabe von ca. 1,5 mM Silizium in SBF fest, was gut mit den eigenen Ergebnissen übereinstimmt. Trotz bioaktivem Verhalten wurde zusätzlich zur Silikatfreisetzung, wie auch bei *Li et al.* [LQZ$^+$08], die Freisetzung von Calcium festgestellt. Dem gegenüber stehen die Arbeiten von *Zhong und Greenspan* [ZG00], die bei thermisch behandelten Sol-Gel-Gläsern mit Bioglas-Zusammensetzung ausschließlich Silikatfreisetzung in Verbindung mit Calciumaufnahme nachgewiesen haben. Eine wie von *Radin et al.* [RFLD02] und *He et al.* [HSZ$^+$10] angenommende Inhibierung der Degradation des Silikats durch die Bildung einer Apatit- bzw. Calciumsilikatschicht kann im vorliegenden Fall nicht bestätigt werden.

Es muss weiterhin angemerkt werden, dass nicht klar nachgewiesen werden kann, ob die identifizierten Grenzschichten zusätzlich auf den Gelen aufgewachsen sind oder durch Umwandlung der oberflächennahen Gelbereiche selbst entstanden sind. Für letzteres spricht die in allen Fällen detektierte kontinuierliche Masseabnahme der Xerogele bei Inkubation. Eine charakteristische, nanoskalige Struktur tritt bei Inkubation in SBF ausschließlich bei Gelen auf, die selbst Calciumphosphat enthalten (B15H15, B15C15). Die Struktur selbst besteht hingegen ausschließlich aus Silikat. Es gibt mehrere Möglichkeiten, die die Ausbildung dieser Struktur erklären können. Zum einen könnte das oberflächennah im Gel enthaltene Calciumphosphat in Lösung gegangen sein, wodurch nur Silikat-Kollagen zurückbliebe, welches sich seinerseits umstrukturiert haben kann. Andererseits kann sich auch eine neue Silikatschicht, genährt von der durch Degradation in Lösung vorliegenden Kieselsäure, auf dem Gel gebildet haben. Die Silikatstruktur selbst könnte in beiden Fällen mit dem Vorliegen eines sauren Mileus in Oberflächennähe erklärt werden. Ähnliche Strukturen werden erhalten, wenn ein reines Silikatgel nicht bei neutralem, sondern bei saurem pH-Wert gebildet wird. Ähnliche, als *breath figures* bezeichnete Silikatmuster werden darüber hinaus bei einer speziellen Technik zur Oberflächenstrukturierung von Polymerlösungen erhalten [SSJ10]. Die Methode basiert auf der Templatfunktion von Wassertropfen die verdunsten und dabei geordnete (silikatische) Abdrücke auf der Ober-

5.4. In vitro-Bioaktivität und Degradationsverhalten der Xerogele

fläche hinterlassen. Die Porengrößen der auf diesem Wege erzeugten Strukturen liegen jedoch üblicherweise im Mikrometerbereich.

Der Einfluss der Probenzusammensetzung sowohl auf die sich ausbildende Oberflächenmorphologie als auch auf die Calciumbindung und die Freisetzung von Gelkomponenten ließ in weiterer Konsequenz einen Einfluss auf das Verhalten von mit diesen Materialien in Wechselwirkung stehenden Zellen erwarten. Mit den Untersuchungen dazu beschäftigt sich das folgende Kapitel.

5.5 *In vitro*-Biokompatibilität der Kompositxerogele

Um die *in vitro*-Biokompatibilität des neu entwickelten Materials zu testen, wurden zwei- und dreiphasigen Xerogele verschiedener Zusammensetzungen mit Zellen des Knochenremodellierungsprozesses besiedelt und deren Verhalten über Zeiträume von bis zu 42 Tagen untersucht. Besondere Beachtung kam dabei der Differenzierung humaner mesenchymaler Stammzellen (hMSC) zu Osteoblasten (hOb) und der Differenzierung humaner Monozyten (hMz) zu Osteoklasten (hOk), sowohl in Monokultur als auch in Cokultur zu. Auch wenn in der Literatur für Letztere häufig die weiter gefasste Bezeichnung „osteoklastenähnliche Zelle" verwendet wird, werden diese Zellen aufgrund der nachgewiesenen Marker und zugunsten der Lesbarkeit in der vorliegenden Arbeit als Osteoklasten bezeichnet. Als organische Phasen des Kompositmaterials kamen natives und selbst assembliertes bovines Kollagen zum Einsatz. Die plättchenförmigen Xerogele ließen sich mittels Gamma-Bestrahlung sterilisieren und in Zellkulturmedium über die jeweiligen Versuchszeiträume in monolithischer Form halten. Letzteres war beim reinen Silikatxerogel aufgrund dessen Sprödigkeit (siehe Kapitel 5.3 auf Seite 98) nicht möglich, weshalb es nicht als Vergleichsmaterial mitgeführt werden konnte. Zur Charakterisierung des Zellverhaltens wurden quantitative biochemische Methoden, qualitative mikroskopische Methoden (cLSM, REM) und molekularbiologische Methoden (RT-PCR) eingesetzt. Die Versuche mit nativem bovinem Kollagen wurden bei Kultivierung im großen Mediumvolumen durchgeführt, um einen Überblick zur Biokompatibilität zu erlangen. Bei Verwendung des selbst assemblierten bovinen Kollagens wurde im kleinen Mediumvolumen gearbeitet, um den Einfluss der Zusammensetzung der Xerogele auf das Zellverhalten besser untersuchen zu können.

5.5.1 Kultivierung von hMSC auf zweiphasigen Xerogelen mit nativem bovinem Kollagen

Die Biokompatibilität der zweiphasigen Xerogele mit 70 % Silikat und 30 % nativem bovinem Kollagen (B30) wurde in einem Vorversuch durch Kultivierung im großen Mediumvolumen getestet. Zur Kontrolle wurde die gleiche Kultivierung auf Polystyrol (PS) durchgeführt. Untersucht wurden über 21 Tage die Proliferation der Zellen und die Differenzierung in Osteoblasten. Die Ergebnisse der biochemischen Analyse des Proliferationsverhaltens, die sowohl den Vergleich zwischen differenzierten (plus) und undifferenzierten Zellen (minus) als auch mit der PS-Referenz zulassen, sind in den Diagrammen der Abbildung 5.60 dargestellt. Die Analyse der DNA-Menge nach der Zelllyse ergab, dass in allen Fällen eine Zunahme der Zellzahlen über die Kultivierungsdauer stattgefunden hat. Die Zellzahl auf den Kompositxerogelen nimmt ab Tag 7 leicht zu. Dabei liegen die Zell-

5.5. In vitro-Biokompatibilität der Kompositxerogele

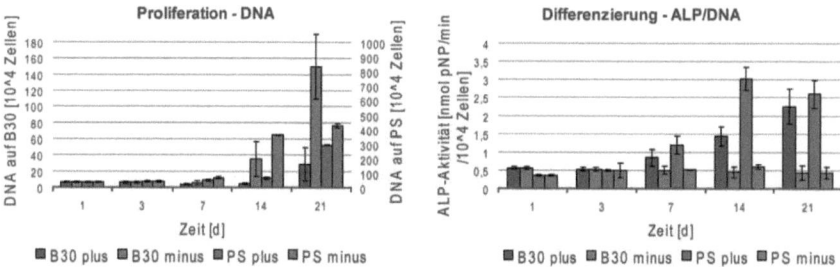

Abb. 5.60: Proliferation und Differenzierung der hMSC auf dem zweiphasigen Xerogel (B30) bzw. auf Polystyrol (PS) mit osteogener Induktion ab Tag 3 (plus) und ohne osteogene Induktion (minus).

zahlen der nichtinduzierten Fraktionen zu allen Messpunkten über denen der induzierten Äquivalente. Ähnliche Verhältnisse wurden auf PS nachgewiesen, wobei der Anstieg der Proliferationsrate früher einsetzt und höhere Zellzahlen erreicht werden.

Die relative ALP-Aktivität bleibt ohne osteogene Induktion sowohl bei Kultivierung auf den Xerogelen als auch auf PS nahezu unverändert auf dem Grundlevel. Das Material selbst hat die Stammzellen demzufolge nicht zur osteogenen Differenzierung angeregt. Die Zugabe osteogen stimulierender Substanzen zum Zellkulturmedium ab Tag 3 führte auf dem Xerogel und auf PS zum kontinuierlichen Anstieg der ALP-Aktivität, was die Differenzierung der Zellen entlang der Osteoblastenlinie anzeigt. Auf PS durchläuft die relative ALP-Aktivität im Versuchszeitraum ein Maximum. Der Abfall zu den späten Zeitpunkten ist typisch für eine zunehmende Matrixmineralisierung und die Entwicklung von Osteoblasten zu Osteozyten [ALMG95]. Die auf dem Xerogel kultivierten und osteogen induzierten Zellen durchlaufen im Versuchszeitraum von 21 Tagen noch kein ALP-Maximum. Offensichtlich erfordern die chemischen und morphologischen Bedingungen auf der Xerogeloberfläche eine gewisse Zeit zur Reorganisation und Proliferation bevor das Differenzierungsstadium beginnt, was zu einer Verschiebung des ALP-Maximums zu späteren Zeitpunkten führen kann. Die vergleichende Betrachtung von DNA-Gehalt und ALP-Aktivität zeigt, dass die osteogen induzierten Zellen vorrangig differenzieren, was eine Verringerung der Proliferationsrate zur Folge hat. Da die nichtinduzierten Zellen nicht differenzieren, wird hier eine höhere Proliferationsrate registriert. Diese Zusammenhänge sind bekannt und wurden beispielsweise von *Jaiswal et al.* [JHCB97] diskutiert.

Die cLSM-Aufnahmen in Abbildung 5.61 zeigen den Probenzustand nach einem Tag bzw. nach 14 Tagen Kultivierungsdauer. Die Morphologie der Aktingerüste zeigt an, dass die Zellen bereits nach einem Tag gut adhärent sind. Nach 14 Tagen ist auch mikroskopisch eine Zunahme der Zelldichte festzustellen. Die Zellen bleiben über die Kultivierungszeit demzufolge adhärent und sind gleichzeitig in der Lage zu proliferieren was die DNA-Analyse bestätigt. Die nach osteogener Induktion bereits biochemisch nachgewiesene ALP-Aktivität konnte beispielhaft am Tag 14 anhand der gelb dargestellten Fluoreszenz sichtbar gemacht werden.

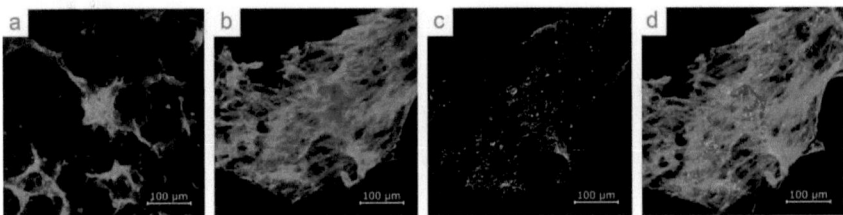

Abb. 5.61: CLSM-Aufnahmen von hMSC bei Kultivierung und Differenzierung auf dem zweiphasigen Xerogel (B30) nach einem Tag (a) und 14 Tagen (b-d). Dargestellt sind Ein- und Zweikanalaufnahmen der Zellkerne (blau, a, b), Aktin (grün, a, b, d) und ALP-Aktivität (gelb, c, d).

Mittels REM wurde gleichzeitig die Morphologie der Xerogele und die der Zellen nach 14 Tagen Kulturdauer visualisiert (siehe Abbildung 5.62). Die Zellen erscheinen dabei als glatte Bereiche auf der Xerogeloberfläche. Die zu diesem Zeitpunkt differenzierten Zellen bilden eine dichte Zellschicht (a), die die Probe überzieht. Die höhere Vergrößerung (b) zeigt wiederum die gute Anpassung der Zellen an die Untergrundmorphologie.

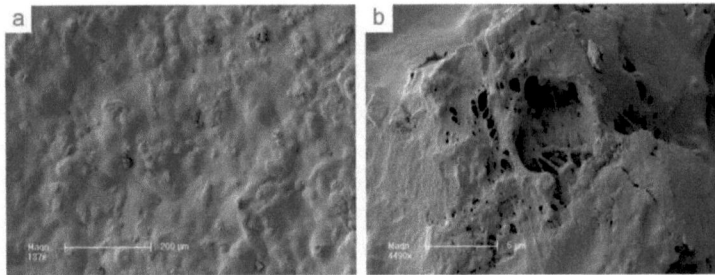

Abb. 5.62: REM-Aufnahmen von hMSC bei Kultivierung und Differenzierung auf dem zweiphasigen Xerogel (B30) nach 14 Tagen.

5.5.2 Kultivierung von hMSC auf zwei- und dreiphasigen Xerogelen mit selbst assembliertem bovinem Kollagen

Aus den Untersuchungen zur *in vitro*-Bioaktivität (siehe Abschnitt 5.4 auf Seite 107) ging hervor, dass aufgrund der Beeinflussung der Calciumkonzentration im Medium in Abhän-

5.5. In vitro-Biokompatibilität der Kompositxerogele

gigkeit von der jeweiligen Probenzusammensetzung eine Wirkung auf das Zellverhalten zu erwarten war. Um dies zu prüfen, wurden hMSC sowohl im undifferenzierten Zustand als auch osteogen induziert über 28 Tage auf den zwei- und dreiphasigen Xerogelen mit variierendem Anteil der Calciumphosphatphasen HAP und CPC kultiviert. In den Diagrammen der Abbildung 5.63 sind die in Abhängigkeit von der Probenzusammensetzung, Besiedlung, Differenzierungszustand der Zellen und dem Zeitpunkt nach dem Mediumwechsel bestimmten Calciumkonzentrationen im Medium dargestellt. Die Messpunkte der

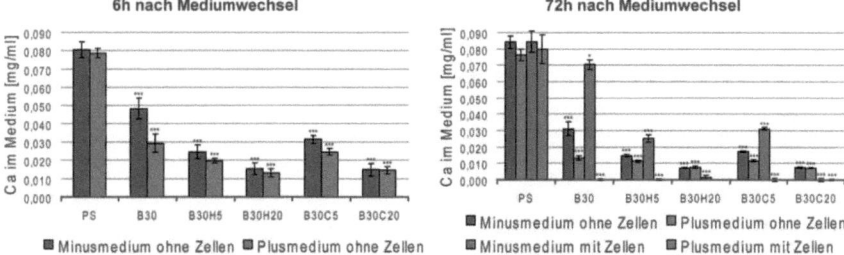

Abb. 5.63: Calciumkonzentration im Zellkulturmedium ohne (minus) und mit (plus) Differenzierungszusätzen. Die Messung erfolgte 6 h bzw. 72 h nach dem Mediumwechsel im Überstand der unbesiedelten und der für 21 Tage mit hMSC besiedelten Xerogele. Sterne kennzeichnen jeweils die Signifikanz gegenüber der Probe PS.

Proben ohne Zellen repräsentieren die Bioaktivität, wie sie zuvor bei Inkubation in SBF ermittelt wurde. Es zeigt sich bereits sechs Stunden nach dem Mediumwechsel eine klare Abstufung in Abhängigkeit von der Zusammensetzung der Xerogele. Die Referenzmessung auf PS gibt die Basiskonzentration beider Zellkulturmedien mit ca. 0,080 mg/ml (entspricht 2 mM) wieder. Diese Konzentration verringert sich in Anwesenheit der Xerogele mit steigendem Anteil der CPP (B30 < B30H5, B30C5 < B30H20, B30C20). Unterschiede zwischen den beiden CPP bestehen offensichtlich nicht. Die absoluten Calciumkonzentrationen von Plusmedium (mit osteogenen Zusätzen) und Minusmedium (ohne osteogene Zusätze) unterscheiden sich auf PS nicht, tun dies aber bei den zweiphasigen und dreiphasigen Xerogelen mit 5 % CPP, was auf eine zusätzliche Wechselwirkung mit dem im Plusmedium vorliegenden β-GP hinweist. Diese Verhältnisse finden sich auch nach 72 Stunden Inkubation (entspricht dem Rhythmus des Mediumwechsels), wobei die absoluten Calciumkonzentrationen bei den Xerogelen weiter abgenommen haben, was auf ein Fortschreiten der Mineralabscheidung hinweist. Bei den besiedelten Proben in Minusmedium wirken die Zellen offensichtlich als Sperrschicht, was dazu führt, dass bei B30, B30H5 und B30C5 zu diesem Zeitpunkt eine höhere Calciumkonzentration nachgewiesen wird als ohne Zellen. Bei den mit hMSC/hOb besiedelten Xerogelen ist bei Kultivierung in Plusmedium nach 72 Stunden kein Calcium im Medium nachweisbar, was auf eine Kombination von Bioaktivität der Probe und Umsetzung des gelösten Calciums durch die Mineralisierung der Zellen hinweist. Die dargestellten Verhältnisse wurden in gleicher Weise sowohl zu frühen als auch zu späten Zeitpunkten des Versuchs nachgewiesen. Das Bindungsverhalten für Calcium bei Inkubation in Zellkulturmedium ändert sich über den Versuchszeitraum nicht, eine Sättigung der Proben mit Calcium tritt demzufolge nicht ein. Vor dem Hintergrund, dass verringerte Calciumkonzentrationen die Entwicklung von (mineralisierenden) Zellen der Osteoblastenlinie beeinträchtigen [HRP$^+$04], dienen die Erkenntnisse zur Calciumaufnahme der Xerogele auch als Grundlage für die nachfolgend dargestellten Resultate zum Zellverhalten.

Zur Bestimmung der Proliferation und der relativen Enzymaktivitäten wurden sowohl DNA-Messung als auch Bestimmung der LDH-Aktivität zur Ermittlung der Zellzahlen herangezogen. Ein Vorteil für die DNA-Messung ist die konstante DNA-Menge pro Zelle, jedoch unterscheidet die Methode nicht zwischen lebenden und toten Zellen. Eine LDH-Aktivität weisen hingegen nur lebende Zellen auf. Die Aktivitäten von Zellen eines Phänotyps sind prinzipiell gleich, können aber aufgrund unterschiedlicher Differenzierungsstadien dennoch in der Gesamtpopulation variieren. Die quantitative Auswertung der Ergebnisse setzt Ersteres voraus. Durch die Kombination beider Methoden, deren Ergebnisse in den Diagrammen der Abbildung 5.64 vergleichend dargestellt sind, kann eine sicherere Aussage zur Zellproliferation getroffen werden. Aus der Bestimmung der Anfangszellzahlen wird ersichtlich, dass bei allen Probenzusammensetzungen etwa 30-50 % der $2 \cdot 10^4$ ausgesiedelten Zellen auf den Xerogelen adhärierten, was vor allem durch die LDH-Messung gut repräsentiert wird. Die bei der Zelllyse freigesetzte DNA bindet zum Teil an den Xerogelproben, wodurch die durch die DNA-Messung ermittelten Zellzahlen leicht unter denen der LDH-Messung liegen. Dieser Sachverhalt wurde durch einen Versuch bestätigt, bei dem die zweiphasigen und dreiphasigen Xerogele in Lysepuffern mit bekannten DNA-Konzentrationen inkubiert wurden. Nach einer Stunde (entspricht der Dauer der Zelllyse) wurde in allen Fällen eine von der eingesetzten DNA-Konzentration abhängige Abnahme derselben im Lysepuffer festgestellt, was darauf hinweist, dass die Proben eine bestimmte DNA-Menge binden und dann „gesättigt" sind (Daten nicht gezeigt).

Vom Tag 1 (die Zellen kommen aus den idealen Bedingungen der Vorkultivierung) zum Tag 3 wirkt sich der eingetretene Calciummangel im Medium negativ aus und in Abhängigkeit von der Bioaktivität der jeweiligen Xerogelmodifikationen stirbt ein Teil der Zellen ab. Im folgenden Zeitraum passen sich die nichtinduzierten Zellen den veränderten, calciumdefizitären Umgebungsbedingungen an und proliferieren. Am Tag 3 erfolgt die osteogene Induktion. Die Anzahl der induzierten Zellen auf der Probe B30 bleibt über

5.5. In vitro-Biokompatibilität der Kompositxerogele

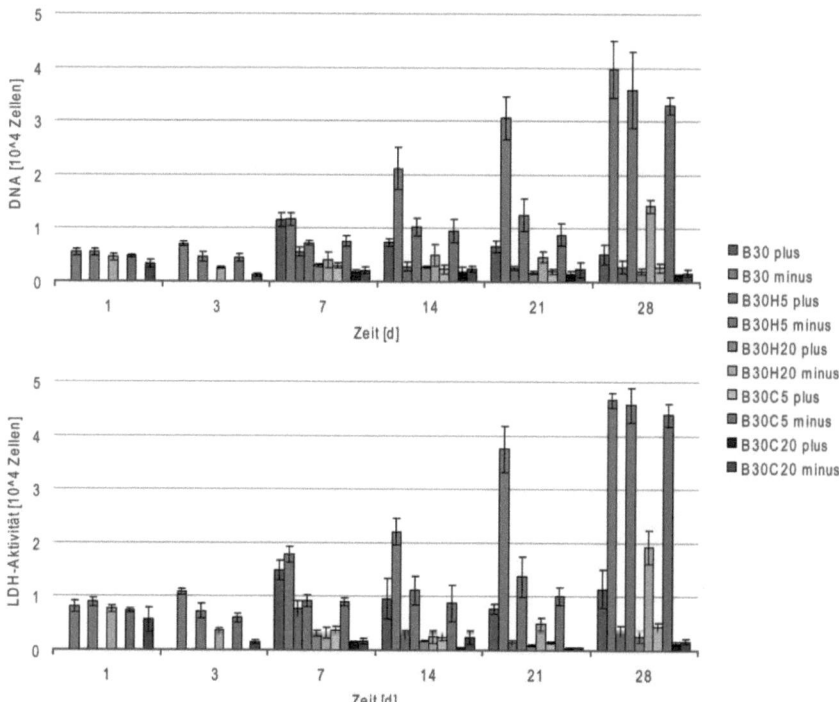

Abb. 5.64: Mittels DNA- bzw. LDH-Messung bestimmte Zellproliferation der osteogen induzierten hMSC (plus) und nichtinduzierten hMSC (minus) bei Kultivierung auf den zwei- und dreiphasigen Kompositxerogelen.

den Versuchszeitraum von 28 Tagen nahezu konstant. Bei Kultivierung mit osteogenen Zusätzen auf den dreiphasigen Xerogelen nehmen die Zellzahlen ab. Grund für die verringerte Proliferationsrate der induzierten Zellen kann die Anregung der Mineralisierung sein. Dabei wird das im Medium vorhandene β-GP mit gelöstem Calcium von den Zellen zu Mineral umgesetzt was zusätzlich die Calciumkonzentration im Medium reduziert und die Umgebungsbedingungen für die Zellen verschlechtert. Gleichermaßen kann der Mineralisationsprozess an sich aufgrund des Calciummangels gestört sein, was sich ebenfalls negativ auf die Proliferation auswirken kann [NII+10].

Die Messungen der Anfangszellzahlen auf den Xerogelen legten nahe, dass der Differenzanteil zur ausgesiedelten Zellzahl in den Zellkulturplatten selbst adhärierte. In den Diagrammen der Abbildung 5.65 sind daher die jeweils auf den Proben und den dazugehörigen Wells (PS) nachgewiesenen Zellzahlen nebeneinander dargestellt. Der Vergleich der

132 Kapitel 5. Ergebnisse und Diskussion

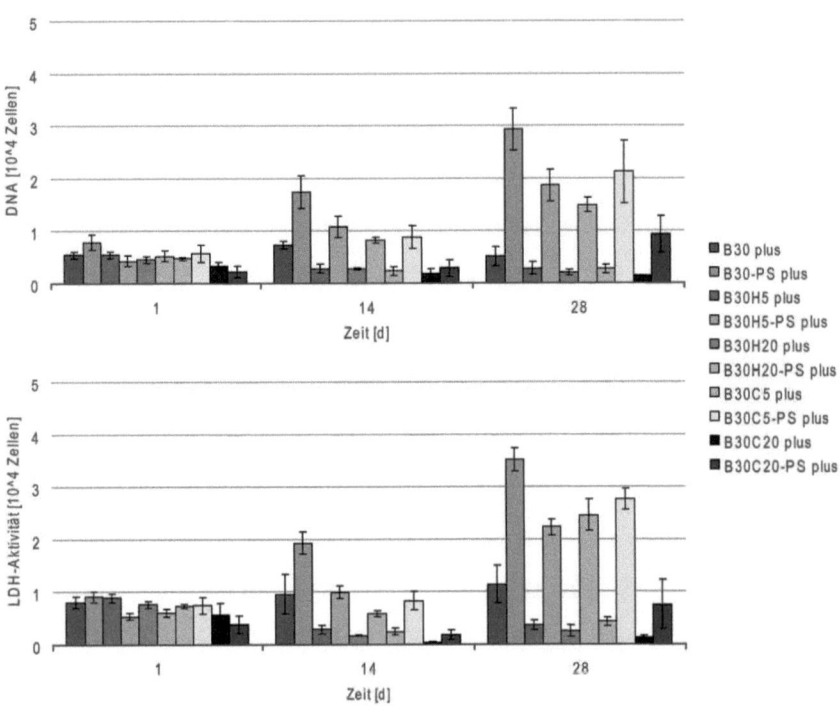

Abb. 5.65: Vergleich der auf den zwei- bzw. dreiphasigen Xerogelen und dazugehörigen Wells (PS) mittels DNA- bzw. LDH-Messung nachgewiesenen Zellzahlen im Falle osteogener Induktion (plus).

anhand DNA bzw. LDH-Aktivität gemessenen Zellzahlen in den Wells zeigt, dass diese gut übereinstimmen, da die zuvor erwähnte Bindung der DNA an die Xerogele das entsprechende Messergebnis in diesem Fall nicht verfälscht. Zum Tag 1 ergibt die Summe der beispielsweise auf dem Xerogel B30 und PS gemessenen Zellzahlen nahezu die ausgesiedelte Menge. Mit steigendem CPP-Anteil der Xerogele wird die Diskrepanz größer, was auf nichtadhärente Zellen hinweist. Im Gegensatz zu den an den Xerogelen adhärenten Zellen, proliferieren die Zellen in den entsprechenden Wells auch bei osteogener Differenzierung um einen Faktor von etwa 2-3 über den Versuchszeitraum. Auch bei den auf PS adhärenten Zellen führt die erhöhte Bioaktivität der dreiphasigen Xerogele in Abhängigkeit von der Konzentration der CPP gegenüber den zweiphasigen Xerogelen zu einer Verringerung der Proliferationsrate. Diese fällt nicht so stark aus wie für die Zellen direkt auf den Proben, da der lokale Calciummangel möglicherweise nicht so stark ist. Dazu trägt vermutlich

5.5. In vitro-Biokompatibilität der Kompositxerogele

auch bei, dass das Medium während der Kultivierung nicht durchmischt wird und sich daher Konzentrationsgradienten ausbilden können. Am ungünstigsten stellen sich in diesem Vergleich die Bedingungen um die Probe B30C20 dar, deren Bioaktivität besonders hoch ist (vgl. Abbildung 5.63). Die relativen Verhältnisse zwischen den Probentypen sind bei den Zellen auf der Probe und im zugehörigen Well gleich.

Das Differenzierungsverhalten der Zellen wird anhand der ALP-Aktivität bewertet, die auf die zuvor mittels DNA- bzw. LDH-Messung bestimmten Zellzahlen normiert wurde. In den Diagrammen der Abbildung 5.66 ist der zeitliche Verlauf für die osteogen induzierten und als Kontrolle mitgeführten nichtinduzierten hMSC dargestellt. Die Daten zeigen, dass ab Tag 1 und auch im weiteren Verlauf bei den nichtinduzierten Zellen ein für

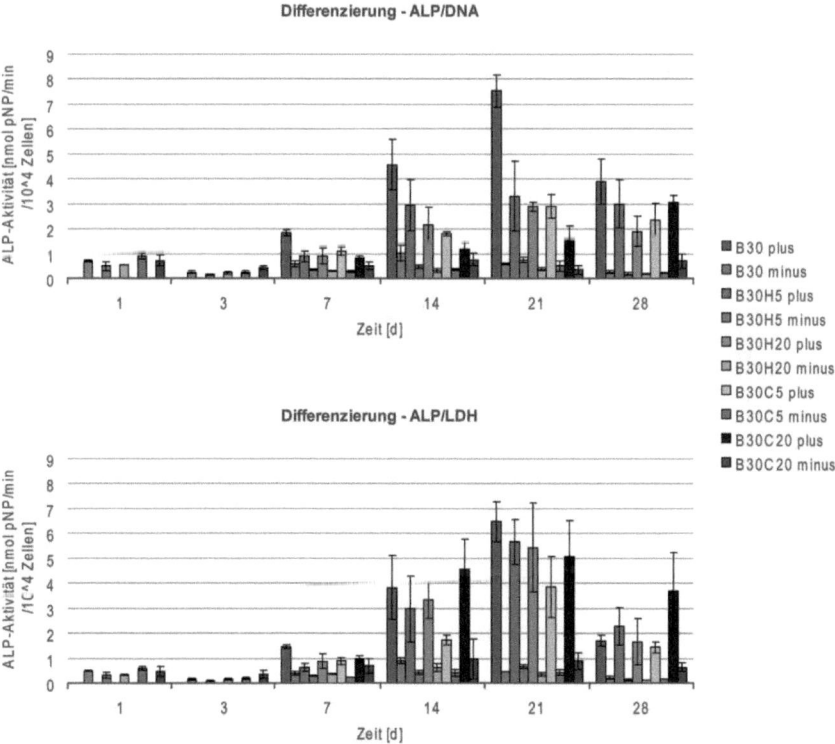

Abb. 5.66: Auf die mittels DNA- bzw. LDH-Messung bestimmten Zellzahlen bezogene ALP-Aktivität zur Charakterisierung des Differenzierungsverhaltens der osteogen induzierten hMSC (plus) und nichtinduzierten hMSC (minus) bei Kultivierung auf den zwei- und dreiphasigen Kompositxerogelen.

die hMSC typisches Grundlevel der relativen ALP-Aktivität vorliegt. Der Grund dafür ist darin zu finden, dass die aus dem Knochenmark isolierten hMSC keine einheitliche Zellpopulation darstellen, sondern vielmehr eine heterogene Mischung aus Zellen in verschiedenen (osteogenen) Differenzierungsstadien [MTV+04]. Die osteogene Induktion ab Tag 3 führt auf allen Probentypen ab Tag 7 zu einem Anstieg der relativen ALP-Aktivität. Bis zum Tag 21 steigen die Level der induzierten Proben in Abhängigkeit von der Zusammensetzung des Xerogels um einen Faktor von etwa 2-7. In diesem Zeitraum liegen die Werte der zweiphasigen Xerogele stets über denen der dreiphasigen Xerogele. Die auf die LDH-Messung bezogenen Differenzierungskennwerte bestätigen die dargestellten Ergebnisse und spiegeln daher möglicherweise noch genauer die vorliegenden Verhältnisse wider, da hier keine Verfälschung durch die DNA-Bindung zu berücksichtigen ist. Die relativen ALP-Aktivitäten fallen zum Tag 28 bei allen Probentypen ab, was das Durchlaufen des typischen Maximums um den Tag 21 kennzeichnet.

Die Analyse der Genexpression der Osteoblastenmarker ALP, BSP II, OC wurde nach 28 Tagen Kultur auf den zweiphasigen und dreiphasigen Xerogelen durchgeführt (siehe Abbildung 5.67). Die in Tabelle 5.3 gegenübergestellten Werte bestätigen mit der

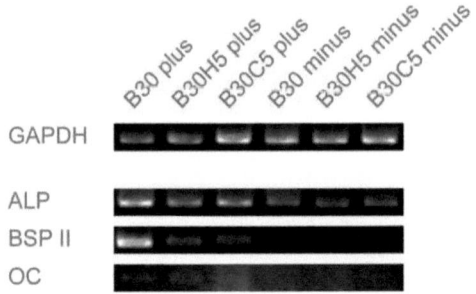

Abb. 5.67: Fotografie der Agarosegele zur Bestimmung der Genexpression der Osteoblastenmarker ALP, BSP II, OC und des *housekeeping*-Gens GAPDH nach 28-tägiger Kultivierung der osteogen induzierten (plus) und nichtinduzierten (minus) hMSC auf den zweiphasigen und dreiphasigen Xerogelen.

erhöhten Genexpression der osteogen induzierten Zellen von ALP, BSP II und OC die Differenzierung der hMSC in Osteoblasten. Die Werte zeigen im Allgemeinen auch hier eine Abstufung in der Reihenfolge B30 > B30H5 > B30C5, die mit den zuvor dargestellten Ergebnissen korreliert. Die Banden der ALP repräsentieren wiederum das in der Mischpopulation vorhandene Grundlevel. Bei den dreiphasigen Xerogelen B30H20 und B30C20 konnte aufgrund der geringen Zellzahlen nicht genug mRNA isoliert werden, um eine PCR-Analyse durchführen zu können. Die Hauptaussage der Genexpressionsanalyse soll

5.5. In vitro-Biokompatibilität der Kompositxerogele

Tab. 5.3: Semiquantitative Auswertung der Genexpression der osteogen induzierten (plus) und der nichtinduzierten (minus) hMSC nach 28 Tagen Kultivierung auf den zweiphasigen und dreiphasigen Xerogelen. Die Expressionslevel aller Marker wurden zuerst auf die GAPDH normiert und anschließend die Werte der Proben untereinander auf den jeweils höchsten Wert relativiert.

Gen	B30 plus	B30H5 plus	B30C5 plus	B30 minus	B30H5 minus	B30C5 minus
ALP	1,0	0,5	0,4	0,3	0,2	0,2
BSP II	1,0	0,3	0,1	0,0	0,0	0,1
OC	0,1	0,6	1,0	0,6	0,4	0,1

an dieser Stelle das Vorhandensein der Osteoblastenmarker sein. Die Quantifizierung ist aufgrund des systematischen Fehlers der Geldokumentation insofern erschwert, als teilweise auch für nicht vorhandene Gene ein spezifischer Grauwert und somit eine scheinbare Präsenz in die Berechnung einfließen. Die entsprechenden Zahlenwerte sollten daher als Untergrund verstanden werden.

In Abbildung 5.68 sind cLSM-Aufnahmen der hMSC nach einem Tag Kultivierungsdauer auf den verschiedenen Modifikationen der Xerogele zusammengefasst. Die Ergeb-

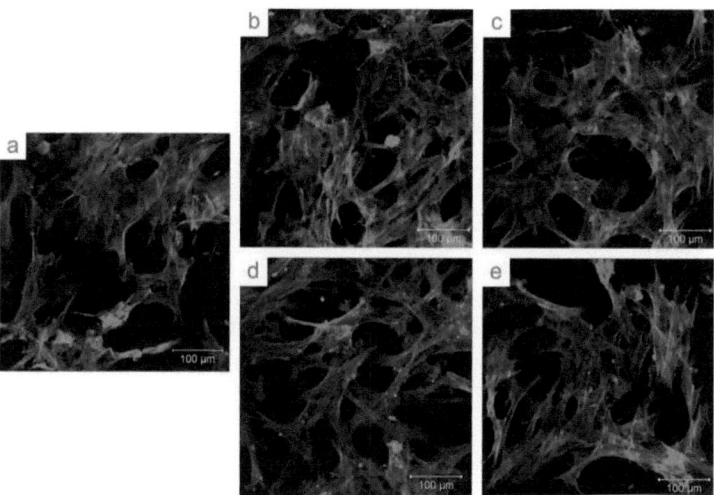

Abb. 5.68: CLSM-Zweikanalaufnahmen (Zellkerne sind blau, Zellaktin grün dargestellt) der initialen Adhärenz von hMSC nach eintägiger Kultivierung auf dem zweiphasigen Xerogel (B30, a) und den dreiphasigen Xerogelen mit 5 % HAP (B30H5, b) und 20 % HAP (B30H20, c) bzw. 5 % CPC (B30C5, d) und 20 % CPC (B30C20, e).

nisse dieser Untersuchungen zeigen ein gutes Adhäsionsverhalten der Zellen auf allen fünf Materialmodifikationen, was anhand der Morphologie der Aktingerüste (grün) erkennbar ist. Unterschiede in der Aktinorganisation zwischen den Probentypen sind nicht festzustellen. Bei den Aufnahmen der osteogen induzierten hMSC nach sieben Tagen (siehe Abbildung 5.69) ist bis auf die Probe B30C20 kaum eine Veränderung der Adhärenz und keine Zunahme der Zelldichte festzustellen. Bei der Probe B30C20 zeigen die Zellen eine

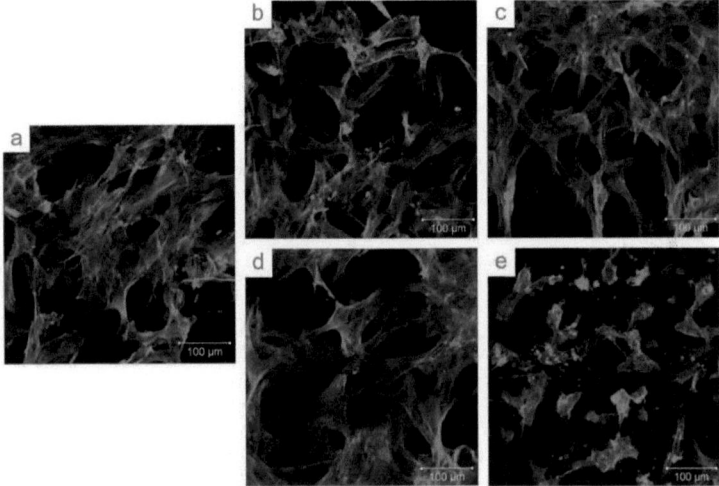

Abb. 5.69: CLSM-Zweikanalaufnahmen (Zellkerne sind blau, Zellaktin grün dargestellt) von osteogen induzierten hMSC nach sieben Tagen Kultivierung auf dem zweiphasigen Xerogel (B30, a) und den dreiphasigen Xerogelen mit 5 % HAP (B30H5, b) und 20 % HAP (B30H20, c) bzw. 5 % CPC (B30C5, d) und 20 % CPC (B30C20, e).

verschlechterte Adhäsion, was ungünstige Bedingungen für die Zellen signalisiert. Diese Beobachtungen stehen in Einklang mit den zu diesem Zeitpunkt biochemisch auf den Xerogelen als vergleichsweise niedrig nachgewiesenen Zellzahlen.

5.5.3 Osteoblasten/Osteoklasten-Cokultur auf den zwei- und dreiphasigen Xerogelen mit selbst assembliertem bovinem Kollagen

Mit dem Ziel der Annäherung an die Verhältnisse *in vivo*, wurde eine Cokultur von hOb und hOk für die Kultivierung auf den Kompositmaterialien entwickelt. Dafür wurden zunächst hMSC auf den zwei- bzw. dreiphasigen Xerogelen (B30, B30H5, B30H20, B30C5,

5.5. In vitro-Biokompatibilität der Kompositxerogele 137

B30C20) ausgesät und drei Tage vorkultiviert. Ab Tag 3 wurde die osteogene Differenzierung induziert und die Zellen bis Tag 13 unter Gabe osteogener Zusätze weiterkultiviert. Am Tag 13 wurden die hMz im großen Volumen zugegeben. Die Nomenklatur der darauf folgenden Versuchszeitpunkte erfolgt in Doppelbezeichnung, um gleichzeitig die Kultivierungsdauer der hMSC und der hMz angeben zu können. So kennzeichnet der Tag 14/1 den Zeitpunkt, zu dem die hMSC bereits 14 Tage und die hMz einen Tag in Kultur sind. Die Cokultur ist somit einen Tag alt. In der restlichen Versuchslaufzeit bis zum Tag 42/28 wurde die Cokultur ohne die Zugabe von M-CSF und RANKL sowie ohne osteogene Zusätze kultiviert.

Für die zum Vergleich unter gleichen Bedingungen mitgeführten Monokulturen der hMSC bzw. der hMz, wurden die gleichen Zeitachsen wie für die Cokultur verwendet. Die hMSC-Monokultur wurde gleichermaßen wie die Cokultur ab Tag 1 kultiviert und von Tag 3 bis Tag 13 die osteogene Differenzierung induziert. Im Falle der hMz-Monokultur wurden die Zellen zum Tag 13 der Cokultur auf frischen Proben ausgesiedelt. Im weiteren Verlauf wurden sie parallel zu den Proben der Cokultur kultiviert, jedoch ihre Differenzierung zu Osteoklasten vom ersten Tag an durch die Gabe von M-CSF und RANKL induziert.

Neben den für die hMSC bereits vorgestellten Methoden, wurde für die Analytik der hMz die Aktivität der tartratresistenten sauren Phosphatase Isoform 5b (TRAP 5b) biochemisch untersucht. Außerdem wurden mittels cLSM der Oberflächenmarker CD68 und die TRAP visualisiert. Mittels RT-PCR wurden die Gene für ALP, BSP II, OC, RANKL, TRAP, CALCR, VTNR und CTSK analysiert.

In Abbildung 5.70 wird zunächst das Proliferationsverhalten der beiden Monokulturen und der Cokultur verglichen. Dafür eignet sich die DNA-Messung, da hMSC und hMz über die gleiche DNA-Menge pro Zellkern verfügen. Daher kann auch bei Cokultur beider Zelltypen auf die Gesamtkernzahl geschlossen werden. An dieser Stelle wird nicht von Zellzahlen, sondern von der Anzahl der Zellkerne gesprochen, da sich im Verlauf der Monozytendifferenzierung zu Osteoklasen einzelne Zellen zu multinuklearen Zellen zusammenschließen. Im Gegensatz dazu ist die Messung der LDH-Aktivität im Falle der Cokultur nicht geeignet, da sich diese zwischen den beiden Zelltypen stark unterscheidet. Bei eigenen Kalibrierreihen wurde festgestellt, dass die LDH-Aktivität pro hMz etwa um den Faktor 60 unter der LDH-Aktivität pro hMSC liegt.

Sowohl bei der hMSC-Monokultur als auch bei der Cokultur sind am Tag 1 Kernzahlen im Bereich von etwa $0{,}3$-$0{,}5 \cdot 10^4$ festzustellen. Zum Tag 13 werden in der Cokultur und der hMz-Monokultur $46 \cdot 10^4$ hMz im großen Volumen ausgesiedelt, von denen am Tag 14/1 etwa 7-14 % auf den Proben adhärent sind. Die restlichen Zellen bleiben in Suspension, adhärieren im Well oder sterben ab. Es musste in dieser Weise verfahren werden, da die

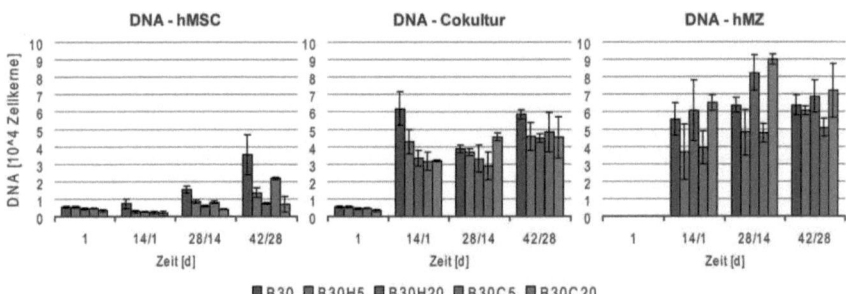

Abb. 5.70: Mittels DNA-Messung bestimmte Kernzahlen der hMSC-Monokultur, Cokultur und hMz-Monokultur auf den zwei- und dreiphasigen Kompositxerogelen.

Zugabe der hMz im kleinen Volumen, wodurch sich sicher höhere Anteile adhärenter Zellen erzielen ließen, im Falle der Cokultur die bereits auf den Proben vorhandenen hMSC beeinträchtigt hätte. Da β-GP, wie von anderen Forschergruppen [TYD+01] und in eigenen Vorversuchen festgestellt wurde, die Osteoklastogenese von Monozyten erschwert, wurden in allen dargestellten Ergebnissen die Zellen ab Tag 13 ohne osteogene Zusätze kultiviert. Wie aus dem Anstieg der relativen ALP-Aktivität der hMSC-Monokultur (siehe Abbildung 5.71) abzulesen ist, sind die hMSC zu diesem Zeitpunkt bereits osteoblastär differenziert, bleiben es auch bei Weiterkultivierung in Minusmedium und proliferieren als Osteoblasten. Die Kernzahlen der osteoblastär differenzierten hMSC steigen ab Tag 14/1 aufgrund der Kultivierung in Minusmedium an (vgl. Abschnitt 5.5.2). Monozyten proliferieren nicht, was sich über den Versuchszeitraum der hMz-Monokultur in relativ konstanten Kernzahlen ausdrückt. Die detektierten Schwankungen können auf das Vorhandensein weiterer Zelltypen wie z. B dendritischer Zellen zurückzuführen sein, die sich ebenfalls aus den hMz bilden können [HFH+03]. Beim Vergleich der Probentypen untereinander, erweisen sich in hMz-Monokultur die dreiphasigen Komposite mit hohem CPP-Anteil als die, auf denen über den gesamten Versuchszeitraum von 28 Tagen die meisten Zellen adhärent sind. Ab Tag 14/1 stellen die in Cokultur gemessenen Werte einen Mischzustand der jeweiligen Monokulturen dar. Da die in Cokultur detektierten Kernzahlen bis auf wenige Ausnahmen unter der Summe der Kernzahl der entsprechenden Monokulturen liegt, ist von Wechselwirkungen der Zellen untereinander auszugehen, die das Proliferations- und Adhäsionsverhalten beeinflussen. Zum Tag 14/1 liegt die Gesamtkernzahl auf dem zweiphasigen Komposit über der der dreiphasigen Komposite. Gegenüber den Proben mit CPC beträgt der Faktor etwa 2. Diese Differenz ist größer als bei der hMSC-Monokultur und muss somit auf das Adhäsionsverhalten der hMz in Gegenwart der hOb zurückgeführt werden. Steigende Gesamtkernzahlen bis zum Tag 42/28 repräsentieren die Proliferation der

5.5. In vitro-Biokompatibilität der Kompositxerogele

hOb, fallende Gesamtkernzahlen, wie im Falle des zweiphasigen Komposits von Tag 14/1 zu Tag 28/14, das Ablösen initial adhärenter hMz.

Für die Beurteilung des Differenzierungsverhaltens der hMSC wurde die Aktivität der ALP sowohl in Monokultur als auch in Cokultur mit hMz/hOk bestimmt (siehe Abbildung 5.71). In Monokultur steigt die relative ALP-Aktivität der osteogen induzierten hMSC für

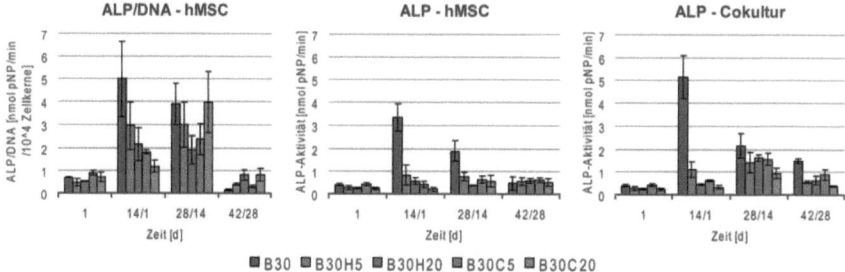

Abb. 5.71: Absolute und relative ALP-Aktivität der differenzierten hMSC in Monokultur bzw. in Cokultur mit hMz/hOk auf den zwei- und dreiphasigen Kompositxerogelen.

alle Probentypen zum Tag 14/1 an. Dabei ist eine Staffelung der Werte vom zweiphasigen Komposit zum dreiphasigen Komposit mit 20 % CPC festzustellen. In den darauf folgenden 14 Tagen Kultivierungsdauer bleibt die relative ALP-Aktivität auf den zweiphasigen Kompositen und den dreiphasigen Kompositen mit HAP konstant. Im Gegensatz dazu steigt die ALP-Aktivität auf den dreiphasigen Kompositen mit CPC bis um den Faktor 3 an. Zum Tag 42/28 hat die relative ALP-Aktivität in allen Fällen etwa das Grundlevel erreicht, was auf einen abgeschlossenen Differenzierungsvorgang der hMSC zu reifen Osteoblasten hinweist. Gleichermaßen kann die Kultivierung ab Tag 13 mit Minusmedium den beobachteten Abfall unterstützt haben. Aus den Ergebnissen kann geschlussfolgert werden, dass sich das ALP-Maximum mit steigendem Anteil an CPC offensichtlich zu späteren Zeitpunkten verschiebt. Monozyten und Osteoklasten weisen keine ALP-Aktivität auf, weshalb die in Cokultur gemessene ALP-Aktivität eindeutig den differenzierten hMSC zugeordnet werden kann. Da die Kernzahl der hMSC/hOb in der Cokultur nicht exakt bestimmt werden kann, werden die absoluten Werte der ALP-Aktivität der Monokultur mit der der Cokultur verglichen. Diese liegen bei Cokultivierung vor allem zum Tag 14/1 und 28/14 über denen der entsprechenden Monokultur. Unter der Annahme, dass in beiden Fällen die gleichen Kernzahlen vorliegen, stören die hMz/Ok die Differenzierung der hMSC nicht, sondern könnten sogar stimulierende Einflüsse haben. Der qualitative Verlauf der absoluten ALP-Aktivität unterscheidet sich zwischen den Kultivierungsvarianten nicht.

Das Differenzierungsverhalten der Monozyten zu Osteoklasten wurde anhand der Aktivität der TRAP 5b sowohl in Monokultur als auch in Cokultur mit hMSC/hOb bestimmt (siehe Abbildung 5.72). Die TRAP ist ein lysosomales Enzym, das bei der Differenzierung von Monozyten in Osteoklasten und von reifen Osteoklasten gebildet wird [HAS+00, HYA+02, YJ03]. Das Isoenzym 5b ist im Speziellen ein Marker für die Aktivität reifer Osteoklasten [Hal06]. Die Betrachtung der Ergebnisse geht von der hMz-Monokultur

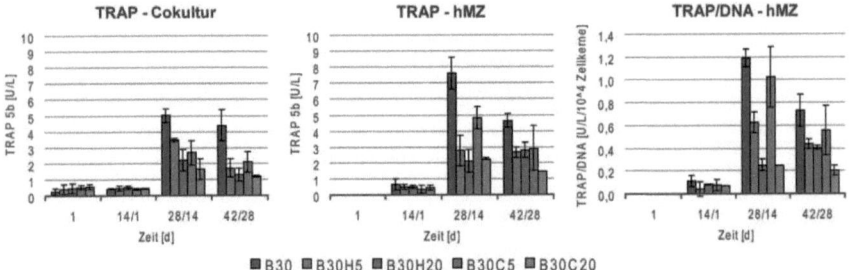

Abb. 5.72: Absolute und relative TRAP 5b-Aktivität der hMz in Monokultur bzw. in Cokultur mit hMSC/hOb auf den zwei- und dreiphasigen Kompositxerogelen.

aus, deren relative TRAP 5b-Aktivität zum Tag 14/1 das bei der Messmethode vorhandene Grundlevel anzeigt. Im Falle der Monokultur wird die Differenzierung durch Zugabe von M-CSF und RANKL stimuliert, was bei allen Probenmodifikationen zum Anstieg der TRAP 5b-Aktivität führt. Die höchsten relativen Werte werden am Tag 28/14 für die Kultivierung auf dem zweiphasigen Komposit und den dreiphasigen Kompositen mit 5 % CPP-Anteil nachgewiesen. Die relativen TRAP 5b-Aktivitäten auf den dreiphasigen Kompositen mit 20 % HAP bzw. CPC liegen gleichauf. Ein Vergleich der TRAP 5b-Aktivitäten zwischen Monokultur und Cokultur lässt sich aus den zuvor für die ALP-Aktivität genannten Gründen ausschließlich anhand der absoluten Werte ziehen. Diese liegen in Cokultur sowohl qualitativ zwischen den Probenmodifikationen als auch absolut auf etwa gleichem Niveau wie in Monokultur. Das bedeutet, dass die hMz in Cokultur völlig ohne externe Zugabe der Differenzierungsfaktoren M-CSF und RANKL, sondern ausschließlich durch die Sezernierung dieser Faktoren durch die hOb osteoklastär differenziert sind. Somit liegt auf den Kompositmaterialien eine funktionierende Cokultur knochenaufbauender und knochenabbauender Zelltypen vor.

Die Analyse der Genexpression der Osteoblastenmarker ALP, BSP II, OC, RANKL und der Osteoklastenmarker TRAP, CALCR, VTNR, CTSK wurde zum Tag 42/28 der Cokultivierung von hMSC/hOb und hMz/hOk auf den zweiphasigen und dreiphasigen Xerogelen durchgeführt (siehe Abbildung 5.73 und Tabelle 5.4).

5.5. In vitro-Biokompatibilität der Kompositxerogele

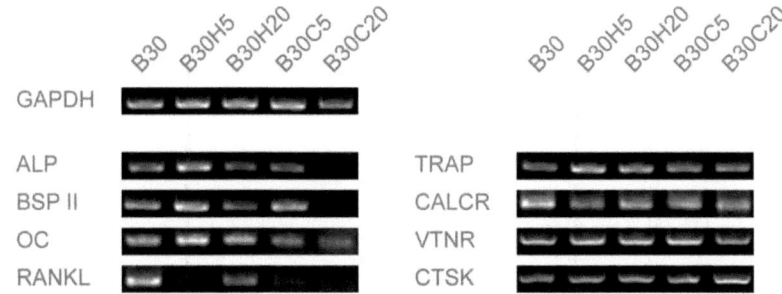

Abb. 5.73: Fotografie der Agarosegele zur Bestimmung der Genexpression der Osteoblastenmarker ALP, BSP II, OC, RANKL, der Osteoklastenmarker TRAP, CALCR, VTNR, CTSK und des *housekeeping*-Gens GAPDH nach 28-tägiger Kokultivierung von hMSC/hOb und hMz/hOk auf den zwei- und dreiphasigen Xerogelen.

Tab. 5.4: Semiquantitative Auswertung der Genexpression der Cokultur von hMSC/hOb und hMz/hOk nach Tag 42/28 auf den zwei- und dreiphasigen Xerogelen. Die Expressionslevel aller Marker wurden auf die der GAPDH normiert und die Werte der Proben untereinander auf den jeweils höchsten relativiert.

Gen	B30	B30H5	B30H20	B30C5	B30C20	Gen	B30	B30H5	B30H20	B30C5	B30C20
ALP	1,0	0,8	0,5	0,6	0,1	TRAP	0,7	1,0	0,8	0,7	1,0
BSP II	0,9	1,0	0,5	0,9	0,0	CALCR	1,0	0,5	0,6	0,7	1,0
OC	0,9	1,0	0,8	0,6	0,9	VTNR	1,0	1,0	0,9	1,0	1,0
RANKL	1,0	0,1	0,4	0,1	0,2	CTSK	0,6	0,5	0,6	0,5	1,0

Wie die Matrix zeigt, finden sich die stärksten Signale für die Osteoblastenmarker auf dem zweiphasigen Xerogel. Die Intensität nimmt mit zunehmendem CPP-Anteil bei den dreiphasigen Xerogelen ab. Die Genexpression der ALP ist bei B30 am höchsten und fällt mit zunehmendem Anteil der CPP bei den dreiphasigen Xerogelen ab. Dies steht im Einklang mit den zum selben Zeitpunkt biochemisch nachgewiesenen ALP-Aktivitäten (vgl. Abbildung 5.71). Die gleichen Verhältnisse werden bei den späten Osteoblastenmarkern BSP II und OC festgestellt, wobei zwischen B30 und B30H5 kaum Unterschiede bestehen. RANKL wird auf B30 und B30H20 am stärksten detektiert. Bei den Osteoklastenmarkern fallen die Unterschiede zwischen den Probenmodifikationen geringer aus. Hier finden sich bei allen Proben die charakteristischen Gene. Der erfolgreiche Nachweis der Gene für TRAP, CALCR und CTSK unterstreicht wiederum die allein durch die Aktivität der Osteoblasten initiierte Differenzierung der hMz zu Osteoklasten. Die Zusammensetzung der Xerogele und die damit verbundene Beeinflussung der Zellumgebung hat auf diesen

Vorgang und die anschließende Aktivität der Osteoklasten offensichtlich kaum Einfluss. CTSK ist eine Protease die vorwiegend von Osteoklasten im Resorptionsprozess gebildet und von der *ruffled border* in die Resorptionszone sekretiert wird [WPSB09]. Es ist die hauptsächlich für den Abbau von Kollagen Typ I und nichtkollagener Proteine verantwortliche Protease. Das ebenfalls nachgewiesene Gen für den VTNR gilt ebenfalls als Osteoklastenmarker, wurde in der Literatur vereinzelt aber auch bei anderen Zelltypen, z. B. hMSC, gefunden [SCP+03]. Die in dieser Gegenüberstellung erkennbaren Unterschieden zwischen den Probenmodifikationen können nicht ausschließlich als unterschiedliche Expressionslevel der einzelnen Zellen gewertet werden. Unter der Voraussetzung, dass die jeweiligen Vorläufer wie beabsichtigt differenziert sind und da sich die für die PCR-Analyse eingesetzte mRNA aus beiden Zelltypen zusammensetzt, spiegeln die Bandenintensitäten vielmehr die jeweilige Zellpopulation, also das Osteoblasten/Osteoklasten-Verhältnis wider. Dieses verschiebt sich aufgrund der Daten somit offensichtlich mit steigendem CPP-Anteil zugunsten der Osteoklasten.

5.5.3.1 Mikroskopie der Osteoklasten in Monokultur

Die im vorangegangenen Abschnitt dargelegten Ergebnisse der biochemischen Untersuchungen belegten die Differenzierung von Monozyten zu Osteoklasten. Die Identifizierung von Osteoklasten mittels mikroskopischer Methoden basiert auf deren charakteristischen morphologischen Merkmalen. Nach 28-tägiger Kultivierung von osteoklastär induzierten hMz in Monokultur auf dem zweiphasigen Xerogel B30, ließen sich mittels cLSM die Osteoklasten als mehrkernige Zellen rundlicher Morphologie mit charakteristischem Aktinring (*ruffled border*) erkennen (siehe Abbildung 5.74). Dieser schließt die Resorptionszone

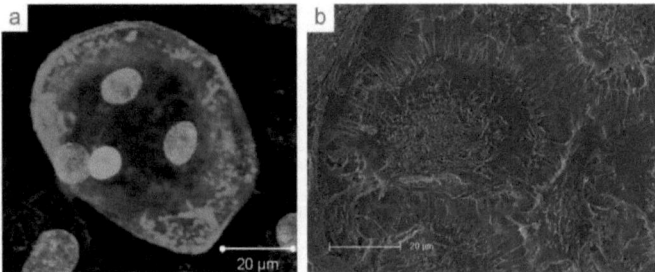

Abb. 5.74: CLSM-Zweikanalaufnahme (Zellkerne sind blau, Zellaktin grün dargestellt) und REM-Aufnahme eines Osteoklasten nach 28-tägiger Kultivierung auf dem zweiphasigen Xerogel B30.

(*sealing zone*) des Osteoklasten ein, in die Säure und Enzyme sekretiert werden, um das Material der Unterlage abzubauen [SLF+04]. Der exemplarisch dargestellte Osteoklast ist

5.5. In vitro-Biokompatibilität der Kompositxerogele

aus der Fusionierung von vier Monozyten (vier Zellkerne erkennbar) hervorgegangen und hat einen Durchmesser von etwa 50 µm. Als Punkte lassen sich im Inneren der Zelle die als Bestandteil des Adhäsionsapparats fungierenden Podosomen erkennen. Am äußeren Rand sind zudem dünne Filopodien zu sehen. Dabei bildet ein Intermembran-Integrin den Vermittler zwischen den EZM-Proteinen und den intrazellularen Aktin-Mikrofilamenten. Diese binden an Integrine mittels komplexer fokaler Adhäsionskontakte, die verschiedene Proteine enthalten [LTH+89]. Der in den rasterelektronenmikroskopischen Analysen ermittelte mittlere Durchmesser der Zellen stimmt gut mit dem der cLSM überein. Der Aktinring und die Zellkerne lassen sich zwar nicht erkennen, dafür aber wieder die an den Zellrändern für das Adhäsionsverhalten charakteristischen Filopodien und die charakteristische Bläschenbildung auf der Zelloberfläche [DMZ08].

In einigen Fällen fanden sich auf den Proben Agglomerate von Monozyten und Osteoklasten, die vermutlich aus dem Besiedlungsvorgang resultieren. In Abbildung 5.75 ist die cLSM-Aufnahme eines solchen Agglomerates als Einzelkanäle (a-c) und als deren Überlagerung zum Mehrkanalbild (d) dargestellt. In den Aufnahmen lassen sich Monozyten in

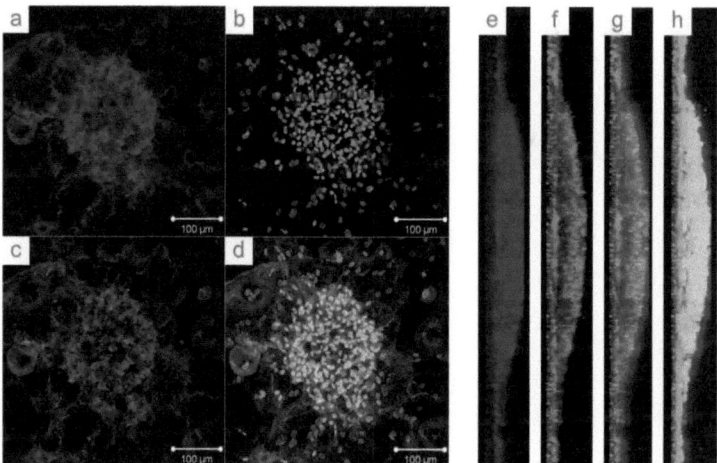

Abb. 5.75: CLSM-Aufnahme eines Monozyten/Osteoklasten-Agglomerates nach 28-tägiger Kultivierung auf dem zweiphasigen Xerogel B30. Dargestellt sind Zellaktin (a, rot), Zellkerne (b, blau), TRAP (c, grün), Überlagerung derselben (d) sowie Orthodarstellungen (e-h) eines horizontal und vertikal mittigen Schnittes durch das Agglomerat.

verschiedenen Entwicklungsstadien zum Osteoklasten erkennen. Während sich in der Mitte des Agglomerates eine hohe Dichte einkerniger Osteoklastenvorläufer findet, haben sich am Rand bereits zahlreiche große multinukleare Osteoklasten gebildet. Ein Grund dafür kann die unterschiedliche Mobilität der Zellen und die damit verbundene Möglichkeit zur kontrollierten Zellfusion sein. In der Projektion in die Ebene scheinen die Aktinfärbung und die TRAP-Färbung zunächst die gleichen Strukturen abzubilden, aber durch die Orthodarstellung werden Unterschiede deutlich. Die rote Fluoreszenz des Aktins verteilt sich praktisch gleich über den gesamten Agglomeratbereich, wohingegen sich die TRAP lokal konzentriert. Eine genauere Analyse dieses Sachverhalts wurde anhand der Mikroskopie mehrerer Osteoklasten durchgeführt (siehe Abbildung 5.76). Dabei zeigte sich, dass sich

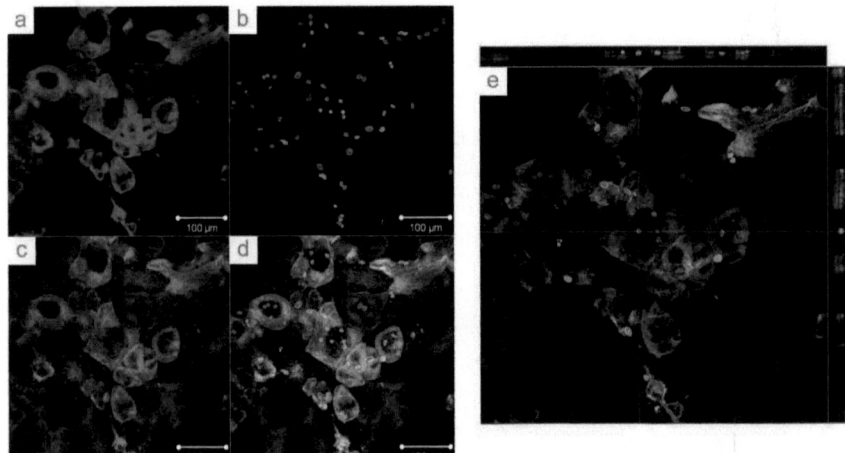

Abb. 5.76: CLSM-Aufnahme mehrerer Osteoklasten nach 28-tägiger Kultivierung auf dem zweiphasigen Xerogel B30. Dargestellt sind Aktin (a, rot), Zellkerne (b, blau), TRAP (c, grün), Überlagerung derselben (d) sowie ein mittiger Schnitt mit entsprechender Orthodarstellung (e).

die TRAP im Bereich des Aktins konzentriert, zusätzlich aber auch punktuell verteilt über die gesamte Probenoberfläche zu finden ist. Dieser Anteil kommt dadurch zustande, dass nur ein Teil dauerhaft an die Zellen gebunden ist, ein weiterer Teil aber auch von den Zellen ins Medium freigesetzt wird [Imm10]. Die Orthodarstellung zeigt darüber hinaus, dass die im Bereich der Zellen nachgewiesene TRAP, in der Höhe gesehen, unter dem Aktin der entsprechenden Zellen lokalisiert ist.

Der Einfluss der Zusammensetzung der Xerogele auf die Osteoklastogenese ist anhand der cLSM-Aufnahmen in Abbildung 5.77 zu sehen. Anhand des rot dargestellten Aktins lässt sich erkennen, dass sich auf allen Xerogelen multinukleare Osteoklasten gebildet haben, deren mittlere Größe aber je nach Probenzusammensetzung variiert. Während sich auf dem zweiphasigen Xerogel wenige große Osteoklasten mit zahlreichen Kernen befinden, ist beispielsweise die Probe B30C20 gleichmäßig und fast vollständig von kleineren

5.5. In vitro-Biokompatibilität der Kompositxerogele

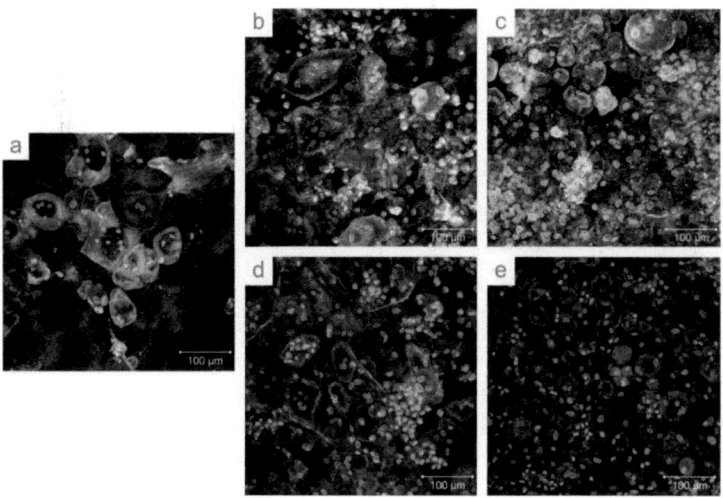

Abb. 5.77: CLSM-Dreikanalaufnahmen (Zellkerne sind blau, Zellaktin rot und TRAP grün dargestellt) von osteoklastär induzierten hMz nach 28 Tagen Kultivierung auf dem zweiphasigen (a) und den dreiphasigen Xerogelen mit 5 % und 20 % HAP (b, c) bzw. CPC (d, e).

Osteoklasten mit weniger Zellkernen pro Osteoklast bedeckt. In allen Fällen ist der Aktinring gut ausgeprägt. Wie auch bei der biochemischen Untersuchung nimmt die Intensität der grün dargestellten TRAP offenbar mit steigendem CPP-Anteil in den Xerogelen ab.

5.5.3.2 Mikroskopie der Osteoblasten/Osteoklasten-Cokultur

Ziel der mikroskopischen Untersuchungen war es, zum einen grundlegende Erfahrungen zur morphologischen Identifizierung der Zellen des Knochenremodelling in Cokultur auf dem Biomaterial zu erlangen. Zum anderen sollte der biochemisch detektierte Einfluss der Zusammensetzung der Xerogele auf die beiden Zelltypen evaluiert werden. In Cokultur lassen sich die hMSC/hOb und hMz/hOk bei geringer Zelldichte mikroskopisch gut anhand der Morphologie des Aktins unterscheiden. Schwieriger wird dies, wenn die Zellen in mehrere Schichten übereinander gewachsen sind. Wie die Aufnahmen in Abbildung 5.78 zeigen, kann zusätzlich das Erscheinungsbild der Zellkerne zur Analyse herangezogen werden. In diesem Beispiel ist ersichtlich, dass die Zellkerne der hMSC/hOb verhältnismäßig groß sind und durch die Verteilung der angefärbten DNA schwächer fluoreszieren. Im Gegensatz dazu konzentriert sich die DNA der hMz/hOk in einem kleineren Zellkern, der dadurch stärker fluoresziert. Die absolute DNA-Menge pro Zellkern unterscheidet sich bei den Zelltypen nicht.

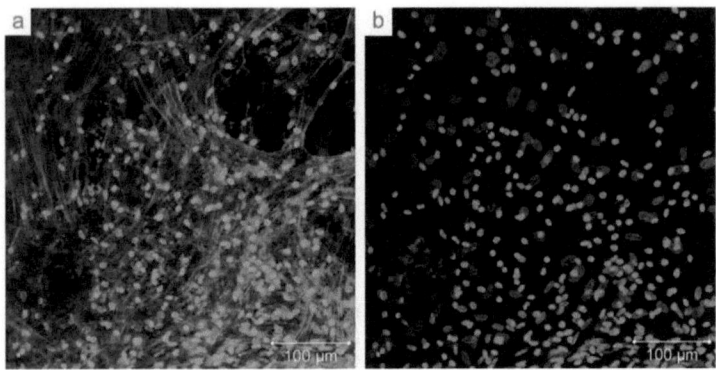

Abb. 5.78: CLSM-Zweikanalaufnahme (a) und -Einkanalaufnahme (b) der Kokultur von hMSC/hOb und hMz/hOk zum Tag 42/28 der Kultivierung auf dem zweiphasigen Xerogel B30. Dargestellt sind Zellkerne (blau) und Zellaktin (grün).

Die Ergebnisse der Kokultur zum Kultivierungszeitpunkt Tag 42/28 sind in Abhängigkeit von der Probenzusammensetzung in Abbildung 5.79 dargestellt. Auf dem zweiphasigen Xerogel lassen sich vor allem ausgespreitete Osteoblasten erkennen, die teilweise

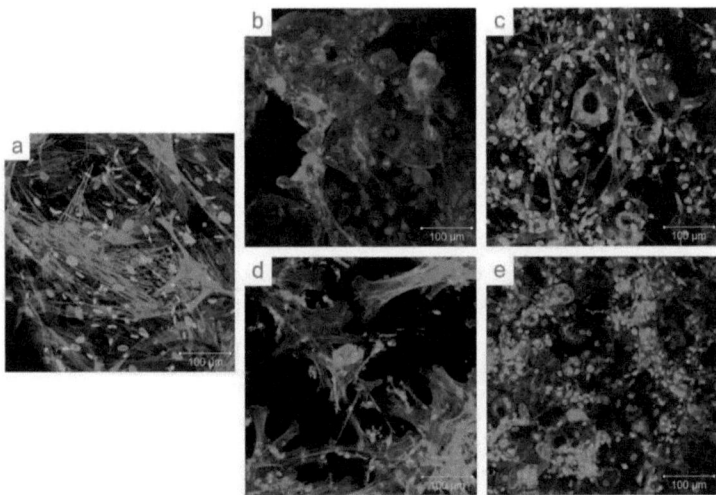

Abb. 5.79: CLSM-Dreikanalaufnahmen (Zellkerne sind blau, Zellaktin grün und CD68 rot dargestellt) der Kokultur von hMSC/hOb und hMz/hOk zum Tag 42/28 der Kultivierung auf dem zweiphasigen (a) und den dreiphasigen Xerogelen mit 5 % und 20 % HAP (b, c) bzw. CPC (d, e).

5.5. In vitro-Biokompatibilität der Kompositxerogele

übereinander wachsen. Osteoklasten hingegen lassen sich aufgrund des dichten Zellrasens nur schwer finden. Mit zunehmendem CPP-Gehalt in den Xerogelen verschiebt sich das Osteoblasten/Osteoklasten-Verhältnis zugunsten der Osteoklasten, was gut mit den biochemischen Daten der Proliferationsanalyse korreliert. Auf den zweiphasigen Xerogelen und den dreiphasigen Xerogelen mit HAP wurden zudem vereinzelt CD68-positive Zellen nachgewiesen. CD68 gehört zur Familie der sauren, hoch glykosylierten lysosomalen Glykoproteine. In gewissem Umfang findet man CD68 auf der Oberfläche von Makrophagen, Monozyten, Neutrophilen, Basophilen, großen Lymphozyten und dendritischen Zellen [TFF+02]. Letztere können neben Osteoklasten ebenfalls aus Monozyten hervorgehen und weisen eine spindelförmige Morphologie auf, wie sie sich im vorliegenden Fall darstellt.

Die gleichen Probenzustände, mit Anfärbung der TRAP anstelle des CD68, sind in Abbildung 5.80 gegeneinander gestellt. Wie bereits bei der hMz/hOk-Monokultur ist auch

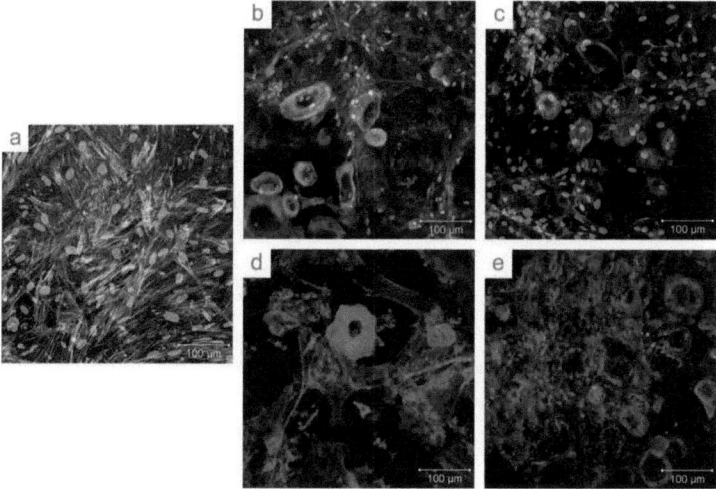

Abb. 5.80: CLSM-Dreikanalaufnahmen (Zellkerne sind blau, Zellaktin rot und TRAP grün dargestellt) der Cokultur von hMSC/hOb und hMz/hOk zum Tag 42/28 der Kultivierung auf dem zweiphasigen (a) und den dreiphasigen Xerogelen mit 5 % und 20 % HAP (b, c) bzw. CPC (d, e).

in Cokultur die grün dargestellte TRAP vor allem auf dem zweiphasigen Xerogel und den dreiphasigen Xerogelen mit geringem CPP-Anteil zu finden.

Die Visualisierung der Zellen mittels REM kann im Gegensatz zur cLSM ausschließlich aufgrund morphologischer Merkmale erfolgen. In den Teilbildern a und b der Abbildung 5.81 ist die Probenoberfläche des zweiphasigen Xerogels zum Tag 42/28 der Kultivierung zu sehen. Die Osteoblasten haben die gesamte Probe mit einer dichten, glatt erscheinenden Zellschicht überzogen. Die höhere Vergrößerung zeigt Strukturen, die auf die Produktion von extrazellulärer Matrix hinweisen. Osteoklasten sind hingegen nicht zu erkennen. Im

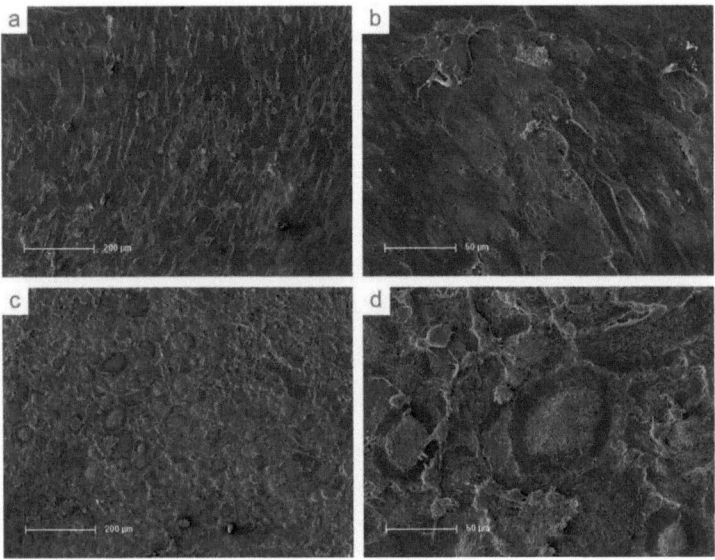

Abb. 5.81: REM-Aufnahmen der Cokultur von hMSC/hOb und hMz/hOk zum Tag 42/28 der Kultivierung auf dem zweiphasigen Xerogel (a, b) bzw. dem dreiphasigen Xerogel mit 20 % CPC (c, d).

Vergleich dazu ist in den Teilbildern c und d die Probenoberfläche der Probe B30C20 zum selben Versuchszeitpunkt dargestellt. Hier heben sich die Osteoklasten aufgrund ihrer typischen runden Morphologie klar aus dem Zellrasen ab. Insgesamt ergänzen sich die Visualisierungen mittels cLSM und REM gut und liefern in der Summe nützliche Informationen zur Unterstützung der quantitativen biochemischen Messmethoden.

5.5.4 Diskussion zur *in vitro*-Biokompatibilität

Es ist allgemein bekannt, dass sowohl schmelztechnisch als auch mittels Sol-Gel-Technik hergestellte bioaktive Gläser eine gute Biokompatibilität gegenüber Zellen des Knochenremodellierungsprozesses aufweisen [HP02]. Die Arbeiten, die sich mit Sol-Gel-Varianten dieser Materialien beschäftigen, berichten über Stabilitätsprobleme während des Trocknungsvorgangs oder wenn die Proben erneut in flüssige Medien gegeben werden. In diesen Fällen wurden die Experimente zur Bestimmung der Biokompatibilität in der Regel

5.5. In vitro-Biokompatibilität der Kompositxerogele

durchgeführt, indem die Zellen mit Extrakten oder Pulvern dieser Gläser kultiviert oder die Gele im Vorfeld durch Wärmebehandlungsschritte thermisch stabilisiert bzw. gesintert wurden [PJH05]. Das betrifft teilweise Calciumphosphate die mit Silikat substituiert wurden, besonders aber Silikate die mit Calcium angereichert wurden. In der vorliegenden Arbeit führte die Kompositbildung von Silikat und Kollagen mit definierten Anteilen an CPP zu Xerogelen, die auch ohne Wärmebehandlung für die direkte Besiedlung mit Zellen und eine Langzeitkultivierung geeignet waren. Die dabei entstandene und durch die Untersuchungen belegte Situation zur Zell-Material-Wechselwirkung ist schematisch in Abbildung 5.82 dargestellt.

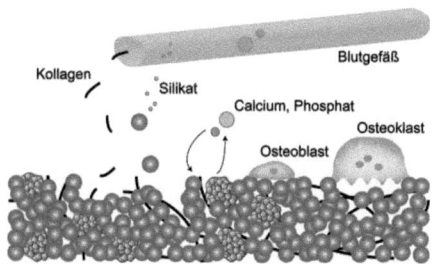

Abb. 5.82: Schematische Darstellung der Wechselwirkung des dreiphasigen Xerogels mit seiner Umgebung. Zusätzlich zur in vitro untersuchten Situation ist ein Blutgefäß eingezeichnet.

Die Testung neuer Sol-Gel-Gläser oder Silikat-substituierter Calciumphosphate für den Knochenersatz konzentriert sich zum überwiegenden Teil auf Untersuchungen mit Osteoblasten und ihren Vorläufern [MD87, HP02, BBB[+]06, MTR[+]07, KLLO08]. Die dabei durchweg positiven Ergebnisse werden häufig der Silikatphase und ihren Degradationsprodukten zugeschrieben, da Silizium ein essenzielles Element für die Bildung gesunden Bindegewebes und Knochens ist [Sch78, PRSS07]. Es unterstützt in ionischer Form oder in Form von Kieselsäure die Kollagensynthese [GKEG07] sowie die Adhäsion [BPK[+]09], Proliferation [HJB[+]05, BPK[+]09], Differenzierung (erhöhte Expression osteoblastärer Markergene wie Osteocalcin, Osteopontin) und Mineralisierung von Knochenzellen [ROJ[+]03, VPGL04, GKEG07, LASG[+]09, WBG09]. Es erhöht die Produktion von Wachstumsfaktoren infolge dessen die Knochenbildung stimuliert wird [ZG00] und beschleunigt die Expression von Genen, die die Osteogenese und die Produktion von Wachstumsfaktoren regulieren [ZG00, XEB[+]00, XHB[+]00, XEB[+]01]. Darüber hinaus haben Chou et al. [CABC[+]98] einen osteogenen Effekt von löslichem Silikat in vivo nachgewiesen. HMSC können sogar ganze Silikatnanopartikel internalisieren, ohne dass Zellviabilität, Proliferation und Differenzierung beeinträchtigt werden [CWY[+]07].

Auf für die in der vorliegenden Arbeit entwickelten Kompositxerogele konnte eine gute

Biokompatibilität bestätigt werden. Die ausgesiedelten hMSC adhärierten, proliferierten und differenzierten bei Kultivierung im großen Mediumvolumen. Der Nachweis der osteogenen Differenzierung erfolgte durch den biochemischen Nachweis der ALP-Aktivität, den Nachweis der Markergene für ALP, BSP II und OC auf Transkriptionsebene sowie durch qualitative cLSM und REM. Die Masseabnahme der Xerogele und der entsprechende biochemische Nachweis in der Degradationsstudie belegten unabhängig von der Probenzusammensetzung die Freisetzung von Silikat in der Größenordnung von ca. 100 mg/ml, so dass die genannten positiven Einflüsse auf die Zellen möglich sind. In einer Studie mit murinen Zellen wurde nachgewiesen, dass bei derartigen Konzentrationen die Osteoblastenaktivität stimuliert wird, während die Entwicklung von Osteoklasten bei mehr als 30 ppm inhibiert wird [PRSS07].

Bezüglich der positiven Bewertung des Silikats in der Literatur wurde vor allem von *M. Bohner* kritisch angemerkt, dass nicht nur die Silikatfreisetzung, sondern auch die Calciumfreisetzung von Proben zu positiven Ergebnissen führen kann [Boh09]. Dessen Einfluss wurde bisher jedoch selten beachtet. *Zhou et al.* [ZWW+10] haben beispielsweise bei Versuchen mit murinen Präosteoblasten (MC3T3-E1) auf wärmebehandelten Silikatxerogelen mit 0-15 % Calcium festgestellt, dass das Calcium im Xerogel eine wichtige Rolle für die Osteoblastenaktivität (Proliferation, Differenzierung, Genexpression) spielt. Zwar wiesen alle Modifikationen eine gute Biokompatibilität auf, die ALP-Aktivität der Zellen nahm mit steigendem Calciumgehalt in der Probe aber ab. Auch in der vorliegenden Arbeit wurden mit steigendem Calciumanteil in den Xerogelen verringerte Proliferationsraten, ALP-Aktivitäten und Genexpressionen osteogener Marker festgestellt. Diese Effekte konnten direkt mit der zunehmenden Bioaktivität der Xerogele und der damit verbundenen Verarmung des Mediums an Calcium in Verbindung gebracht werden. Nach *Bertazzo et al.* [BZC+10] führt die Mineralisierung einer HAP-haltigen Oberfläche zuerst zu einer Lösung der CPP, gefolgt vom Einstellen eines Gleichgewichts. Diese Prozesse vollziehen sich während die Zellen auf der Oberfläche adhärieren, proliferieren und differenzieren. Bei Versuchen mit Präosteoblasten hat sich gezeigt, dass die Zellen in Abhängigkeit von der Calciumphosphatphase die sich gerade auf der Oberfläche befindet unterschiedlich adhärent sind [BZC+10].

Der Erfolg eines Knochenersatzmaterials hängt jedoch nicht ausschließlich vom Zellverhalten der matrixproduzierenden Osteoblasten ab. Gleichermaßen von Bedeutung sind die resorbierenden Osteoklasten, deren Aktivität wiederum von den Osteoblasten beeinflusst wird. Die koordinierte Wechselwirkung zwischen beiden Zelltypen ist wichtig für einen im Gleichgewicht stehenden Knochenremodellierungsprozess, im Rahmen dessen in der Regel eine Umwandlung des Knochenersatzmaterials in natürlichen Knochen angestrebt wird. Es existieren bisher nur wenige Berichte über die erfolgreiche Formierung von

5.5. In vitro-Biokompatibilität der Kompositxerogele

Osteoklasten bei direkter Kultivierung auf Knochenersatzmaterialien *in vitro*. Gelungen ist dies bisher vor allem bei Kultivierung von CD14-positiven Präkursoren [SPBR09], murinen Monozyten [NN09] und humanen Monozyten [DMZ08] auf HAP-Proben. *Perrotti et al.* [PNHP09, PNP09] haben erfolgreich mononukleare Zellen des peripheren Blutes (PBMC, *Peripheral Blood Mononuclear Cells*) auf einem xenogenen KEM equinen Ursprungs zu Osteoklasten differenziert. Die Differenzierung von Osteoklastenvorläufern aus dem Minischwein in mineralisierten resorbierbaren Polymerschäumen wurde von *Nakagawa et al.* [NAS+04] durchgeführt und mikroskopisch belegt. Bei Versuchen zur Differenzierung von PBMC und CD14-positiven Präkursoren auf Silikat-substituiertem HAP wurde der Einfluss des Silikatgehalts untersucht [BBS+06]. Dabei wurde eine erhöhte Osteoklastenaktivität – detektiert anhand der durch Resorption bewirkten Calciumfreisetzung in das Medium – bei den Proben mit höherem Silikatgehalt nachgewiesen. Bisherige Untersuchungen legen nahe, dass Bioglas selbst nicht durch Osteoklasten resorbiert wird [WPH+06].

In der vorliegenden Arbeit ist die Differenzierung von hMz zu hOk in Monokultur durch Zugabe von M-CSF und RANKL direkt auf den Kompositxerogelen gelungen. Wichtige Voraussetzungen für die Osteoklastogenese waren dabei die Biokompatibilität des Materials, eine ausreichende initiale Zelldichte und die Möglichkeit für die Monozyten auf der Probe zu migrieren. Auf den zweidimensionalen Oberflächen hatten die Zellen eine gute laterale Bewegungsfreiheit, was zur Bildung großer Kolonien und der Bildung multinuklearer Osteoklasten führte. Mikroskopisch konnten die Osteoklasten gut anhand der Mehrkernigkeit und dem charakteristischen Aktinring, der die Resorptionszone kennzeichnet, identifiziert werden. Die Kombination von cLSM und REM war dabei besonders geeignet, um gleichzeitig die Morphologie, Verteilung und Orientierung der Zellen sowie die Topografie der Probe selbst sichtbar zu machen. Der Phänotyp dieser Zellen wurde darüber hinaus mikroskopisch, biochemisch und auf Transkriptionsebene durch den Nachweis von TRAP bestätigt. Diese wird vorrangig von Osteoklasten während der Resorptionsphase sezerniert [KCF06]. Die in einigen Fällen geschilderte Anreicherung von TRAP in die Resorptionszone im Bereich des Aktinrings konnte in der vorliegenden Arbeit mittels cLSM durch Orthodarstellung bestätigt werden [RWERA90]. Der fluoreszenzmikroskopische Nachweis von TRAP in Form punktueller Agglomerate auf der Probe resultiert aus der natürlichen Freisetzung durch die Osteoklasten in das Medium. Es existieren zwei Isoformen von TRAP. Dabei ist TRAP 5a ein intaktes Protein und TRAP 5b eine Untergruppe, die aus posttranslationaler Modifizierung eines gemeinsamen Genprodukts resultiert. Während TRAP 5a auch von Makrophagen und dendritischen Zellen sezerniert wird, findet man TRAP 5b vorwiegend bei Osteoklasten [Hay08]. Sowohl die Fluoreszenzmikroskopie als auch die Genexpressionsanalyse können im vorliegenden Fall nicht zwischen beiden

Formen unterscheiden. Der Nachweis von TRAP 5b konnte aber erfolgreich auf biochemischem Weg mithilfe eines spezifischen Assays erbracht werden. Es existieren darüber hinaus gegensätzliche Berichte, nach denen sich die TRAP negativ [Hay08] oder auch positiv [SSM+03] auf die Osteoblastenaktivität auswirken kann. Da in der vorliegenden Arbeit auf den Proben B30, auf denen biochemisch die höchste TRAP-Aktivität gemessen wurde, auch die meisten hMSC/hOb nachgewiesen wurden, kann eher letzterer Fall bestätigt werden. Morphologisch wurde die Osteoklastenaktivität in einigen Arbeiten auf sehr glatten Oberflächen (z. B. polierter HAP, Dentinslices) anhand von Resorptionslakunen nachgewiesen [SPBR09]. Auf den in dieser Arbeit entwickelten Xerogelen konnten solche nach Abtrypsinieren der Zellen aufgrund der Rauheit der Oberfläche nicht eindeutig nachgewiesen werden. Einige Studien berichten, dass die Osteoklastogenese durch HAP-Partikel induziert werden kann [SLH+99, SPD+01]. Vor allem bei den dreiphasigen Xerogelen kann das auch für den vorliegenden Fall gelten. Es ist davon auszugehen, dass bei deren Degradation die zuvor eingebetteten CPP freigesetzt werden und mit den Zellen in Kontakt kommen.

Die Expression von RANKL durch die Osteoblasten innerhalb des *cross talk* ist eine ganz wesentliche Voraussetzung für die Osteoklastenbildung und eine ausgewogene Knochenremodellierung [STU+99]. Die Arbeiten, die über Kokulturen von Osteoblasten und Osteoklasten berichten, basieren dabei auf sehr unterschiedlichen Voraussetzungen. Zahlreiche Autoren berichten von erfolgreichen Kokulturen aus Osteoblastenzellinien oder primären Osteoblasten mit PBMC oder isolierten Monozyten murinen oder humanen Ursprungs, wobei M-CSF und RANKL teilweise extra zugegeben wurden [JMM+09, GKRSW09, BVSE09]. Im Gegensatz dazu gibt es nur wenige Studien zur Verwendung von mesenchymalen Stammzellen. So haben *Nakagawa et al.* [NAS+04] eine Ob/Ok-Kokultur aus porcinen mesenchymalen Stammzellen (aus Knochenmark) und porcinen hämatopoetischen Zellen (ebenfalls aus Knochenmark) entwickelt. *Mbalaviele et al.* [MJM+99] haben eine Ob/Ok-Kokultur aus hMSC und hPBMC auf PS untersucht. Dabei wurde gezeigt, dass auch undifferenzierte hMSC die hPBMC zur Differenzierung zu Osteoklasten anregen können. *Domaschke et al.* [DGB+06] haben eine Cokultur aus humanen Monozyten und murinen Osteoblasten auf mineralisiertem Kollagen angelegt. Die Differenzierung muriner Osteoklastenvorläufer in einer porösen siliziumstabilisierten Keramik wurde von *Tortelli et al.* [TPL+09] in einer Cokultur mit murinen Osteoblasten untersucht. Im Vordergrund dieser Studien standen meist Untersuchungen zum *cross talk* unabhängig vom Substratmaterial. Dessen Einflüsse können jedoch auch als wichtiger Indikator hinsichtlich der Wirkung von Biomaterialien auf das Gleichgewicht zwischen knochenabbauenden und aufbauenden Zellen im Remodellierungsprozess dienen [VGGMV08]. In der Literatur ist zudem bekannt, dass das Zellverhalten auf einem Biomaterial nicht nur von

5.5. In vitro-Biokompatibilität der Kompositxerogele

dessen physischen Eigenschaften wie Porosität und Rauheit abhängt, sondern auch von den chemischen Eigenschaften, vor allem wenn Ionen freigesetzt oder gebunden werden [LSL+04]. Diese Zusammenhänge wurden für die zweiphasigen und dreiphasigen Xerogele in der vorliegenden Arbeit anhand einer humanen Osteoblasten/Osteoklasten-Cokultur bestätigt. Die Untersuchungen haben ergeben, dass auf allen Xerogelen prinzipell sowohl hMSC zu Osteoblasten differenzieren können als auch hMz zu multinuklearen Osteoklasten fusionieren und differenzieren. Wenn aber durch Kultivierung im kleinen Mediumvolumen die Wechselwirkung der Probe mit seiner Umgebung intensiviert wurde, zeigte sich, dass vor allem die vom Material beeinflusste Calciumionenkonzentration deutlichen Einfluss auf das Verhalten der Zellen hat. Das Verhältnis der Zellzahlen von hOb/hOk variierte in Abhängigkeit vom CPP-Anteil der Xerogele und der damit verbundenen Bioaktivität. Belegt wird dies durch biochemische, molekularbiologische und mikroskopische Methoden. Die Ergebnisse legen nahe, dass vor allem die Proliferation der hMSC/hOb mit steigender Bioaktivität abnimmt. So wurden auf den dreiphasigen Xerogelen mit hohem CPP-Anteil, die aufgrund ihrer hohen Bioaktivität dem Zellkulturmedium praktisch das gesamte Calcium entziehen, die niedrigsten Zellzahlen für die hMSC/hOb registriert. Die Differenzierung der hMz ist prinzipiell auf allen Probenmodifikationen erfolgreich verlaufen. Die Bildung multinuklearer Osteoklasten ist zudem auf die Fusionierung angewiesen. Die dazu notwendige freie Beweglichkeit ist auf den Proben mit hohen Zelldichten an hMSC/hOb eingeschränkt. Auf den Xerogelen mit hohem CPP-Anteil konnten die hMz wesentlich freier migrieren und somit, wie mikroskopisch nachgewiesen, auf der gesamten Xerogeloberfläche aneinandergereiht große multinukleare Osteoklasten bilden. Trotz der geringen Proliferationsfähigkeit der hMSC/hOb auf diesen Probentypen, exprimieren diese Populationen genug M-CSF und RANKL, um die im direkten Vergleich wesentlich größere Population an hMz zu hOk zu differenzieren. Über solche Beobachtungen, dass die von der Löslichkeit des Implantatmaterials beeinflusste Calciumionenkonzentration in der Implantatumgebung Auswirkungen auf Adhärenz, Proliferation und Differenzierung von Stammzellen, Osteoblasten und Osteoklasten hat, wurde auch von anderen Forschergruppen berichtet [PS07, MBD+08]. Wie *Detsch et al.* [DMZ08] beschreiben, verringert beispielsweise eine sehr hohe Calciumionenkonzentration, wie sie z. B. für TCP-basierte Materialien erhalten wird, die Resorptionsaktivität von Osteoklasten. Im Falle primärer Osteoblasten bewirkten Absenkungen der extrazellulären Calciumkonzentration beträchtlichen Stress für die Zellen, der zu reduzierter Proliferation und einer Inhibierung der weiteren Differenzierung führte [HRP+04]. Ähnliche Resultate wurden für mesenchymale Stammzellen berichtet [KDP+00]. Eine zu hohe Aufnahme divalenter Kationen, vor allem von Calcium, durch Biomaterialien reduziert die Viabilität der auf ihnen ausgesiedelten Zellen. *Malafaya und Reis* [MR09] sprechen hier sogar von zytotoxischem Verhalten ungesinterten HAPs in Verbundwerkstoffen infolge hoher Calciumbindungskapazität. Dabei spielt möglicherweise die interzelluläre Weitergabe von Calciumionen durch so genannte *gap junctions* eine wichtige Rolle, die vom Calciumioneneinstrom aus dem extrazellulären Raum abhängig ist. *Romanello et al.* [RD01] zeigten in ihren Arbeiten, dass die Reduktion der Calciumionenkonzentration im extrazellulären Raum zu einer Öffnung von *gap junctions* bei Osteoblasten und damit zu einer verstärkten Differenzierung führt. Daraus wurde abgeleitet, dass Biomaterialien über die Bindung oder Freisetzung von Calciumionen die *gap junction*-Kommunikation (GJC) in Osteoblasten direkt beeinflussen können. Auch bei Osteoklasten spielt die GJC offenbar eine große Rolle, denn eine Blockade derselben führt zu einer Abnahme der Mehrkernigkeit der fusionierten Zellen [SFL+08]. Weiterhin hat die extrazelluläre Calciumkonzentration einen wichtigen Einfluss auf die Calciumsensing-Rezeptoren, die in verschiedenen Formen auf Osteoblasten und Osteoklasten vorhanden sind [Qua97, QHS+97]. Eine hohe extrazelluläre Calciumkonzentration, z. B. am Implantationsort eines Knochenersatzmaterials, stimuliert den Knochenaufbau (anaboler Effekt) durch Förderung der Osteoblastenproliferation, während die Osteoklastogenese zurückgedrängt wird [DSW+04].

5.6 Erste Resultate zur *in vivo*-Biokompatibilität der Kompositxerogele

Nach dem Nachweis der Biokompatibilität der Xerogele *in vitro* wurden in einer am Universitätsklinikum Giessen von PD Dr. Dr. V. Alt (Klinik und Poliklinik für Unfallchirurgie, Universitätsklinikum Giessen-Marburg, Justus-Liebig-Universität Giessen, Direktor: Prof. Dr. Dr. R. Schnettler) durchgeführten Pilotstudie Xerogele mit der Zusammensetzung B30 (70 % Silikat, 30 % bovines Kollagen) bei Ratten sowohl mit physiologischem als auch mit osteoporotischem Knochenstatus implantiert. Dabei wurde ein neues Frakturdefektmodell angewendet, bei dem ein Frakturdefekt an der distalen Metaphyse des Oberschenkels gesetzt und mit dem Xerogel ausgefüllt wurde. Die Fraktur wurde mit einer Osteosythese durch eine Mini-T-Platte (Stryker, Schönkirchen) belastungsstabil versorgt. Diese Frakturdefektsituation entspricht den typischen metaphysären Defektfrakturen bei Osteoporose beim Menschen. Nach sechs Wochen Standzeit wurden die Tiere euthanasiert, die Oberschenkelknochen explantiert und verschiedene Analysen durchgeführt, von denen im Folgenden einige ausgewählte Ergebnisse vorgestellt werden. In den meisten Fällen verblieb das Implantat im distalen Femur und es zeigten sich beginnende knöcherne Einheilungsvorgänge. Bei einigen wenigen Tieren musste jedoch eine Luxation des Implantats aus dem Frakturdefekt festgestellt werden. Dies lässt sich vor allem auf den relativ großen Frakturdefekt und die nicht immer hundertprozentige geometrische Übereinstimmung des Defekts und des Implantats zurückführen. Zukünftig kann die Ausnutzung der Materialquellung (siehe Abschnitt 5.3.2 auf Seite 99) möglicherweise zur Realisierung eines Pressfits zur Optimierung der Einpassung des Implantats in den Frakturdefekt dienen. Makroskopisch waren keine Abstoßungs- bzw. Entzündungsreaktionen, die auf eine Bioinkompatibilität des Implantats hindeuten, zu beobachten.

Mittels Nano-CT (durchgeführt von Prof. A. C. Langheinrich, Universitätsklinikum Giessen) und DEC-MRT (durchgeführt von PD Dr. T. Bäuerle, Universitätsklinikum Heidelberg) wurde nachgewiesen, dass um das Implantat herum, in der Spaltzone zum Lagerknochen, rege Bindegewebe- und Blutgefäßbildung stattgefunden hat. Unterschiede zwischen den Versuchsgruppen wurden nicht festgestellt. Die histologischen Untersuchungen wurden von Prof. K. S. Lips (Labor für experimentelle Unfallchirurgie, Justus-Liebig-Universität Giessen) durchgeführt. Wie in Abbildung 5.83 zu sehen ist, lassen sich nebeneinander vorliegend bindegewebige Neubildung (Granulationsgewebe), Knorpel und neugebildeter Knochen identifizieren. Von den beiden erstgenannten ist auszugehen, dass sie sich ebenfalls in Knochen umwandeln. Im Frakturspalt um das Implantat befindet sich gefäß- und zellreiches Granulationsgewebe. An der Implantatoberfläche wird eine veränderte Implantatstruktur beobachtet, die durch den Abbau desselben bedingt ist. An die

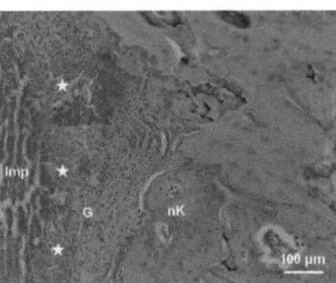

Abb. 5.83: Paraffinschnitt des Bereichs um die Grenzfläche zwischen Implantat und Umgebungsgewebe nach Toluidinblau-Färbung. Imp: Implantat, Stern: umgebautes Implantat, G: Granulationsgewebe, nK: neugebildeter Knochen

dünne, das Implantat umgebende Schicht aus Granulationsgewebe schließt sich direkt neu gebildeter Knochen an. Da das Implantatmaterial an sich keine Mikro- oder Makroporosität aufweist, wachsen erwartungsgemäß keine Blutgefäße ein. Der Heilungsprozess vollzieht sich vielmehr, indem das Implantatmaterial durch Makrophagen von der Oberfläche her resorbiert wird und vom Lagerknochen aus neuer Knochen in Richtung Implantat nachwächst.

Der Abbau des Implantatmaterials lässt sich gut anhand der Abbildung 5.84 nachvollziehen. Dazu wurde der Bereich um die Grenzfläche zwischen Implantat und Umgebungsgewebe mithilfe eines Mikrotoms herausgearbeitet und anschließend mittels TEM

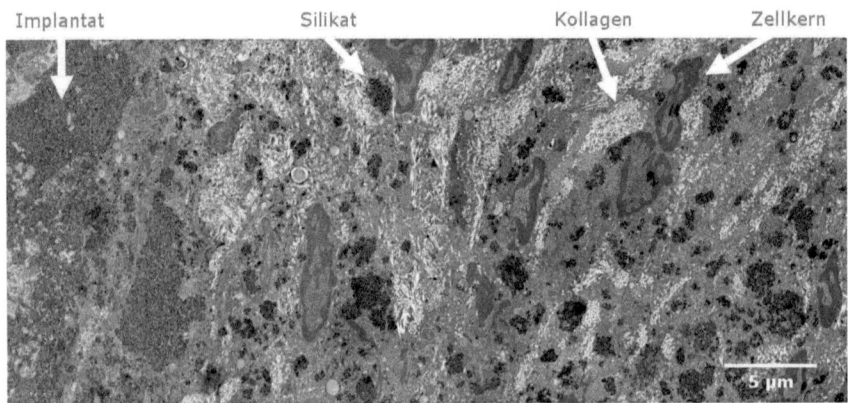

Abb. 5.84: TEM-Aufnahme des Bereichs um die Grenzfläche zwischen Implantat und Umgebungsgewebe.

5.6. Erste Resultate zur *in vivo*-Biokompatibilität der Kompositxerogele

untersucht. Diese Arbeiten wurden ebenfalls im Labor für experimentelle Unfallchirurgie durchgeführt. In der Aufnahme sieht man, dass die einzelnen Bestandteile des Kompositxerogels, das Silikat in Form von Agglomeraten und das Kollagen in Form von Fibrillenbündeln, aus der Implantatoberfläche herausgelöst und bereits von der Grenzfläche in das Umgebungsgewebe transportiert wurden. Der Materialabbau kann sowohl durch zellinduzierte Resorption als auch durch unspezifische Degradation erfolgen. Eine Unterscheidung der beiden Prozesse ist im vorliegenden Fall nicht möglich. Histologische Untersuchungen belegten außerdem die Präsenz TRAP-positiver Zellen (Osteoklasten) an der Grenzfläche zwischen dem Granulationsgewebe und dem neugebildeten Knochen. Der Nachweis von ED1, einem Marker, der äquivalent zum CD68 beim Menschen ist, bestätigt zudem das Vorliegen von Makrophagen. Beide Zelltypen sind offensichtlich in die Implantatresorption involviert. Die zwischen neugebildetem Knochen und dem Implantat histologisch nachgewiesene ALP wiederum ist ein Marker für Osteoblasten, womit auf Zellebene die Voraussetzungen für den natürlichen Knochenremodellierungsprozess gegeben sind.

6

Zusammenfassung und Ausblick

In der vorliegenden Arbeit ist es gelungen ein neuartiges Knochenersatzmaterial zu entwickeln und eingehend zu charakterisieren. Dazu wurden die Phasen Silikat und Kollagen in einem biomimetisch inspirierten Prozess zu einem Anorganik/Organik-Komposit verbunden. Calciumphosphatphasen konnten darüber hinaus als dritte Komponente hinzugefügt werden. Dafür wurden Herstellungsstrategien entwickelt, die Silikat in Form von Kieselsäure, Kollagen als hochkonzentrierte Suspension mit typischerweise 30 mg/ml in neutralem TrisHCl-Puffer und gegebenenfalls Calciumphosphat als Pulver zu homogenen Mischungen vereinten. Vor allem der pH-Wert der Mischung und die Komponentenkonzentrationen sowie -verhältnisse haben sich als wichtige Verfahrensparameter herausgestellt, die aber in der Regel nicht unabhängig voneinander sind und daher im Ganzen betrachtet werden müssen. Die Kompositbildung selbst wird vorrangig angetrieben von der Templatfunktion des Kollagens, an dem die Kieselsäure bevorzugt zu nanometergroßen Silikatpartikeln polymerisiert. Dadurch verkürzt sich die Gelbildungszeit der Silikatphase in der die Verarbeitung abgeschlossen sein muss auf bis zu unter eine Minute. Die Calciumphosphatphase spielt im Herstellungsprozess eine untergeordnete Rolle.

Als Zwischenprodukte wurden Komposithydrogele erhalten, deren Überführung in Xerogele in der Literatur als kritischer Schritt gilt, weil die dabei auftretenden Kapillarspannungen die Gelstruktur in der Regel irreversibel zerstören, wodurch das Material als Pulver oder Fragmente erhalten wird. Im vorliegenden Fall aber konnte die Gelfestigkeit in einem definierten Zusammensetzungsbereich durch die Kompositbildung und die kontrollierte Trocknung der Hydrogele bei typischerweise 37°C und 15 % r.F. so gesteigert werden, dass monolithische Proben von bis zu mehreren Kubikzentimetern Größe erhalten wurden. Diese konnten ohne weitere Verarbeitungsschritte einer Reihe von Untersuchungen zu mechanischen Eigenschaften, Bioaktivität, Degradabilität und Biokompatibilität unterzogen werden. Vor allem das ist ein wichtiger Unterschied gegenüber den bisher publizierten Arbeiten zu Sol-Gel-Gläsern.

Der Zusammensetzungsbereich, in dem die Proben als monolithische Kompositxerogele erhalten werden, setzt mindestens ca. 40 % Silikat, mindestens ca. 10 % Kollagen und maximal ca. 30 % Calciumphosphatphase voraus. Wenn weniger als der Mindestanteil an Silikat eingesetzt wird, nimmt der Xerogelcharakter deutlich ab. Wenn weniger als der Mindestanteil an Kollagen eingesetzt wird, ist das Material sehr spröde. Als Faserverstärkung, wie die organische Komponente in der Silikatmatrix aufzufassen ist, hat Tropokollagen kaum eine positive Wirkung auf die Gelfestigkeit. Kollagenfasern, wie sie nativ durch die mechanische Zerkleinerung von Häuten oder Schwarten erhalten werden, führen zu mikroporösen Xerogelen mit geringer Festigkeit. Am besten geeignet sind selbst assemblierte Kollagenfibrillen, deren recht einheitliche Größenverteilung zu besonders homogenen und kompakten Kompositxerogelen führt.

Das Gefüge der zweiphasigen Xerogele ist gekennzeichnet durch die gleichmäßige Einlagerung zufällig orientierter Kollagenfibrillen in die Silikatmatrix. Die Gefügebilder der Xerogele reichen vom Sprödbruch bei reinem Silikat bis zu einem ausgeprägten Verformungsbruch bei steigenden Kollagenanteilen. Bei den dreiphasigen Xerogelen wird zusätzlich die CPP physikalisch in das Silikat/Kollagen-Netzwerk eingelagert. Da die Xerogele als Vollmaterialien erhalten werden, die auch eine spanabhebende Bearbeitung zulassen, konnten erstmals umfassende Untersuchungen zu den mechanischen Eigenschaften eines nicht thermisch nachbehandelten Komposits auf Sol-Gel-Silikat-Basis durchgeführt werden. In Übereinstimmung mit den charakteristischen Gelgefügen zeigte sich sowohl im Druckversuch als auch im Versuch zur Bestimmung der Spaltzugfestigkeit der enorme Einfluss der Probenzusammensetzung auf die Werkstoffkennwerte. So konnten beispielsweise Trockenfestigkeiten von bis zu ca. 200 MPa im Druck und ca. 13 MPa im Zug erreicht werden. Die Inkubation der Xerogele in physiologischer Lösung und die damit verbundene Quellung führte erwartungsgemäß zu einem Abfall der Kennwerte. In diesem Zustand lagen Elastizitätsmodul, Druck- und Zugfestigkeit der zwei- und dreiphasigen Xerogele zwischen den für humane Spongiosa und Kortikalis bekannten Vergleichswerten. Damit können die Xerogele bei Implantation im Knochen gewissen mechanischen Beanspruchungen standhalten, während negative Effekte durch *stress shielding* vermieden werden. Die Variabilität der mechanischen Eigenschaften der Xerogele in Abhängigkeit von ihrer Zusammensetzung eröffnet darüber hinaus die Möglichkeit, dieses Knochenersatzmaterial gezielt auf die *in vivo* gegebenen Beanspruchungssituationen anzupassen. Die gute mechanische Bearbeitbarkeit lässt dabei die Erzeugung definierter Implantatgeometrien zu.

Sowohl die zweiphasigen als auch die dreiphasigen Xerogele degradieren unter physiologischen Bedingungen. Dabei setzen sie Silikat und Kollagen frei, während Calcium und Phosphat in der Regel auf der Oberfläche als Apatit präzipitieren. Diese als Bioaktivität bezeichnete Eigenschaft wird ganz wesentlich durch die Anwesenheit von Calciumphosphatphasen im Xerogel gefördert, was *in vitro* wiederum weitreichende Folgen für Zellen des Knochenremodellierungsprozesses hat. Dazu wurden Zellkulturuntersuchungen direkt auf den Xerogelen durchgeführt, wobei erfolgreich humane mesenchymale Stammzellen zu Osteoblasten und humane Monozyten zu Osteoklasten differenziert wurden. Darüber hinaus wurde eine Cokultur beider Zelltypen entwickelt, in der sich die Osteoklastogenese ohne die externe Zugabe von M-CSF und RANKL vollzogen hat. Die Analysen wurden mittels biochemischer, molekularbiologischer und mikroskopischer Methoden durchgeführt. Dabei zeigten die zu Osteoblasten differenzierten hMSC eine erhöhte ALP-Aktivität, die Markergene für ALP, BSP II, OC und RANKL sowie die Fähigkeit auf den Xerogeloberflächen zu adhärieren und zu dichten Zellschichten zu proliferieren. Die Monozyten fusionierten zu multinuklearen Osteoklasten deren TRAP-Aktivität biochemisch und mikroskopisch sowie die Gene für TRAP, CALCR, VTNR und CTSK auf Transkriptionsebene nachgewiesen wurden. Das in Form von Kieselsäure freigesetzte Silikat kann, wie auch das Kollagen, stimulierende Wirkung auf Zellfunktionen haben. Wenn das Kompositmaterial aufgrund einer erhöhten Bioaktivität dem Umgebungsmedium Calcium entzieht, wird die Osteoblastenaktivität verringert, während die Osteoklastenaktivität nicht beeinträchtigt wird. Auf diese Weise kann das Verhältnis der beiden Zelltypen zugunsten der Osteoklasten verschoben werden, wodurch die Materialresorption beschleunigt wird. Hingegen führt die intensive Abscheidung von Calciumphosphat auf der Oberfläche der Probe in Situationen wo eine Knochenbildung angestrebt wird zu ungünstigen Voraussetzungen. In diesem Zusammenhang sollte der in der Literatur zumeist positiv belegte Begriff der Bioaktivität differenziert betrachtet werden.

In zukünftigen Arbeiten sollte geprüft werden, ob durch spezielle Calciumphosphatphasen eine Calciumfreisetzung des Komposits zu realisieren ist, von der man sich erhofft, dass besonders die Knochenbildung angeregt und die Knochenresorption inhibiert wird. Dieser und anderer Fragestellungen bezüglich des vorgestellten Kompositmaterials widmet sich das Teilprojekt M3 „Dreiphasiger Verbundwerkstoff für den Knochenersatz auf der Basis von Kollagen, Silikat und Calciumphosphatphasen" im bewilligten Sonderforschungsbereich/Transregio 79 „Werkstoffe für die Geweberegeneration im systemisch erkrankten Knochen". Des Weiteren werden in einem bewilligten und laufenden DFG-Einzelprojekt Gefüge-Zellverhaltensbeziehungen untersucht.

Abbildungsverzeichnis

2.1 Schematische Darstellung der hierarchischen Ebenen des Aufbaus von Knochen 7

3.1 Mittels AFM und REM angefertigte Aufnahmen der in Lösung gebildeten Silikatpartikel . 42
3.2 AFM-Höhen- und Amplitudenbild des nativen bovinen Kollagens 43
3.3 AFM-Höhen- und Amplitudenbild des nativen porcinen Kollagens 43
3.4 AFM-Höhen- und Amplitudenbild des selbst assemblierten bovinen Kollagens 44

5.1 Schematische Darstellung der Gelbildungsreaktionen 67
5.2 Titration des PP-TEOS gegen verschieden konzentrierte TrisHCl- und Phosphatpuffer . . 69
5.3 Gelbildungsdauer des PP-TEOS in Abhängigkeit vom Puffer 70
5.4 Gemessene Gelmasse und berechnete Silikatmasse bei vollständiger Trocknung 71
5.5 Zeitabhängiges Polymerisationsverhalten des PP-TEOS in Abhängigkeit vom Puffer ... 71
5.6 Wechselwirkung des Silikats mit den freien Aminogruppen des Kollagens 73
5.7 Abhängigkeit der Gelbildungsdauer von der Kollagen- und PP-TEOS-Konzentration ... 74
5.8 Schema des Einbaus von Kollagenfibrillen in ein Silikatnetzwerk 75
5.9 REM-Aufnahme eines Kompositnetzwerks aus Kollagenfibrillen und Silikat 75
5.10 Abhängigkeit des Kollagen-Masseanteils im Gel vom Volumenanteil des PP-TEOS 76
5.11 Einfluss von HAP und CPC auf den pH-Wert von TrisHCl 77
5.12 Einfluss von PP-TEOS, HAP und CPC auf den pH-Wert von TrisHCl 77
5.13 Einfluss von HAP und CPC auf die Gelbildungsdauer 78
5.14 Wechselwirkung des Silikats mit den freien Aminogruppen des Kollagens 78
5.15 Fotos der Proben nach Klima- bzw. Gefriertrocknung 80
5.16 Berechnete Feststoffkonzentration der Komposithydrogele 82
5.17 Masseverlauf der bei verschiedenen klimatischen Bedingungen getrockneten Silikatgele . . 83
5.18 Masseverlauf der bei 37°C/15 % r.F. getrockneten ein- und zweiphasigen Gele 84
5.19 Masseverlauf der bei 37°C/15 % r.F. getrockneten zwei- und dreiphasigen Gele 84
5.20 In Abhängigkeit von der Zusammensetzung ermittelte Volumenschrumpfung 85
5.21 Schema des Dreistoffsystems Silikat/Kollagen/Calciumphosphat 89
5.22 AFM-Höhenbilder von bovinem Tropokollagen, Fibrillen und Fasern 91
5.23 REM-Aufnahmen von Bruchflächen der Silikat- und Kompositxerogele 92
5.24 REM-Aufnahmen einer Bruchkante eines Kompositxerogels 92
5.25 REM-Aufnahmen der dreiphasigen Kompositxerogele 93
5.26 EDX-Spektren der zwei- und dreiphasigen Xerogele 93
5.27 EDX-Mapping der zwei- und dreiphasigen Xerogele 94
5.28 Rekonstruktion der mittels μCT erhaltenen Scandaten der Xerogele 95

5.29	Schnitt durch die Rekonstruktion der SR-Mikro-CT-Scandaten	96
5.30	Diffraktogramme der Xerogele sowie Referenzen für HAP und TCP	97
5.31	Foto der ein-, zwei- und dreiphasigen Xerogele nach mechanischer Bearbeitung	98
5.32	Oberflächenmorphologie der unbearbeiteten und spanabhebend bearbeiteten Xerogele	99
5.33	Spannungs-Stauchungs-Kurven der Xerogele im trockenen Zustand	99
5.34	Werkstoffkennwerte der Xerogele im trockenen Zustand	100
5.35	Fotos der ein- und zweiphasigen Xerogele nach drei Tagen Inkubation in PBS	101
5.36	Quellung der zwei- und dreiphasigen Xerogele nach dreitägiger Inkubation in PBS	102
5.37	Spannungs-Stauchungs-Kurven der Xerogele im nassen Zustand	102
5.38	Werkstoffkennwerte der zwei- und dreiphasigen Xerogele im nassen Zustand	103
5.39	Fotos der Xerogelproben der Bioaktivitäts- und Degradationsstudie	107
5.40	Zeitlicher Verlauf der bei Inkubation in SBF gemessenen Silikatkonzentrationen	108
5.41	Zeitlicher Verlauf der bei Inkubation in SBF gemessenen Calciumkonzentrationen	108
5.42	Zeitlicher Verlauf der bei Inkubation in PBS gemessenen Silikatkonzentrationen	109
5.43	Zeitlicher Verlauf der bei Inkubation in PBS gemessenen Calciumkonzentrationen	110
5.44	Zeitlicher Verlauf der bei Inkubation in ZAC gemessenen Silikatkonzentrationen	111
5.45	Zeitlicher Verlauf der bei Inkubation in ZAC gemessenen Calciumkonzentrationen	111
5.46	Zeitlicher Verlauf der bei Inkubation in PBS gemessenen Kollagenkonzentrationen	112
5.47	Zeitlicher Verlauf der bei Inkubation in ZAC gemessenen Kollagenkonzentrationen	112
5.48	Zeitlicher Verlauf der bei Inkubation in SBF gemessenen Masse der Xerogele	113
5.49	Zeitlicher Verlauf der bei Inkubation in PBS gemessenen Masse der Xerogele	114
5.50	Zeitlicher Verlauf der bei Inkubation in ZAC gemessenen Masse der Xerogele	114
5.51	REM-Aufnahmen der Xerogele nach sieben Tagen Inkubation in SBF	115
5.52	REM-Aufnahmen der Xerogele nach 0, 7, 28 Tagen in SBF	116
5.53	EDX-Spektren der Xerogele nach 28 Tagen Inkubation in SBF	117
5.54	REM-Aufnahmen der Xerogele nach 28 Tagen Inkubation in SBF	117
5.55	REM und EDX der netzwerkartigen Oberflächenbereiche des dreiphasigen Xerogels	118
5.56	REM-Aufnahmen und EDX-Linienscan der Xerogele nach 28 Tagen in SBF	119
5.57	REM-Aufnahmen der Xerogele nach 28 Tagen Inkubation in PBS	120
5.58	REM-Aufnahmen der Xerogele nach 28 Tagen Inkubation in ZAC	121
5.59	Teildegradierte Kollagenfibrillen an der Oberfläche der Xerogele	121
5.60	Proliferation und Differenzierung der hMSC auf dem zweiphasigen Xerogel und PS	127
5.61	CLSM-Aufnahmen von hMSC bei Kultivierung auf dem zweiphasigen Xerogel	128
5.62	REM-Aufnahmen von hMSC bei Kultivierung auf dem zweiphasigen Xerogel	128
5.63	Calciumkonzentration im Zellkulturmedium ohne und mit Differenzierungszusätzen	129
5.64	Mittels DNA- bzw. LDH-Messung bestimmte Zellproliferation der hMSC	131
5.65	HMSC-Zellzahlen auf den Xerogelen und in den dazugehörigen Wells	132
5.66	Relative ALP-Aktivität der hMSC auf den zwei- und dreiphasigen Kompositxerogelen	133
5.67	Foto der Agarosegele der osteogen induzierten und nichtinduzierten hMSC	134
5.68	CLSM-Aufnahmen der initialen Adhärenz der hMSC	135
5.69	CLSM-Aufnahmen von osteogen induzierten hMSC nach sieben Tagen Kultivierung	136
5.70	Kernzahlen der hMSC- und hMz-Monokulturen sowie der Kokultur auf den Xerogelen	138
5.71	Absolute und relative ALP-Aktivität der hMSC auf den Xerogelen	139
5.72	Absolute und relative TRAP 5b-Aktivität der hMz auf den Xerogelen	140

Abbildungsverzeichnis

5.73 Foto der Agarosegele der Cokultur von hMSC/hOb und hMz/hOk 141

5.74 CLSM- und REM-Aufnahmen eines Osteoklasten auf dem zweiphasigen Xerogel 142

5.75 CLSM-Aufnahme eines Agglomerates von hMz/hOk auf dem zweiphasigen Xerogel 143

5.76 CLSM-Aufnahme von Osteoklasten auf dem zweiphasigen Xerogel 144

5.77 CLSM-Aufnahmen von hMz/hOk nach 28 Tagen auf zwei- bzw. dreiphasigen Xerogelen . 145

5.78 CLSM-Zweikanalaufnahme und -Einkanalaufnahme der Cokultur 146

5.79 CLSM-Aufnahmen der Cokultur zum Tag 42/28 der Kultivierung 146

5.80 CLSM-Aufnahmen der Cokultur zum Tag 42/28 der Kultivierung 147

5.81 REM-Aufnahmen der Cokultur zum Tag 42/28 der Kultivierung 148

5.82 Wechselwirkung des dreiphasigen Xerogels mit seiner Umgebung 149

5.83 Paraffinschnitt des Bereichs zwischen Implantat und Umgebungsgewebe 156

5.84 TEM-Aufnahme des Bereichs zwischen Implantat und Umgebungsgewebe 156

Tabellenverzeichnis

2.1	Scheinbare Dichte und mechanische Eigenschaften von Knochen und seinen Komponenten	13
2.2	Beispiele für kommerziell verfügbare KEM, die auf autogenem Ausgangsmaterial basieren	20
2.3	Beispiele für kommerziell verfügbare KEM, die auf allogenem Ausgangsmaterial basieren	21
2.4	Beispiele für kommerziell verfügbare KEM, die auf xenogenem Ausgangsmaterial basieren	22
2.5	Beispiele kommerziell verfügbarer Biomaterialien, die auf Kollagen basieren	25
2.6	Beispiele für kommerziell verfügbare KEM, die auf synth. Calciumphosphaten basieren	27
2.7	Beispiele kommerziell verfügbarer Calciumphosphatzemente für den Knochenersatz	28
2.8	Beispiele kommerziell verfügbarer Calciumsulfate für den Knochenersatz	29
2.9	Beispiele für kommerziell verfügbare KEM, die auf Bioglass 45S5 basieren	30
2.10	Beispiele von Arbeiten zu calciumhaltigen Silikat-Sol-Gel-Gläsern	34
2.11	Beispiele für wissenschaftliche Arbeiten zu Calciumphosphat/Silikat-Kompositen	37
2.12	Beispiele kommerzieller KEM, basierend auf Calciumphosphat/Silikat-Kompositen	38
2.13	Beispiele für wissenschaftliche Arbeiten zu Anorganik/Organik-Kompositen	38
2.14	Beispiele kommerzieller Produkte, die auf Anorganik/Organik-Kompositen beruhen	39
4.1	Beispiele für Probenansätze der zweiphasigen und dreiphasigen Kompositgele	51
4.2	Beispiele für Probenansätze der reinen Silikatgele	52
4.3	Mittels RT-PCR detektierte Gene und Parameter	63
4.4	Verwendete Fluophore, deren Anregungs- und Emmisionswellenlänge, Laser und HFT	66
5.1	Anhand der Grauwertverteilung ermittelte Flächenanteile der Xerogelkomponenten	96
5.2	Materialkennwerte von humanem Knochen sowie den zwei- und dreiphasigen Xerogelen	106
5.3	Relative Genexpression der hMSC/hOb nach Normierung auf die GAPDH	135
5.4	Relative Genexpression der Kokultur nach Normierung auf die GAPDH	141

Literaturverzeichnis

[ABJ+98] ALBERTS, B ; BRAY, D ; JOHNSON, A ; LEWIS, J ; RAFF, M ; ROBERTS, K ; WALTER, P: *Lehrbuch der Molekularen Zellbiologie.* Wiley VCH, 1998

[AGNY01] AHN, E. S. ; GLEASON, N. J. ; NAKAHIRA, A. ; YING, J. Y.: Nanostructure Processing of Hydroxyapatite-based Bioceramics. In: *Nano Letters* 1 (2001), Nr. 3, S. 149–53

[ALMG95] AUBIN, J. E. ; LIU, F. ; MALAVAL, L. ; GUPTA, A. K.: Osteoblast and chondroblast differentiation. In: *Bone* 17 (1995), Nr. 2 Suppl, S. 77S–83S

[ANN+08] ASHAMMAKHI, N. ; NDREU, A. ; NIKKOLA, L. ; WIMPENNY, I. ; YANG, Y.: Advancing tissue engineering by using electrospun nanofibers. In: *Regen Med* 3 (2008), Nr. 4, S. 547–74

[ASSIB+06] ARCOS, D. ; SANCHEZ-SALCEDO, S. ; IZQUIERDO-BARBA, I. ; RUIZ, L. ; GONZALEZ-CALBET, J. ; VALLET-REGI, M.: Crystallochemistry, textural properties, and in vitro biocompatibility of different silicon-doped calcium phosphates. In: *J Biomed Mater Res A* 78 (2006), Nr. 4, S. 762–71

[ATK+04] AHO, A. J. ; TIRRI, T. ; KUKKONEN, J. ; STRANDBERG, N. ; RICH, J. ; SEPPALA, J. ; YLI-URPO, A.: Injectable bioactive glass/biodegradable polymer composite for bone and cartilage reconstruction: concept and experimental outcome with thermoplastic composites of poly(epsilon-caprolactone-co-D,L-lactide) and bioactive glass S53P4. In: *J Mater Sci Mater Med* 15 (2004), Nr. 10, S. 1165–73

[ATMD05] ARINZEH, T. L. ; TRAN, T. ; MCALARY, J. ; DACULSI, G.: A comparative study of biphasic calcium phosphate ceramics for human mesenchymal stem-cell-induced bone formation. In: *Biomaterials* 26 (2005), Nr. 17, S. 3631–8

[AZL+00] ATHANASIOU, K. A. ; ZHU, C. ; LANCTOT, D. R. ; AGRAWAL, C. M. ; WANG, X.: Fundamentals of biomechanics in tissue engineering of bone. In: *Tissue Eng* 6 (2000), Nr. 4, S. 361–81

[BB05] BOCCACCINI, A. R. ; BLAKER, J. J.: Bioactive composite materials for tissue engineering scaffolds. In: *Expert Rev Med Devices* 2 (2005), S. 303–17

[BBB+06] BOTELHO, C. M. ; BROOKS, R. A. ; BEST, S. M. ; LOPES, M. A. ; SANTOS, J. D. ; RUSHTON, N. ; BONFIELD, W.: Human osteoblast response to silicon-substituted hydroxyapatite. In: *J Biomed Mater Res A* 79 (2006), Nr. 3, S. 723–30

[BBS+06] BOTELHO, C. M. ; BROOKS, R. A. ; SPENCE, G. ; MCFARLANE, I. ; LOPES, M. A. ; BEST, S. M. ; SANTOS, J. D. ; RUSHTON, N. ; BONFIELD, W.: Differentiation of mononuclear precursors into osteoclasts on the surface of Si-substituted hydroxyapatite. In: *J Biomed Mater Res A* 78 (2006), Nr. 4, S. 709–20

[BDL+09]	BERNHARDT, A. ; DESPANG, F. ; LODE, A. ; DEMMLER, A. ; HANKE, T. ; GELINSKY, M.: Proliferation and osteogenic differentiation of human bone marrow stromal cells on alginate-gelatine-hydroxyapatite scaffolds with anisotropic pore structure. In: *J Tissue Eng Regen Med* 3 (2009), Nr. 1, S. 54–62
[BES99]	BOYCE, T. ; EDWARDS, J. ; SCARBOROUGH, N.: Allograft bone. The influence of processing on safety and performance. In: *Orthop Clin North Am* 30 (1999), Nr. 4, S. 571–81
[Bet01]	BETZ, O.: Die Heilung von Knochendefekten nach Auffuellung mit synthetischen, resorbierbaren Kompositmaterialien im Vergleich zu autogenen Spongiosatransplantaten. In: *Dissertation zur Erlangung des Doktorgrades der Humanbiologie* (2001)
[BGH+06]	BIENENGRAEBER, V. ; GERBER, T. ; HENKEL, K. O. ; BAYERLEIN, T. ; PROFF, P. ; GEDRANGE, T.: The clinical application of a new synthetic bone grafting material in oral and maxillofacial surgery. In: *Folia Morphol (Warsz)* 65 (2006), Nr. 1, S. 84–8
[BGT+04]	BIENENGRAEBER, V. ; GERBER, T. ; TRAYKOVA, T. ; KUNDT, G. ; HENKEL, K.-O.: Eine innovativ im Sol-Gel-Prozess hergestellte, hochporoese Siliziumoxidkeramik zum Knochenersatz. In vivo Langzeitergebnisse. In: *Mat.-wiss. U. Werkstofftech.* 35 (2004), S. 234–9
[Bio06]	BIOCON, Diagnosemittel G.: Fluitest Ca - CPC. In: *1903* (2006)
[BKDA86]	BENNETT, M.B. ; KER, R. F. ; DIMERY, N. J. ; ALEXANDER, R. M.: Mechanical properties of various mammalian tendons. In: *Journal of Zoology* 209 (1986), S. 537–48
[BLS+01]	BOYAN, B. D. ; LOHMANN, C. H. ; SISK, M. ; LIU, Y. ; SYLVIA, V. L. ; COCHRAN, D. L. ; DEAN, D. D. ; SCHWARTZ, Z.: Both cyclooxygenase-1 and cyclooxygenase-2 mediate osteoblast response to titanium surface roughness. In: *J Biomed Mater Res* 55 (2001), Nr. 3, S. 350–9
[BMTP99]	BRADT, J.-H. ; MERTIG, M. ; TERESIAK, A. ; POMPE, W.: Biomimetic Mineralization of Collagen by Combined Fibril Assembly and Calcium Phosphate Formation. In: *Chem Mater* 11 (1999), S. 2694–701
[BO92]	BUBNIS, W. A. ; OFNER, 3rd: The determination of epsilon-amino groups in soluble and poorly soluble proteinaceous materials by a spectrophotometric method using trinitrobenzenesulfonic acid. In: *Anal Biochem* 207 (1992), Nr. 1, S. 129–33
[Boh09]	BOHNER, M.: Silicon-substituted calcium phosphates - a critical view. In: *Biomaterials* 30 (2009), Nr. 32, S. 6403–6
[BPK+09]	BLINDOW, S. ; PULKIN, M. ; KOCH, D. ; GRATHWOHL, G. ; REZWAN, K.: Hydroxyapatite/SiO2 Composites via Freeze Casting for Bone Tissue Engineering. In: *Adv Eng Mat* 11 (2009), Nr. 11, S. 875–84
[BPPVR03]	BALAS, F. ; PEREZ-PARIENTE, J. ; VALLET-REGI, M.: In vitro bioactivity of silicon-substituted hydroxyapatites. In: *J Biomed Mater Res A* 66 (2003), Nr. 2, S. 364–75
[Bue06]	BUEHLER, M. J.: Nature designs tough collagen: explaining the nanostructure of collagen fibrils. In: *Proc Natl Acad Sci U S A* 103 (2006), Nr. 33, S. 12285–90
[BVSE09]	BLOEMEN, V. ; VRIES, T. J. ; SCHOENMAKER, T. ; EVERTS, V.: Intercellular adhesion molecule-1 clusters during osteoclastogenesis. In: *Biochem Biophys Res Commun* 385 (2009), Nr. 4, S. 640–5

Literaturverzeichnis

[BW01] BUNYARATAVEJ, P. ; WANG, H. L.: Collagen membranes: a review. In: *J Periodontol* 72 (2001), Nr. 2, S. 215–29

[BZC+10] BERTAZZO, S. ; ZAMBUZZI, W. F. ; CAMPOS, D. D. ; OGEDA, T. L. ; FERREIRA, C. V. ; BERTRAN, C. A.: Hydroxyapatite surface solubility and effect on cell adhesion. In: *Colloids Surf B Biointerfaces* 78 (2010), Nr. 2, S. 177–84

[CABC+98] CHOU, L. ; AL-BAZIE, S. ; COTTRELL, D. ; GIODANO, R. ; NATHANSON, D.: Atomic and molecular mechanisms underlying the osteogenic effects of bioglass materials. In: *Bioceramics* 11 (1998), S. 265–8

[CABL06] CORADIN, T. ; ALLOUCHE, J. ; BOISSIERE, M. ; LIVAGE, J.: Sol-gel biopolymer/silica nanocomposites in biotechnology. In: *Current Nanoscience* 2 (2006), Nr. 3, S. 219–230

[Cam98] CAMPBELL, N. A.: *Biologie.* Spektrum Akademischer Verlag GmbH, 1998

[Car70] CARLISLE, E. M.: Silicon: a possible factor in bone calcification. In: *Science* 167 (1970), Nr. 916, S. 279–80

[Car72] CARLISLE, E. M.: Silicon: an essential element for the chick. In: *Science* 178 (1972), Nr. 61, S. 619–21

[Car80a] CARLISLE, E. M.: Biochemical and morphological changes associated with long bone abnormalities in silicon deficiency. In: *J Nutr* 110 (1980), Nr. 5, S. 1046–56

[Car80b] CARLISLE, E. M.: A silicon requirement for normal skull formation in chicks. In: *J Nutr* 110 (1980), Nr. 2, S. 352–9

[Car88] CARLISLE, E. M.: Silicon as a trace nutrient. In: *Sci Total Environ* 73 (1988), Nr. 1-2, S. 95–106

[CCL03] CORADIN, T. ; COUPE, A. ; LIVAGE, J.: Interactions of bovine serum albumin and lysozyme with sodium silicate solutions. In: *Colloids Surf B* 29 (2003), S. 189–196

[CFM+03] CROCE, G. ; FRACHE, A. ; MILANESIO, M. ; MARCHESE, L. ; CAUSA, M. ; VITERBO, D. ; BARBAGLIA, A. ; BOLIS, V. ; BAVESTELLO, G. ; CERRANO, C. ; BENFATTI, U. ; PAZZOLINI, M. ; GIOVINE, M. ; ARMENISCH, M.: Structural charakteriszation of siliceous spicules from marine sponges. In: *Biophys J* 86 (2003), S. 526–534

[CKL+06] CHAN, C. K. ; KUMAR, T. S. ; LIAO, S. ; MURUGAN, R. ; NGIAM, M. ; RAMAKRISHNAN, S.: Biomimetic nanocomposites for bone graft applications. In: *Nanomed* 1 (2006), Nr. 2, S. 177–88

[CL01] CORADIN, T. ; LIVAGE, J.: Effect of some amino acids and peptides on silicic acid polymerization. In: *Colloids Surf B Biointerfaces* 21 (2001), Nr. 4, S. 329–336

[CL03] CORADIN, T. ; LOPEZ, P. J.: Biogenic silica patterning: simple chemistry or subtle biology? In: *Chembiochem* 4 (2003), Nr. 4, S. 251–9

[CLS+08] COSTANTINI, A. , LUCIANI, G. ; SILVESTRI, B. ; TESCIONE, F. ; BRANDA, F.: Bioactive poly(2-hydroxyethylmethacrylate)/silica gel hybrid nanocomposites prepared by sol-gel process. In: *J Biomed Mater Res B Appl Biomater* 86 (2008), Nr. 1, S. 98–104

[Cor06] CORDES, P.: Streng biomimetische Modellsysteme fuer die Biomineralisation von Siliciumdioxid auf der Basis von Polyaminen oder Alkylglycosiden. In: *Dissertation* (2006)

[CTMK90]   CHAPMAN, J. A. ; TZAPHLIDOU, M. ; MEEK, K. M. ; KADLER, K. E.: The collagen fibril–a model system for studying the staining and fixation of a protein. In: *Electron Microsc Rev* 3 (1990), Nr. 1, S. 143–82

[Cur84]   CURREY, J. D.: Effects of differences in mineralization on the mechanical properties of bone. In: *Philos Trans R Soc Lond B Biol Sci* 304 (1984), Nr. 1121, S. 509–18

[CWC09]   CHEN, J. D. ; WANG, Y. ; CHEN, X.: In situ fabrication of nano-hydroxyapatite in a macroporous chitosan scaffold for tissue engineering. In: *J Biomater Sci Polym Ed* 20 (2009), S. 1555–65

[CWY+07]   CHUNG, T. H. ; WU, S. H. ; YAO, M. ; LU, C. W. ; LIN, Y. S. ; HUNG, Y. ; MOU, C. Y. ; CHEN, Y. C. ; HUANG, D. M.: The effect of surface charge on the uptake and biological function of mesoporous silica nanoparticles in 3T3-L1 cells and human mesenchymal stem cells. In: *Biomaterials* 28 (2007), Nr. 19, S. 2959–66

[CYB+09]   CHESNUTT, B. M. ; YUAN, Y. ; BUDDINGTON, K. ; HAGGARD, W. O. ; BUMGARDNER, J. D.: Composite chitosan/nano-hydroxyapatite scaffolds induce osteocalcin production by osteoblasts in vitro and support bone formation in vivo. In: *Tissue Eng Part A* 15 (2009), Nr. 9, S. 2571–9

[DBD+05]   DESPANG, F. ; BOERNER, A. ; DITTRICH, R. ; TOMANDL, G. ; POMPE, W. ; GELINSKY, M.: Alginate/calcium phosphate scaffolds with oriented, tube-like pores. In: *Mat-wiss u Werkstofftech* 36 (2005), S. 761–7

[DDB+07]   DITTRICH, R. ; DESPANG, F. ; BERNHARDT, A. ; HANKE, T ; TOMANDL, G. ; POMPE, W. ; GELINSKY, M.: Scaffolds for hard tissue engineering by Ionotropic gelation of alginate - influence of selected preparation parameters. In: *J Am Ceram Soc* 90 (2007), S. 1703–8

[DG04]   DONG, X. N. ; GUO, X. E.: The dependence of transversely isotropic elasticity of human femoral cortical bone on porosity. In: *J Biomech* 37 (2004), Nr. 8, S. 1281–7

[DGB+06]   DOMASCHKE, H. ; GELINSKY, M. ; BURMEISTER, B. ; FLEIG, R. ; HANKE, T. ; REINSTORF, A. ; POMPE, W. ; ROSEN-WOLFF, A.: In vitro ossification and remodeling of mineralized collagen I scaffolds. In: *Tissue Eng* 12 (2006), Nr. 4, S. 949–58

[DKBP97]   DRIESSENS, F. C. ; KHAIROUN, I. ; BOLTONG, M. G. ; PLANELL, J. A.: Design of a calcium phosphate bone cement suitable for the fixation of metal endoprothzeses. In: *Bioceramics 10* Editors Sydel, I. und Rey, C. (1997), S. 279–81

[DMSR05]   DI MARTINO, A. ; SITTINGER, M. ; RISBUD, M. V.: Chitosan: a versatile biopolymer for orthopaedic tissue-engineering. In: *Biomaterials* 26 (2005), Nr. 30, S. 5983–90

[DMSZ08]   DETSCH, R.A. ; MAYR, H.B. ; SEITZ, D.B. ; ZIEGLER, G.: Is hydroxyapatite ceramic included in the bone remodelling process? An in vitro study of resorption and formation processes. In: *Key Engineering Materials* 361-363 II (2008), S. 1123–1126

[DMZ08]   DETSCH, R. ; MAYR, H. ; ZIEGLER, G.: Formation of osteoclast-like cells on HA and TCP ceramics. In: *Acta Biomater* 4 (2008), Nr. 1, S. 139–48

[Dor09]   DOROZHKIN, S. V.: Calcium orthophosphate-based biocomposites and hybrid biomaterials. In: *J Mater Sci* 44 (2009), S. 2343–2387

[DR94]	DOVE, P. M. ; RIMSTIDT, J. D.: Silica water interactions. In: *Rev Mineral* 29 (1994), S. 259–308
[DSW+04]	DVORAK, M. M. ; SIDDIQUA, A. ; WARD, D. T. ; CARTER, D. H. ; DALLAS, S. L. ; NEMETH, E. F. ; RICCARDI, D.: Physiological changes in extracellular calcium concentration directly control osteoblast function in the absence of calciotropic hormones. In: *Proc Natl Acad Sci U S A* 101 (2004), Nr. 14, S. 5140–5
[ECGL02]	EXPOSITO, J. Y. ; CLUZEL, C. ; GARRONE, R. ; LETHIAS, C.: Evolution of collagens. In: *Anat Rec* 268 (2002), Nr. 3, S. 302–16
[EMLC06]	EGLIN, D. ; MAALHEEM, S. ; LIVAGE, J. ; CORADIN, T.: In vitro apatite forming ability of type I collagen hydrogels containing bioactive glass and silica sol-gel particles. In: *Journal Of Materials Science-Materials In Medicine* 17 (2006), Nr. 2, S. 161–167
[EPB05]	EPPLEY, B. L. ; PIETRZAK, W. S. ; BLANTON, M. W.: Allograft and alloplastic bone substitutes: a review of science and technology for the craniomaxillofacial surgeon. In: *J Craniofac Surg* 16 (2005), Nr. 6, S. 981–9
[ESL+06]	EGLIN, D. ; SHAFRAN, K. L. ; LIVAGE, J. ; CORADIN, T. ; PERRY, C. C.: Comparative study of the influence of several silica precursors on collagen self-assembly and of collagen on Si speciation and condensation. In: *J Mater Chem* 16 (2006), S. 4220–4230
[Eva99]	EVANS, B.: Silica: An Essential Trace Mineral. In: *Applied Health Solutions Journal* 91 (1999), Nr. 24
[EW07]	EHRLICH, H. ; WORCH, H.: Collagen: A Huge Matrix in Glass-Sponge Flexible Spicules of the Meter-Long Hyalonema sieboldi. In: BAEUERLEIN, E. (Hrsg.): *Handbook of Biomineralization. The Biology of Biominerals Structure Formation* Bd. Vol. 1. Weinheim : Wiley VCH, 2007, S. Ch. 2
[Exl98]	EXLEY, C.: Silicon in life: A bioinorganic solution to bioorganic essentiality. In: *J Inorg Biochem* 69 (1998), S. 139–44
[FGV+92]	FRATZL, P. ; GROSCHNER, M. ; VOGL, G. ; PLENK, Jr. ; ESCHBERGER, J. ; FRATZL-ZELMAN, N. ; KOLLER, K. ; KLAUSHOFER, K.: Mineral crystals in calcified tissues: a comparative study by SAXS. In: *J Bone Miner Res* 7 (1992), Nr. 3, S. 329–34
[Fro90]	FROST, H. M.: Skeletal structural adaptations to mechanical usage (SATMU): 2. Redefining Wolff's law; the remodeling problem. In: *Anat Rec* 226 (1990), Nr. 4, S. 414–22
[FWT+09]	FANG, B. ; WAN, Y. Z. ; TANG, T. T. ; GAO, C. ; DAI, K. R.: Proliferation and osteoblastic differentiation of human bone marrow stromal cells on hydroxyapatite/bacterial cellulose nanocomposite scaffolds. In: *Tissue Eng Part A* 15 (2009), Nr. 5, S. 1091–8
[GBM06]	GOBIN, A. S. ; BUTLER, C. E. ; MATHUR, A. B.: Repair and regeneration of the abdominal wall musculofascial defect using silk fibroin-chitosan blend. In: *Tissue Eng* 12 (2006), Nr. 12, S. 3383–94
[GDDE01]	GIESEN, E. B. ; DING, M. ; DALSTRA, M. ; EIJDEN, T. M.: Mechanical properties of cancellous bone in the human mandibular condyle are anisotropic. In: *J Biomech* 34 (2001), Nr. 6, S. 799–803

[GDT05] GIANNOUDIS, P. V. ; DINOPOULOS, H. ; TSIRIDIS, E.: Bone substitutes: an update. In: *Injury* 36 Suppl 3 (2005), S. S20–7

[Gel09] GELINSKY, M.: Mineralized collagen as biomaterial and matrix for bone tissue engineering. In: MEYER, U. (Hrsg.) ; MEYER, T. (Hrsg.) ; HANDSCHEL, J. (Hrsg.) ; WIESMANN, H.-P. (Hrsg.): *Fundamentals of Tissue Engineering and Regenerative Medicine*. Heidelberg Berlin : Springer, 2009, S. 485–93

[GHK+00] GERBER, T. ; HOLZHUETER, G. ; KNOBLICH, B. ; DOERFLING, P. ; BIENENGRAEBER, V. ; HENKEL, K. O.: Development of Bioactive Sol-Gel Material Template for In Vitro and In Vivo Synthesis of Bone Material. In: *J Sol-Gel Sci Technol* 19 (2000), S. 441–5

[GJJ+03] GAO, H. ; JI, B. ; JAGER, I. L. ; ARZT, E. ; FRATZL, P.: Materials become insensitive to flaws at nanoscale: lessons from nature. In: *Proc Natl Acad Sci U S A* 100 (2003), Nr. 10, S. 5597–600

[GKEG07] GUPTA, G. ; KIRAKODU, S. ; EL-GHANNAM, A.: Dissolution kinetics of a Si-rich nanocomposite and its effect on osteoblast gene expression. In: *Journal Of Biomedical Materials Research Part A* 80A (2007), Nr. 2, S. 486–496

[GKGC04] GAO, J. ; KNAACK, D. ; GOLDBERG, V. M. ; CAPLAN, A. I.: Osteochondral defect repair by demineralized cortical bone matrix. In: *Clin Orthop Relat Res* (2004), Nr. 427 Suppl, S. S62–6

[GKRSW09] GREINER, S. ; KADOW-ROMACKER, A. ; SCHMIDMAIER, G. ; WILDEMANN, B.: Cocultures of osteoblasts and osteoclasts are influenced by local application of zoledronic acid incorporated in a poly(D,L-lactide) implant coating. In: *J Biomed Mater Res A* 91 (2009), Nr. 1, S. 288–95

[GPA03] GELSE, K. ; POSCHL, E. ; AIGNER, T.: Collagens–structure, function, and biosynthesis. In: *Adv Drug Deliv Rev* 55 (2003), Nr. 12, S. 1531–46

[Gri00] GRIFFITH, L. G.: Polymeric Biomaterials. In: *Acta Materialia* 48 (2000), S. 263–77

[GS49] GOHR, H. ; SCHOLL, O.: Untersuchungen ueber eine kolorimetrische Mikrobestimmung zur Erfassung von kleinsten Mengen Kieselsaeure in Blut und Harn und ihre Anwendung in der Lungenklinik. In: *Beitraege zur Klinik der Tuberkulose* 102 (1949), S. 29–37

[GTHB03] GERBER, T. ; TRAYKOVA, T. ; HENKEL, K.O. ; BIENENGRAEBER, V.: Development and in vivo Test of Sol-Gel Derived Bone Grafting Materials. In: *Journal of Sol-Gel Science and Technology* 26 (2003), S. 1173–8

[GWYL07] GUO, H. ; WEI, J. ; YUAN, Y. ; LIU, C.: Development of calcium silicate/calcium phosphate cement for bone regeneration. In: *Biomed Mater* 2 (2007), Nr. 3, S. S153–9

[HA06] HADJIDAKIS, D. J. ; ANDROULAKIS, II: Bone remodeling. In: *Ann N Y Acad Sci* 1092 (2006), S. 385–96

[Hal06] HALLEEN, J.: Tartrate-resistant Acid Phosphatase 5b (TRACP 5b) as a Marker of Bone Resorption. In: *IDS Review Series* 3 (2006)

[HAS+00] HALLEEN, J. M. ; ALATALO, S. L. ; SUOMINEN, H. ; CHENG, S. ; JANCKILA, A. J. ; VAANANEN, H. K.: Tartrate-resistant acid phosphatase 5b: a novel serum marker of bone resorption. In: *J Bone Miner Res* 15 (2000), Nr. 7, S. 1337–45

[Hay08]	HAYMAN, A. R.: Tartrate-resistant acid phosphatase (TRAP) and the osteoclast/immune cell dichotomy. In: *Autoimmunity* 41 (2008), Nr. 3, S. 218–23
[HC92]	HODGSKINSON, R. ; CURREY, J. D.: Young's modulus, density and material properties in cancellous bone over a large density range. In: *J Mater Sci Mater Med* 3 (1992), S. 377–81
[Hen91]	HENCH, L. L.: Bioceramics: From concept to clinic. In: *J Am Ceram Soc* 74 (1991), S. 1487–510
[Hen97]	HENCH, L. L.: Sol-gel materials for bioceramic applications. In: *Curr Opin Sol St M* 2 (1997), S. 604–610
[Hen98]	HENCH, L. L.: Bioactive materials: the potential for tissue regeneration. In: *J Biomed Mater Res* 41 (1998), Nr. 4, S. 511–8
[HFH+03]	HEWISON, M. ; FREEMAN, L. ; HUGHES, S. V. ; EVANS, K. N. ; BLAND, R. ; ELIOPOULOS, A. G. ; KILBY, M. D. ; MOSS, P. A. ; CHAKRAVERTY, R.: Differential regulation of vitamin D receptor and its ligand in human monocyte-derived dendritic cells. In: *J Immunol* 170 (2003), Nr. 11, S. 5382–90
[HGDB04]	HENKEL, K. O. ; GERBER, T. ; DIETRICH, W. ; BIENENGRAEBER, V.: Neuartiges Knochenaufbaumaterial auf Kalziumphosphatbasis. In: *Mund Kiefer GesichtsChir* 8 (2004), S. 277–81
[Hin04]	HING, K. A.: Bone repair in the twenty-first century: biology, chemistry or engineering? In: *Philos Transact A Math Phys Eng Sci* 362 (2004), Nr. 1825, S. 2821–50
[HJB+05]	HUANG, J. ; JAYASINGHE, S. N. ; BEST, S. M. ; EDIRISINGHE, M. J. ; BROOKS, R. A. ; RUSHTON, N. ; BONFIELD, W.: Novel deposition of nano-sized silicon substituted hydroxyapatite by electrostatic spraying. In: *J Mater Sci Mater Med* 16 (2005), Nr. 12, S. 1137–42
[HLF+07]	HUANG, J. ; LIN, Y. W. ; FU, X. W. ; BEST, S. M. ; BROOKS, R. A. ; RUSHTON, N. ; BONFIELD, W.: Development of nano-sized hydroxyapatite reinforced composites for tissue engineering scaffolds. In: *J Mater Sci Mater Med* 18 (2007), Nr. 11, S. 2151–7
[HP02]	HENCH, L.L. ; POLAK, J.M.: Third-generation biomedical materials. In: *Science* 295 (2002), S. 1014–1017
[HRM08]	HONG, Z. ; REIS, R. L. ; MANO, J. F.: Preparation and in vitro characterization of scaffolds of poly(L-lactic acid) containing bioactive glass ceramic nanoparticles. In: *Acta Biomater* 4 (2008), Nr. 5, S. 1297–306
[HRP+04]	HEMPEL, U. ; REINSTORF, A. ; POPPE, M. ; FISCHER, U. ; GELINSKY, M. ; POMPE, W. ; WENZEL, K. W.: Proliferation and differentiation of osteoblasts on Biocement D modified with collagen type I and citric acid. In: *J Biomed Mater Res B Appl Biomater* 71 (2004), Nr. 1, S. 130–43
[HRSB06]	HING, K. A. ; REVELL, P. A. ; SMITH, N. ; BUCKLAND, T.: Effect of silicon level on rate, quality and progression of bone healing within silicate-substituted porous hydroxyapatite scaffolds. In: *Biomaterials* 27 (2006), Nr. 29, S. 5014–26
[HSSZ01]	HEIDENAU, F. ; STENZEL, F. ; SCHMIDT, H. ; ZIEGLER, G.: Offenporige, bioaktive Oberflaechenbeschichtungen auf Titan. In: *BIOmaterialien* 2 (2001), S. 19–24

[HSZ+10] HE, Q. ; SHI, J. ; ZHU, M. ; CHEN, Y. ; CHEN, F.: The three-stage in vitro degradation behavior of mesoporous silica in simulated body fluid. In: *Micropor Mesopor Mater* 131 (2010), S. 314–20

[HT10] HENCH, L. L. ; THOMPSON, I.: Twenty-first century challenges for biomaterials. In: *J R Soc Interface* 7 Suppl 4 (2010), S. S379–91

[HTY+09] HUANG, Z. ; TIAN, J. ; YU, B. ; XU, Y. ; FENG, Q.: A bone-like nano-hydroxyapatite/collagen loaded injectable scaffold. In: *Biomed Mater* 4 (2009), Nr. 5, S. 55005

[HWG+03] HALL, S. R. ; WALSH, D. ; GREEN, D. ; OREFFO, R. ; MANN, S.: A novel route to highly porous bioactive silica gels. In: *J Mater Chem* 13 (2003), S. 186–90

[HYA+02] HALLEEN, J. M. ; YLIPAHKALA, H. ; ALATALO, S. L. ; JANCKILA, A. J. ; HEIKKINEN, J. E. ; SUOMINEN, H. ; CHENG, S. ; VAANANEN, H. K.: Serum tartrate-resistant acid phosphatase 5b, but not 5a, correlates with other markers of bone turnover and bone mineral density. In: *Calcif Tissue Int* 71 (2002), Nr. 1, S. 20–5

[IBH05] ICOPINI, G. A. ; BRANTLEY, S. L. ; HEANEY, P. J.: Kinetics of Silica Oligomerization and Nanocolloid Formation as a Function of pH and Ionic Strength at 25°C. In: *Geochimica et Cosmochimica Acta* 69 (2005), Nr. 2, S. 293–303

[Ile79] ILER, R. K.: *The Chemistry of Silica: Solubility, Polymerization, Colloid and Surface Properties and Biochemistry of Silica*. Wiley VCH, 1979

[Imm10] IMMUNODIAGNOSTICSYSTEMS: TRACP 5b Assays (Tartrate-resistant Acid Phosphatase 5b). (2010), S. http://www.pharmaceutical-int.com/article/tracp-5b-assays-tartrate-resistant-acid-phosphatase-5b.html

[Jan07] JANDT, K. D.: Evolutions, Revolutions and Trends in Biomaterial Science - A Perspective. In: *Adv Eng Mat* 9 (2007), Nr. 12, S. 1035–50

[JD97] JEPSEN, K. J. ; DAVY, D. T.: Comparison of damage accumulation measures in human cortical bone. In: *J Biomech* 30 (1997), Nr. 9, S. 891–4

[JGPPA07] JAVIER GIL, F. ; PLANELL, J. A. ; PADROS, A. ; APARICIO, C.: The effect of shot blasting and heat treatment on the fatigue behavior of titanium for dental implant applications. In: *Dent Mater* 23 (2007), Nr. 4, S. 486–91

[JHCB97] JAISWAL, N. ; HAYNESWORTH, S. E. ; CAPLAN, A. I. ; BRUDER, S. P.: Osteogenic differentiation of purified, culture-expanded human mesenchymal stem cells in vitro. In: *J Cell Biochem* 64 (1997), Nr. 2, S. 295–312

[JMM+09] JONES, G. L. ; MOTTA, A. ; MARSHALL, M. J. ; EL HAJ, A. J. ; CARTMELL, S. H.: Osteoblast: osteoclast co-cultures on silk fibroin, chitosan and PLLA films. In: *Biomaterials* 30 (2009), Nr. 29, S. 5376–84

[JTJ+09] JOSE, M. V. ; THOMAS, V. ; JOHNSON, K. T. ; DEAN, D. R. ; NYAIRO, E.: Aligned PLGA/HA nanofibrous nanocomposite scaffolds for bone tissue engineering. In: *Acta Biomater* 5 (2009), Nr. 1, S. 305–15

[JTSY01]   JANCKILA, A. J. ; TAKAHASHI, K. ; SUN, S. Z. ; YAM, L. T.: Naphthol-ASBI phosphate as a preferred substrate for tartrate-resistant acid phosphatase isoform 5b. In: *J Bone Miner Res* 16 (2001), Nr. 4, S. 788–93

[KBBS06]   KULKARNI, M. M. ; BANDYOPADHYAYA, R. ; BHATTACHARYA, B. ; SHARMA, A.: Microstructural and mechanical properties of silica-PEPEG polymer composite xerogels. In: *Acta Materialia* 54 (2006), S. 5231–40

[KBDP97]   KHAIROUN, I. ; BOLTONG, M. G. ; DRIESSENS, F. C. ; PLANELL, J. A.: Effect of calcium carbonate on the compliance of an apatitic calcium phosphate bone cement. In: *Biomaterials* 18 (1997), Nr. 23, S. 1535–9

[KCF06]   KIRSTEIN, B. ; CHAMBERS, T. J. ; FULLER, K.: Secretion of tartrate-resistant acid phosphatase by osteoclasts correlates with resorptive behavior. In: *J Cell Biochem* 98 (2006), Nr. 5, S. 1085–94

[KDG00]   KARMAKAR, B. ; DE, G. ; GANGULI, D.: Dense silica microspheres from organic and inorganic acid hydrolysis of TEOS. In: *J Non-Cryst Solids* 272 (2000), S. 119–26

[KDP+00]   KNABE, C. ; DRIESSENS, F. C. ; PLANELL, J. A. ; GILDENHAAR, R. ; BERGER, G. ; REIF, D. ; FITZNER, R. ; RADLANSKI, R. J. ; GROSS, U.: Evaluation of calcium phosphates and experimental calcium phosphate bone cements using osteogenic cultures. In: *J Biomed Mater Res* 52 (2000), Nr. 3, S. 498–508

[Kic07]   KICKELBICK, G.: Introduction to Hybrid Materials. In: KICKELBICK, G. (Hrsg.): *Hybrid Materials. Synthesis, Characterization, and Applications*. Weinheim : Wiley-VCH, 2007, S. 1–48

[KISKT05]   KATO, M. ; INUZUKA, K. ; SAKAI-KATO, K. ; TOYO'OKA, T.: Silica sol-gel monolithic materials and their use in a variety of applications. In: *J Sep Sci* 28 (2005), S. 1893–1908

[KJNL08]   KUMBAR, S. G. ; JAMES, R. ; NUKAVARAPU, S. P. ; LAURENCIN, C. T.: Electrospun nanofiber scaffolds: engineering soft tissues. In: *Biomed Mater* 3 (2008), S. 034002 (15pp)

[KKK03]   KOKUBO, T. ; KIM, H. M. ; KAWASHITA, M.: Novel bioactive materials with different mechanical properties. In: *Biomaterials* 24 (2003), Nr. 13, S. 2161–2175

[KKM+09]   KASHIWAZAKI, H. ; KISHIYA, Y. ; MATSUDA, A. ; YAMAGUCHI, K. ; IIZUKA, T. ; TANAKA, J. ; INOUE, N.: Fabrication of porous chitosan/hydroxyapatite nanocomposites: their mechanical and biological properties. In: *Biomed Mater Eng* 19 (2009), Nr. 2-3, S. 133–40

[KL69]   KAKADE, M. L. ; LIENER, I. E.: Determination of available lysine in proteins. In: *Analyt Biochemistry* 27 (1969), S. 273–80

[KLLO08]   KARPOV, M. ; LACZKA, M. ; LEBOY, P. S. ; OSYCZKA, A. M.: Sol-gel bioactive glasses support both osteoblast and osteoclast formation from human bone marrow cells. In: *J Biomed Mater Res A* 84 (2008), Nr. 3, S. 718–26

[Kok92]   KOKUBO, T.: Bioactivity of glasses and glass-ceramics. In: DUCHEYNE, P. (Hrsg.) ; KOKUBO, T. (Hrsg.) ; BLITTERSWIJK, C. A. (Hrsg.): *Bone-bonding biomaterials*. Leiderdorp: Reed Healthcare Communications, 1992, S. 31–46

[Kor01]   KORTESUO, P.: Sol-gel derived silica gel monoliths and microparticles as carrier in controlled drug delivery in tissue administration. (2001)

[KPS+09]   KOTELA, I. ; PODPORSKA, J. ; SOLTYSIAK, E. ; KONSZTOWICZ, K. J. ; BLAZEWICZ, M.: Polymer nanocomposites for bone tissue substitutes. In: *Ceramics International* 35 (2009), Nr. 6, S. 2475–2480

[KSK06]   KIM, H. W. ; SONG, J. H. ; KIM, H. E.: Bioactive glass nanofiber-collagen nanocomposite as a novel bone regeneration matrix. In: *J Biomed Mater Res A* 79 (2006), Nr. 3, S. 698–705

[KT06]   KOKUBO, T. ; TAKADAMA, H.: How useful is SBF in predicting in vivo bone bioactivity? In: *Biomaterials* 27 (2006), Nr. 15, S. 2907–15

[KWFH94]   KEAVENY, T. M. ; WACHTEL, E. F. ; FORD, C. M. ; HAYES, W. C.: Differences between the tensile and compressive strengths of bovine tibial trabecular bone depend on modulus. In: *J Biomech* 27 (1994), Nr. 9, S. 1137–46

[LASG+09]   LOPEZ-ALVAREZ, M. ; SOLLA, E. L. ; GONZALEZ, P. ; SERRA, J. ; LEON, B. ; MARQUES, A. P. ; REIS, R. L.: Silicon-hydroxyapatite bioactive coatings (Si-HA) from diatomaceous earth and silica. Study of adhesion and proliferation of osteoblast-like cells. In: *J Mater Sci Mater Med* 20 (2009), Nr. 5, S. 1131–6

[LC05]   LI, X. ; CHANG, J.: Preparation and characterization of bioactive collagen/wollastonite composite scaffolds. In: *J Mater Sci Mater Med* 16 (2005), Nr. 4, S. 361–5

[LCH91]   LI, R. ; CLARK, A. E. ; HENCH, L. L.: An investigation of bioactive glass powders by sol-gel processing. In: *J Appl Biomater* 2 (1991), Nr. 4, S. 231–9

[LCR01]   LIVAGE, J. ; CORADIN, T. ; ROUX, C.: Encapsulation of biomolecules in silica gels. In: *J Phys Condens Matter* 190 (2001), S. 673–91

[LGA+03]   LIVINGSTON, T. L. ; GORDON, S. ; ARCHAMBAULT, M. ; KADIYALA, S. ; MCINTOSH, K. ; SMITH, A. ; PETER, S. J.: Mesenchymal stem cells combined with biphasic calcium phosphate ceramics promote bone regeneration. In: *J Mater Sci Mater Med* 14 (2003), Nr. 3, S. 211–8

[Liu09]   LIU, Y.: Incorporation of Hydroxyapatite Sol Into Collagen Gel to Regulate the Contraction Mediated by Human Bone Marrow-Derived Stromal Cells. In: *IEEE Trans Nanobioscience* (2009)

[LLC+08]   LIU, Y. Y. ; LIU, D. M. ; CHEN, S. Y. ; TUNG, T. H. ; LIU, T. Y.: In situ synthesis of hybrid nanocomposite with highly order arranged amorphous metallic copper nanoparticle in poly(2-hydroxyethyl methacrylate) and its potential for blood-contact uses. In: *Acta Biomater* 4 (2008), Nr. 6, S. 2052–8

[LLV+08]   LEKAKOU, C. ; LAMPROU, D. ; VIDYARTHI, U. ; KAROPOULOU, E. ; ZHDAN, P.: Structural hierarchy of biomimetic materials for tissue engineered vascular and orthopedic grafts. In: *J Biomed Mater Res B Appl Biomater* 85 (2008), Nr. 2, S. 461–8

[LNKG93]   LI, P. ; NAKANISHI, K. ; KOKUBO, T. ; GROOT, K. de: Induction and morphology of hydroxyapatite, precipitated from metastable simulated body fluids on sol-gel prepared silica. In: *Biomaterials* 14 (1993), Nr. 13, S. 963–8

[Low81]   LOWENSTAM, H. A.: Minerals formed by organisms. In: *Science* 211 (1981), S. 1126–31

[LP92]   LEES, S. ; PAGE, E. A.: A study of some properties of mineralized turkey leg tendon. In: *Connect Tissue Res* 28 (1992), Nr. 4, S. 263–87

[LPK+06]	LEE, K. Y. ; PARK, M. ; KIM, H. M. ; LIM, Y. J. ; CHUN, H. J. ; KIM, H. ; MOON, S. H.: Ceramic bioactivity: progresses, challenges and perspectives. In: *Biomed Mater* 1 (2006), Nr. 2, S. R31–7
[LPS04]	LEVY, I. ; PALDI, T. ; SHOSEYOV, O.: Engineering a bifunctional starch-cellulose crossbridge protein. In: *Biomaterials* 25 (2004), Nr. 10, S. 1841–9
[LQZ+08]	LI, J. ; QIU, Z. Y. ; ZHOU, L. ; LIN, T. ; WAN, Y. ; WANG, S. Q. ; ZHANG, S. M.: Novel calcium silicate/calcium phosphate composites for potential applications as injectable bone cements. In: *Biomed Mater* 3 (2008), Nr. 4, S. 044102
[LRFR51]	LOWRY, O. H. ; ROSEBROUGH, N. J. ; FARR, A. L. ; RANDALL, R. J.: Protein measurement with the Folin phenol reagent. In: *J Biol Chem* 193 (1951), Nr. 1, S. 265–75
[LSCZ03]	LIU, C. ; SHAO, H. ; CHEN, F. ; ZHENG, H.: Effects of the granularity of raw materials on the hydration and hardening process of calcium phosphate cement. In: *Biomaterials* 24 (2003), Nr. 23, S. 4103–13
[LSL+04]	LOSSDORFER, S. ; SCHWARTZ, Z. ; LOHMANN, C. H. ; GREENSPAN, D. C. ; RANLY, D. M. ; BOYAN, B. D.: Osteoblast response to bioactive glasses in vitro correlates with inorganic phosphate content. In: *Biomaterials* 25 (2004), Nr. 13, S. 2547–55
[LTH+89]	LAKKAKORPI, P. ; TUUKKANEN, J. ; HENTUNEN, T. ; JARVELIN, K. ; VAANANEN, K.: Organization of osteoclast microfilaments during the attachment to bone surface in vitro. In: *J Bone Miner Res* 4 (1989), Nr. 6, S. 817–26
[LWC+07a]	LUO, J. T. ; WEN, H. C. ; CHANG, Y. M. ; WU, W. F. ; CHOU, C. P.: Mesoporous silica reinforced by silica nanoparticles to enhance mechanical performance. In: *J Colloid Interface Sci* 305 (2007), Nr. 2, S. 275–9
[LWC+07b]	LUO, J. T. ; WEN, H. C. ; CHOU, C. P. ; WU, W. F. ; WAN, B. Z.: Reinforcing porous silica with carbon nanotubes to enhance mechanical performance. In: *J Compos Mater* 41 (2007), Nr. 8, S. 979–91
[LYLJ08]	LIUYUN, J. ; YUBAO, L. ; LI, Z. ; JIANGUO, L.: Preparation and properties of a novel bone repair composite: nano-hydroxyapatite/chitosan/carboxymethyl cellulose. In: *J Mater Sci Mater Med* 19 (2008), Nr. 3, S. 981–7
[Man02]	MANN, S.: *Biomineralisation*. Oxford University Press, 2002
[MBD+08]	MULLER, P. ; BULNHEIM, U. ; DIENER, A. ; LUTHEN, F. ; TELLER, M. ; KLINKENBERG, E. D. ; NEUMANN, H. G. ; NEBE, B. ; LIEBOLD, A. ; STEINHOFF, G. ; RYCHLY, J.: Calcium phosphate surfaces promote osteogenic differentiation of mesenchymal stem cells. In: *J Cell Mol Med* 12 (2008), Nr. 1, S. 281–91
[MBT+06]	MUELLER, W. E. G. ; BELIKOV, S. I. ; TREMEL, W. ; PERRY, C. C. ; GIESKES, W. W. C. ; BOREIKO, A. ; SCHROEDER, H. C.: Siliceous spicules in marine demosponges (example Suberites domuncula). In: *Micron* 37 (2006), S. 107–20
[MD87]	MATSUDA, T. ; DAVIES, J. E.: The in vitro response of osteoblasts to bioactive glass. In: *Biomaterials* 8 (1987), Nr. 4, S. 275–84

[MGW08] MILLON, L. E. ; GUHADOS, G. ; WAN, W.: Anisotropic polyvinyl alcohol-Bacterial cellulose nanocomposite for biomedical applications. In: *J Biomed Mater Res B Appl Biomater* 86B (2008), Nr. 2, S. 444–52

[Mic92] MICHLER, G. H.: *Kunststoff - Mikromechanik. Morphologie, Deformations- und Bruchmechanismen*. Hanser, 1992

[Mil10] MILLER, L.: http://lukemiller.org/journal/2007/08/quantifying-western-blots-without.html. (2010)

[MJM+99] MBALAVIELE, G. ; JAISWAL, N. ; MENG, A. ; CHENG, L. ; VAN DEN BOS, C. ; THIEDE, M.: Human mesenchymal stem cells promote human osteoclast differentiation from CD34+ bone marrow hematopoietic progenitors. In: *Endocrinology* 140 (1999), Nr. 8, S. 3736–43

[MK04a] MERCK KGAA, Darmstadt: Silicat (Kieselsaeure)-Test. In: *Produktinformation* E.91147.9495/01-6000423144 msp. 04/04 (2004)

[MK04b] MYLLYHARJU, J. ; KIVIRIKKO, K. I.: Collagens, modifying enzymes and their mutations in humans, flies and worms. In: *Trends Genet* 20 (2004), Nr. 1, S. 33–43

[MKK+09] MADHUMATHI, K. ; KUMAR, P. T. S. ; KAVYA, K. C. ; FURUIKE, T. ; TAMURA, H. ; NAIR, S. V. ; JAYAKUMAR, R.: Novel chitin/nanosilica composite scaffolds for bone tissue engineering applications. In: *International Journal Of Biological Macromolecules* 45 (2009), Nr. 3, S. 289–292

[MMK+97] MURATA, H. ; MEYERS, D. E. ; KIRKBIR, F. ; RAY CHAUDHURI, S. ; SARKAR, A.: Drying and Sintering of Bulk Silica Gels. In: *J Sol-Gel Sci Technol* 8 (1997), S. 397–402

[MMK+05] MASTROGIACOMO, M. ; MURAGLIA, A. ; KOMLEV, V. ; PEYRIN, F. ; RUSTICHELLI, F. ; CROVACE, A. ; CANCEDDA, R.: Tissue engineering of bone: search for a better scaffold. In: *Orthod Craniofac Res* 8 (2005), Nr. 4, S. 277–84

[Mor99] MORSE, D. E.: Silicon Biotechnology: proteins, Genes and Molecular Mechanisms Controlling Biosilica Nanofabrication Offer New Routes to Polysiloxane Synthesis. In: AUNER, N. (Hrsg.) ; WEIS, J. (Hrsg.): *Organosilicon Chemistry IV: from Molecules to Materials*. New York : Wiley-VCH, 1999, S. 5–16

[Mor01] MORSE, D. E.: Biotechnology reveals new routes to synthesis an structural control of silica and polysilsesquioxanes. In: RAPPOPORT, Z. (Hrsg.) ; APELOIG, Y. (Hrsg.): *The chemistry of organic silicon compounds*. John Wiley and Sons Ltd., 2001, S. 805–19

[MP01] MOLECULAR PROBES, Darmstadt: ELF97 Immunohistochemistry Kit. In: *Produktinformation* E-6600 (2001)

[MP06] MOLECULAR PROBES, Darmstadt: Phallotoxins. In: *Produktinformation* MP 00354 (2006)

[MR05] MURUGAN, R. ; RAMAKRISHNA, S.: Development of nanocomposites for bone grafting. In: *Comp Sci Tech* 65 (2005), S. 2385–406

[MR09] MALAFAYA, P. B. ; REIS, R. L.: Bilayered chitosan-based scaffolds for osteochondral tissue engineering: influence of hydroxyapatite on in vitro cytotoxicity and dynamic bioactivity studies in a specific double-chamber bioreactor. In: *Acta Biomater* 5 (2009), Nr. 2, S. 644–60

[MRH02]	MARQUES, A. P. ; REIS, R. L. ; HUNT, J. A.: The biocompatibility of novel starch-based polymers and composites: in vitro studies. In: *Biomaterials* 23 (2002), Nr. 6, S. 1471–8
[MSR+09]	MADHUMATHI, K. ; SHALUMON, K. T. ; RANI, V. V. ; TAMURA, H. ; FURUIKE, T. ; SELVAMURUGAN, N. ; NAIR, S. V. ; JAYAKUMAR, R.: Wet chemical synthesis of chitosan hydrogel-hydroxyapatite composite membranes for tissue engineering applications. In: *Int J Biol Macromol* 45 (2009), Nr. 1, S. 12–5
[MTR+07]	MOURA, J. ; TEIXEIRA, L. N. ; RAVAGNANI, C. ; PEITL, O. ; ZANOTTO, E. D. ; BELOTI, M. M. ; PANZERI, H. ; ROSA, A. L. ; OLIVEIRA, P. T.: In vitro osteogenesis on a highly bioactive glass-ceramic (Biosilicate). In: *J Biomed Mater Res A* 82 (2007), Nr. 3, S. 545–57
[MTV+04]	MENDES, S. C. ; TIBBE, J. M. ; VEENHOF, M. ; BOTH, S. ; ONER, F. C. ; BLITTERSWIJK, C. A. ; BRUIJN, J. D.: Relation between in vitro and in vivo osteogenic potential of cultured human bone marrow stromal cells. In: *J Mater Sci Mater Med* 15 (2004), Nr. 10, S. 1123–8
[Mue98]	MUELLER, W. E. G.: Origin of the Metazoa: Sponges as living fossils. In: *Naturwissenschaften* 85 (1998), S. 11–25
[MW06]	MILLON, L. E. ; WAN, W. K.: The polyvinyl alcohol-bacterial cellulose system as a new nanocomposite for biomedical applications. In: *J Biomed Mater Res B Appl Biomater* 79 (2006), Nr. 2, S. 245–53
[NAS+04]	NAKAGAWA, K. ; ABUKAWA, H. ; SHIN, M. Y. ; TERAI, H. ; TROULIS, M. J. ; VACANTI, J. P.: Osteoclastogenesis on tissue-engineered bone. In: *Tissue Eng* 10 (2004), Nr. 1-2, S. 93–100
[NFW+09]	NIU, X. ; FENG, Q. ; WANG, M. ; GUO, X. ; ZHENG, Q.: Porous nano-HA/collagen/PLLA scaffold containing chitosan microspheres for controlled delivery of synthetic peptide derived from BMP-2. In: *J Control Release* 134 (2009), Nr. 2, S. 111–7
[NGEG04]	NING, C. Q. ; GREISH, Y. ; EL-GHANNAM, A.: Crystallization behavior of silica-calcium phosphate biocomposites: XRD and FTIR studies. In: *J Mater Sci Mater Med* 15 (2004), Nr. 11, S. 1227–35
[NGS+10]	NASSIF, N. ; GOBEAUX, F. ; SETO, J. ; BELAMIE, E. ; DAVIDSON, P. ; PANINE, P. ; MOSSER, G. ; FRATZL, P. ; GIRAUD-GUILLE, M.-M.: Self-Assembled Collagen-Apatite Matrix with Bone-like Hierarchy. In: *Chem Mater* 22 (2010), Nr. 11, S. 3307–9
[NII+10]	NARITA, H. ; ITOH, S. ; IMAZATO, S. ; YOSHITAKE, F. ; EBISU, S.: An explanation of the mineralization mechanism in osteoblasts induced by calcium hydroxide. In: *Acta Biomater* 6 (2010), Nr. 2, S. 586–90
[NMCP08]	NAVARRO, M. ; MICHIARDI, A. ; CASTANO, O. ; PLANELL, J. A.: Biomaterials in orthopaedics. In: *J R Soc Interface* 5 (2008), Nr. 27, S. 1137–58
[NN09]	NARDUCCI, P. ; NICOLIN, V.: Differentiation of activated monocytes into osteoclast-like cells on a hydroxyapatite substrate: an in vitro study. In: *Ann Anat* 191 (2009), Nr. 4, S. 349–55
[OKF+03]	OYANE, A. ; KIM, H. M. ; FURUYA, T. ; KOKUBO, T. ; MIYAZAKI, T. ; NAKAMURA, T.: Preparation and assessment of revised simulated body fluids. In: *J Biomed Mater Res A* 65 (2003), Nr. 2, S. 188–95

[OKI+99] ONO, Y. ; KANEKIYO, Y. ; INOUE, K. ; HOJO, J. ; NANGO, M. ; SHINKAI, S.: Preparation of Novel Hollow Fiber Silica Using Collagen Fibers as a Template. In: *Chem Lett* (1999), S. 475–6

[OKY92] OHTSUKI, C. ; KOKUBO, T. ; YAMAMURO, T.: Mechanism of apatite formation on CaO-SiO2-P2O5 glasses in a simulated body-fluid. In: *J Non-Cryst Solids* 143 (1992), Nr. 1, S. 84–92

[PBB+02] PATEL, N. ; BEST, S. M. ; BONFIELD, W. ; GIBSON, I. R. ; HING, K. A. ; DAMIEN, E. ; REVELL, P. A.: A comparative study on the in vivo behavior of hydroxyapatite and silicon substituted hydroxyapatite granules. In: *J Mater Sci Mater Med* 13 (2002), Nr. 12, S. 1199–206

[PBCB97] PARKINSON, J. ; BRASS, A. ; CANOVA, G. ; BRECHET, Y.: The mechanical properties of simulated collagen fibrils. In: *J Biomech* 30 (1997), Nr. 6, S. 549–54

[PBL+04] PORTER, A. E. ; BOTELHO, C. M. ; LOPES, M. A. ; SANTOS, J. D. ; BEST, S. M. ; BONFIELD, W.: Ultrastructural comparison of dissolution and apatite precipitation on hydroxyapatite and silicon-substituted hydroxyapatite in vitro and in vivo. In: *J Biomed Mater Res A* 69 (2004), Nr. 4, S. 670–9

[PCP05] PATWARDHAN, S. V. ; CLARSON, S. J. ; PERRY, C. C.: On the role(s) of additives in bioinspired silicification. In: *Chem Commun (Camb)* (2005), Nr. 9, S. 1113–21

[Per03] PERRY, C. C.: Silicification. In: *Rev Mineral Geochem* 54 (2003), S. 291–327

[PJH05] PEREIRA, M. M. ; JONES, J. R. ; HENCH, L. L.: Bioactive glass and hybrid scaffolds prepared by sol-gel method for bone tissue engineering. In: *Adv Appl Ceram* 104 (2005), S. 35–42

[PJR+99] PELTOLA, T. ; JOKINEN, M. ; RAHIALA, H. ; LEVANEN, E. ; ROSENHOLM, J. B. ; KANGASNIEMI, I. ; YLI-URPO, A.: Calcium phosphate formation on porous sol-gel-derived SiO2 and CaO-P2O5-SiO2 substrates in vitro. In: *J Biomed Mater Res* 44 (1999), Nr. 1, S. 12–21

[PKT00] PERRY, C. C. ; KEELING-TUCKER, T.: Biosilicification: the role of the organic matrix in structure control. In: *J Biol Inorg Chem* 5 (2000), Nr. 5, S. 537–50

[PNA+02] PATINO, M. G. ; NEIDERS, M. E. ; ANDREANA, S. ; NOBLE, B. ; COHEN, R. E.: Collagen: an overview. In: *Implant Dent* 11 (2002), Nr. 3, S. 280–5

[PNHP09] PERROTTI, V. ; NICHOLLS, B. M. ; HORTON, M. A. ; PIATTELLI, A.: Human osteoclast formation and activity on a xenogenous bone mineral. In: *J Biomed Mater Res A* 90 (2009), Nr. 1, S. 238–46

[PNP09] PERROTTI, V. ; NICHOLLS, B. M. ; PIATTELLI, A.: Human osteoclast formation and activity on an equine spongy bone substitute. In: *Clin Oral Implants Res* 20 (2009), Nr. 1, S. 17–23

[Pra08] PRASSAS, M.: Silica Glass from Aerogels. In: http://www.solgel.com/articles/april01/aerog.htm (2008)

[Pri56] PRITCHARD, J. J.: The Biochemistry and Physiology of Bone. In: *New York, Accademic Press* (1956), S. 875 pp.

[PRSS07]	PIETAK, A. M. ; REID, J. W. ; STOTT, M. J. ; SAYER, M.: Silicon substitution in the calcium phosphate bioceramics. In: *Biomaterials* 28 (2007), Nr. 28, S. 4023–32
[PS07]	PAUL, W. ; SHARMA, C. P.: Effect of calcium, zinc and magnesium on the attachment and spreading of osteoblast like cells onto ceramic matrices. In: *J Mater Sci Mater Med* 18 (2007), Nr. 5, S. 699–703
[QHS+97]	QUARLES, L. D. ; HARTLE, 2nd ; SIDDHANTI, S. R. ; GUO, R. ; HINSON, T. K.: A distinct cation-sensing mechanism in MC3T3-E1 osteoblasts functionally related to the calcium receptor. In: *J Bone Miner Res* 12 (1997), Nr. 3, S. 393–402
[QSK+98]	QIU, Q. ; SAYER, M. ; KAWAJA, M. ; SHEN, X. ; DAVIES, J. E.: Attachment, morphology, and protein expression of rat marrow stromal cells cultured on charged substrate surfaces. In: *J Biomed Mater Res* 42 (1998), Nr. 1, S. 117–27
[Qua97]	QUARLES, L. D.: Cation sensing receptors in bone: a novel paradigm for regulating bone remodeling? In: *J Bone Miner Res* 12 (1997), Nr. 12, S. 1971–4
[RCBB06]	REZWAN, K. ; CHEN, Q. Z. ; BLAKER, J. J. ; BOCCACCINI, A. R.: Biodegradable and bioactive porous polymer/inorganic composite scaffolds for bone tissue engineering. In: *Biomaterials* 27 (2006), Nr. 18, S. 3413–31
[RD01]	ROMANELLO, M. ; D'ANDREA, P.: Dual mechanism of intercellular communication in HOBIT osteoblastic cells: a role for gap-junctional hemichannels. In: *J Bone Miner Res* 16 (2001), Nr. 8, S. 1465–76
[REBV+05]	RADIN, S. ; EL-BASSYOUNI, G. ; VRESILOVIC, E. J. ; SCHEPERS, E. ; DUCHEYNE, P.: In vivo tissue response to resorbable silica xerogels as controlled-release materials. In: *Biomaterials* 26 (2005), Nr. 9, S. 1043–52
[RFLD02]	RADIN, S. ; FALAIZE, S. ; LEE, M. H. ; DUCHEYNE, P.: In vitro bioactivity and degradation behavior of silica xerogels intended as controlled release materials. In: *Biomaterials* 23 (2002), Nr. 15, S. 3113–22
[Rhe04]	RHEE, S. H.: Bone-like apatite-forming ability and mechanical properties of poly(epsilon-caprolactone)/silica hybrid as a function of poly(epsilon-caprolactone) content. In: *Biomaterials* 25 (2004), Nr. 7-8, S. 1167–75
[RHSI09]	RADEV, L. ; HRISTOV, V. ; SAMUNEVA, B. ; IVANOVA, D.: Organic/Inorganic bioactive materials Part II: in vitro bioactivity of Collagen-Calcium Phosphate Silicate/Wollastonite hybrids. In: *Cent Eur J Chem* 7 (2009), Nr. 4, S. 711–20
[RHT06]	RUFF, C. ; HOLT, B. ; TRINKAUS, E.: Who's afraid of the big bad Wolff?: "Wolff's law"and bone functional adaptation. In: *Am J Phys Anthropol* 129 (2006), Nr. 4, S. 484–98
[Rim90]	RIMPLER, H.: *Pharmazeutische Biologie II - Biogene Arzneistoffe.* Georg Thieme Verlag, 1990
[RKSZ98]	RHO, J. Y. ; KUHN-SPEARING, L. ; ZIOUPOS, P.: Mechanical properties and the hierarchical structure of bone. In: *Med Eng Phys* 20 (1998), Nr. 2, S. 92–102
[RLT00]	RHEE, S. H. ; LEE, J. D. ; TANAKA, J.: Nucleation of Hydroxyapatite Crystal through Chemical Interaction with Collagen. In: *J Am Ceram Soc* 83 (2000), Nr. 11, S. 2890–92

[ROJ+03]   REFFITT, D. M. ; OGSTON, N. ; JUGDAOHSINGH, R. ; CHEUNG, H. F. ; EVANS, B. A. ; THOMPSON, R. P. ; POWELL, J. J. ; HAMPSON, G. N.: Orthosilicic acid stimulates collagen type 1 synthesis and osteoblastic differentiation in human osteoblast-like cells in vitro. In: *Bone* 32 (2003), Nr. 2, S. 127–35

[RR79]   ROTHBAUM, H. P. ; ROHDE, A. G.: Kinetics of silica polymerization and deposition from dilute solutions between 5 and 180Â°C. In: *J Colloid Interface Sci* 71 (1979), Nr. 3, S. 533–59

[RSW91]   RENNER, M. ; STORCH, V. ; WELSCH, U.: *Kuekenthals Leitfaden fuer das Zoologische Praktikum*. Gustav Fischer Verlag, Spektrum Akademischer Verlag, 1991

[RWERA90]   REINHOLT, F. P. ; WIDHOLM, S. M. ; EK-RYLANDER, B. ; ANDERSSON, G.: Ultrastructural localization of a tartrate-resistant acid ATPase in bone. In: *J Bone Miner Res* 5 (1990), Nr. 10, S. 1055–61

[SA90]   SAKKA, S. ; ADACHI, T.: Stability of sol-gel derived porous silica monolith to solvents. In: *J Mater Sci* 25 (1990), S. 3408–14

[SA05]   SIGMA ALDRICH, St. L.: DAPI (4',6-Diamidino-2-phenylindoldihydrochlorid). In: *Produktinformation* Product No. D 9542 (2005)

[Sak08]   SAKKA, S.: Sol-gel technology as representative processing for nanomaterials: case studies on the starting solution. In: *J Sol-Gel Sci Technol* 46 (2008), S. 241–9

[Sch73]   SCHWARZ, K.: A bound form of silicon in glycosaminoglycans and polyuronides. In: *Proc Natl Acad Sci U S A* 70 (1973), Nr. 5, S. 1608–12

[Sch74]   SCHUETZ, G.: Statisches Mischen. In: *Die Staerke* 9 (1974), S. 312–4

[Sch78]   SCHWARZ, K.: Significance and functions of silicon in warmblooded animals: Review and outlook. In: BENDZ, G. (Hrsg.) ; LINDQVIST, I. (Hrsg.): *Biochemistry of Silicon and Related Problems*. New York : Plenum Press, 1978, S. 207–230

[Sch90]   SCHERER, G. W.: Theory of Drying. In: *J Am Ceram Soc* 73 (1990), Nr. 1, S. 3–14

[SCP+03]   SILVA, Jr. ; COVAS, D. T. ; PANEPUCCI, R. A. ; PROTO-SIQUEIRA, R. ; SIUFI, J. L. ; ZANETTE, D. L. ; SANTOS, A. R. ; ZAGO, M. A.: The profile of gene expression of human marrow mesenchymal stem cells. In: *Stem Cells* 21 (2003), Nr. 6, S. 661–9

[SCRD07]   SALGADO, A. J. ; COUTINHO, O. P. ; REIS, R. L. ; DAVIES, J. E.: In vivo response to starch-based scaffolds designed for bone tissue engineering applications. In: *J Biomed Mater Res A* 80 (2007), Nr. 4, S. 983–9

[SCRS09]   SENA, L. A. ; CARABALLO, M. M. ; ROSSI, A. M. ; SOARES, G. A.: Synthesis and characterization of biocomposites with different hydroxyapatite-collagen ratios. In: *J Mater Sci Mater Med* 20 (2009), Nr. 12, S. 2395–400

[SFB68]   STOEBER, W. ; FINK, A. ; BOHN, E.: Controlled Growth of Nonodisperse Silica Spheres in the Micron Size Range. In: *J Colloid Interface Sci* 26 (1968), S. 62–9

[SFL+08]   SCHILLING, A. F. ; FILKE, S. ; LANGE, T. ; GEBAUER, M. ; BRINK, S. ; BARANOWSKY, A. ; ZUSTIN, J. ; AMLING, M.: Gap junctional communication in human osteoclasts in vitro and in vivo. In: *J Cell Mol Med* 12 (2008), Nr. 6A, S. 2497–504

[SFS98]	SCHWERTFEGER, F. ; FRANK, D. ; SCHMIDT, M.: Hydrophobic waterglass based aerogels without solvent exchange or supercritical drying. In: *J Non-Cryst Solids* 225 (1998), S. 24–9
[SGKB03]	SCHNUERER, S. M. ; GOPP, U. ; KUEHN, K. D. ; BREUSCH, S. J.: Bone substitutes. In: *Orthopaede* 32 (2003), Nr. 1, S. 2–10
[Sie05]	SIEGLOCH, H.: *Technische Fluidmechanik*. Springer, 2005
[Sim81]	SIMPSON, T. L.: *Silicon and siliceous structures in biological systems*. Springer-Verlag, New York, 1981
[Sim09]	SIMON, U.: Biomechanische Prinzipien des Knochenbaus. In: *Skriptum zur Vorlesung Grundlagen der Biomechanik 2, Universitaet Ulm* (2009), S. 44–47
[Sio03]	SIOUFFI, A. M.: Silica gel-based monoliths prepared by the sol-gel method: facts and figures. In: *J Chromatogr A* 1000 (2003), Nr. 1-2, S. 801–18
[SJPH03]	SARAVANAPAVAN, P. ; JONES, J. R. ; PRYCE, R. S. ; HENCH, L. L.: Bioactivity of gel-glass powders in the CaO-SiO2 system: a comparison with ternary (CaO-P2O5-SiO2) and quaternary glasses (SiO2-CaO-P2O5-Na2O). In: *J Biomed Mater Res A* 66 (2003), Nr. 1, S. 110–9
[SLF+04]	SCHILLING, A. F. ; LINHART, W. ; FILKE, S. ; GEBAUER, M. ; SCHINKE, T. ; RUEGER, J. M. ; AMLING, M.: Resorbability of bone substitute biomaterials by human osteoclasts. In: *Biomaterials* 25 (2004), Nr. 18, S. 3963–72
[SLH+99]	SUN, J. S. ; LIN, F. H. ; HUNG, T. Y. ; TSUANG, Y. H. ; CHANG, W. H. ; LIU, H. C.: The influence of hydroxyapatite particles on osteoclast cell activities. In: *J Biomed Mater Res* 45 (1999), Nr. 4, S. 311–21
[SM72]	SCHWARZ, K. ; MILNE, D. B.: Growth-promoting effects of silicon in rats. In: *Nature* 239 (1972), Nr. 5371, S. 333–4
[Smi02]	SMIRNOVA, I.: Synthesis of silica aerogels and their application as a drug delivery system. In: *Dissertation* (2002)
[SN02]	SEABORN, C. D. ; NIELSEN, F. H.: Silicon deprivation decreases collagen formation in wounds and bone, and ornithine transaminase enzyme activity in liver. In: *Biol Trace Elem Res* 89 (2002), Nr. 3, S. 251–61
[SPBR09]	SPENCE, G. ; PATEL, N. ; BROOKS, R. ; RUSHTON, N.: Carbonate substituted hydroxyapatite: resorption by osteoclasts modifies the osteoblastic response. In: *J Biomed Mater Res A* 90 (2009), Nr. 1, S. 217–24
[SPD+01]	SABOKBAR, A. ; PANDEY, R. ; DIAZ, J. ; QUINN, J. M. ; MURRAY, D. W. ; ATHANASOU, N. A.: Hydroxyapatite particles are capable of inducing osteoclast formation. In: *J Mater Sci Mater Med* 12 (2001), Nr. 8, S. 659–64
[SR08]	SILL, T. J. ; RECUM, H. A.: Electrospinning: applications in drug delivery and tissue engineering. In: *Biomaterials* 29 (2008), Nr. 13, S. 1989–2006

[SRT+09]   SPADACCIO, C. ; RAINER, A. ; TROMBETTA, M. ; VADALA, G. ; CHELLO, M. ; COVINO, E. ; DENARO, V. ; TOYODA, Y. ; GENOVESE, J. A.: Poly-L-lactic acid/hydroxyapatite electrospun nanocomposites induce chondrogenic differentiation of human MSC. In: *Ann Biomed Eng* 37 (2009), Nr. 7, S. 1376–89

[SSJ10]   SUN, W. ; SHAO, Z. ; JI, J.: Particle-assisted fabrication of honeycomb-structured hybrid films via breath figures method. In: *Polymer* 51 (2010), Nr. 18, S. 4169–75

[SSM+03]   SHEU, T. J. ; SCHWARZ, E. M. ; MARTINEZ, D. A. ; O'KEEFE, R. J. ; ROSIER, R. N. ; ZUSCIK, M. J. ; PUZAS, J. E.: A phage display technique identifies a novel regulator of cell differentiation. In: *J Biol Chem* 278 (2003), Nr. 1, S. 438–43

[SSSA04]   SMIRNOVA, I. ; SUTTIRUENGWONG, S. ; SEILER, M. ; ARLT, W.: Dissolution Rate Enhancement by Adsorption of Poorly Soluble Drugs on Hydrophilic Silica Aerogels. In: *Pharm Dev Technol* 9 (2004), S. 443–52

[Sta05]   STANCZYK, M.: Study on modelling of PMMA bone cement polymerisation. In: *J Biomech* 38 (2005), Nr. 7, S. 1397–403

[STU+99]   SUDA, T. ; TAKAHASHI, N. ; UDAGAWA, N. ; JIMI, E. ; GILLESPIE, M. T. ; MARTIN, T. J.: Modulation of osteoclast differentiation and function by the new members of the tumor necrosis factor receptor and ligand families. In: *Endocr Rev* 20 (1999), Nr. 3, S. 345–57

[Sul02]   SULLIVAN, Fa.: European Biomaterials Markets. In: *Marktforschungsstudie* B152-154 (2002)

[Tak06]   TAKARA: LDH Cytotoxicity Detection Kit. In: *Manula* v.03.01. MK401 (2006)

[TAW89]   TRAUB, W. ; ARAD, T. ; WEINER, S.: Three-dimensional ordered distribution of crystals in turkey tendon collagen fibers. In: *Proc Natl Acad Sci U S A* 86 (1989), Nr. 24, S. 9822–6

[TBN+04]   TRAYKOVA, T. ; BOETCHER, R. ; NEUMANN, H.-G. ; HENKEL, K. O. ; BIENENGRAEBER, V. ; GERBER, T.: Silica/Calcium Phosphate Sol-Gel Derived Bone Grafting Material - From Animal Test to First Clinical Experience. In: *Key Engineering Materials* 254-256 (2004), S. 679–82

[TFF+02]   TRAVAGLIONE, S. ; FALZANO, L. ; FABBRI, A. ; STRINGARO, A. ; FAIS, S. ; FIORENTINI, C.: Epithelial cells and expression of the phagocytic marker CD68: scavenging of apoptotic bodies following Rho activation. In: *Toxicol In Vitro* 16 (2002), Nr. 4, S. 405–11

[THM09]   THEIN-HAN, W. W. ; MISRA, R. D.: Biomimetic chitosan-nanohydroxyapatite composite scaffolds for bone tissue engineering. In: *Acta Biomater* 5 (2009), Nr. 4, S. 1182–97

[TPL+09]   TORTELLI, F. ; PUJIC, N. ; LIU, Y. ; LAROCHE, N. ; VICO, L. ; CANCEDDA, R.: Osteoblast and osteoclast differentiation in an in vitro three-dimensional model of bone. In: *Tissue Eng Part A* 15 (2009), Nr. 9, S. 2373–83

[TR09]   TEO, W.-E. ; RAMAKRISHNA, S.: Electrospun nanofibers as a platform for multifunctional, hierarchically organized nanocomposite. In: *Comp Sci Tech* 69 (2009), S. 1804–17

[TUNK08]   THIMM, B. W. ; UNGER, R. E. ; NEUMANN, H. G. ; KIRKPATRICK, C. J.: Biocompatibility studies of endothelial cells on a novel calcium phosphate/SiO2-xerogel composite for bone tissue engineering. In: *Biomed Mater* 3 (2008), Nr. 1, S. 15007

[TYD+01]   TAKEYAMA, S. ; YOSHIMURA, Y. ; DEYAMA, Y. ; SUGAWARA, Y. ; FUKUDA, H. ; MATSUMOTO, A.: Phosphate decreases osteoclastogenesis in coculture of osteoblast and bone marrow. In: *Biochem Biophys Res Commun* 282 (2001), Nr. 3, S. 798–802

[UTBG03]   URIZ, M. J. ; TURON, X. ; BECERRO, M. A. ; GEMMA, Agell: Siliceous Spicules and Skeleton Frameworks in Sponges: Origin, Diversity, Ultrastructural Patterns, and Biological Funktions. In: *Microsc Res Tech* 62 (2003), S. 279–99

[VGGMV08]   VALLES, G. ; GIL-GARAY, E. ; MUNUERA, L. ; VILABOA, N.: Modulation of the cross-talk between macrophages and osteoblasts by titanium-based particles. In: *Biomaterials* 29 (2008), Nr. 15, S. 2326–35

[VLC+08]   VENUGOPAL, J. R. ; LOW, S. ; CHOON, A. T. ; KUMAR, A. B. ; RAMAKRISHNA, S.: Nanobioengineered electrospun composite nanofibers and osteoblasts for bone regeneration. In: *Artif Organs* 32 (2008), Nr. 5, S. 388–97

[VPGL04]   VALERIO, P. ; PEREIRA, M. M. ; GOES, A. M. ; LEITE, M. F.: The effect of ionic products from bioactive glass dissolution on osteoblast proliferation and collagen production. In: *Biomaterials* 25 (2004), Nr. 15, S. 2941–8

[VPV06]   VAKIPARTA, M. ; PUSKA, M. ; VALLITTU, P. K.: Residual monomers and degree of conversion of partially bioresorbable fiber-reinforced composite. In: *Acta Biomater* 2 (2006), Nr. 1, S. 29–37

[VRRS03]   VALLET-REGI, M. ; RAGEL, C. V. ; SALINAS, A. J.: Glasses with medical applications. In: *Eur J Inorg Chem* 6 (2003), S. 1029–42

[WBG09]   WANG, J. ; BOER, J. de ; GROOT, K. de: Proliferation and differentiation of osteoblast-like MC3T3-E1 cells on biomimetically and electrolytically deposited calcium phosphate coatings. In: *J Biomed Mater Res A* 90 (2009), Nr. 3, S. 664–70

[WC06]   WAHL, D. A. ; CZERNUSZKA, J. T.: Collagen-hydroxyapatite composites for hard tissue repair. In: *Eur Cell Mater* 11 (2006), S. 43–56

[WG95]   WEHNER, R. ; GEHRING, W.: *Zoologie*. Georg Thieme Verlag, 1995

[WH98]   WINTERMANTEL, E. ; HA, S.-W.: *Biokompatible Werkstoffe und Bauweisen*. Springer, 1998

[WHL+09]   WEI, J. ; HEO, S. J. ; LIU, C. ; KIM, D. H. ; KIM, S. E. ; HYUN, Y. T. ; SHIN, J. W. ; SHIN, J. W.: Preparation and characterization of bioactive calcium silicate and poly(epsilon-caprolactone) nanocomposite for bone tissue regeneration. In: *J Biomed Mater Res A* 90 (2009), Nr. 3, S. 702–12

[WHT00]   WEBB, K. ; HLADY, V. ; TRESCO, P. A.: Relationships among cell attachment, spreading, cytoskeletal organization, and migration rate for anchorage-dependent cells on model surfaces. In: *J Biomed Mater Res* 49 (2000), Nr. 3, S. 362–8

[Wit10]   WITTE, F.: The history of biodegradable magnesium implants: a review. In: *Acta Biomater* 6 (2010), Nr. 5, S. 1680–92

[WJK+07]   WHEELER, D. L. ; JENIS, L. G. ; KOVACH, M. E. ; MARINI, J. ; TURNER, A. S.: Efficacy of silicated calcium phosphate graft in posterolateral lumbar fusion in sheep. In: *Spine J* 7 (2007), Nr. 3, S. 308–17

[WLY05]   WANG, X. ; LI, X. ; YOST, M. J.: Microtensile testing of collagen fibril for cardiovascular tissue engineering. In: *J Biomed Mater Res A* 74 (2005), Nr. 2, S. 263–8

[WPH+06] WILSON, T. ; PARIKKA, V. ; HOLMBOM, J. ; YLANEN, H. ; PENTTINEN, R.: Intact surface of bioactive glass S53P4 is resistant to osteoclastic activity. In: *J Biomed Mater Res A* 77 (2006), Nr. 1, S. 67–74

[WPS94]   WANG, M. C. ; PINS, G. D. ; SILVER, F. H.: Collagen fibres with improved strength for the repair of soft tissue injuries. In: *Biomaterials* 15 (1994), Nr. 7, S. 507–12

[WPSB09] WILSON, S. R. ; PETERS, C. ; SAFTIG, P. ; BROMME, D.: Cathepsin K activity-dependent regulation of osteoclast actin ring formation and bone resorption. In: *J Biol Chem* 284 (2009), Nr. 4, S. 2584–92

[WW98]   WEINER, S. ; WAGNER, H. D.: The Material Bone: Structure-Mechanical Function Relations. In: *Annu Rev Mater Sci* 28 (1998), S. 271–98

[WWK+06] WOESZ, A. ; WEAVER, J. C. ; KAZANCI, M. ; DAUPHIN, Y. ; AIZENBERG, J. ; MORSE, D. E. ; FRATZL, P.: Micromechanical properties of biological silica in skeletons of deep-sea sponges. In: *J Mater Res* 21 (2006), Nr. 8, S. 2068–78

[WWT+09] WANG, X. ; WANG, X. ; TAN, Y. ; ZHANG, B. ; GU, Z. ; LI, X.: Synthesis and evaluation of collagen-chitosan-hydroxyapatite nanocomposites for bone grafting. In: *J Biomed Mater Res A* 89 (2009), Nr. 4, S. 1079–87

[WYGP08] WATARI, F. ; YOKOYAMA, A. ; GELINSKY, M. ; POMPE, W.: Conversion of functions by nanosizing - from osteoconductivity to bone substitutional properties in apatite. In: WATANABE, M. (Hrsg.) ; OKUNO, O. (Hrsg.): *Interface Oral Health Science 2007*. Tokyo : Springer Japan, 2008, S. 139–147

[WZH+08] WANG, Y. ; ZHANG, L. ; HU, M. ; LIU, H. ; WEN, W. ; XIAO, H. ; NIU, Y.: Synthesis and characterization of collagen-chitosan-hydroxyapatite artificial bone matrix. In: *J Biomed Mater Res A* 86 (2008), Nr. 1, S. 244–52

[WZH+09] WANG, J. ; ZHOU, W. ; HU, W. ; ZHOU, L. ; WANG, S. ; ZHANG, S.: Collagen/silk fibroin bi-template-induced biomimetic bone-like substitutes. In: *J Biomed Mater Res A* (2009)

[XEB+00] XYNOS, I. D. ; EDGAR, A. J. ; BUTTERY, L. D. ; HENCH, L. L. ; POLAK, J. M.: Ionic products of bioactive glass dissolution increase proliferation of human osteoblasts and induce insulin-like growth factor II mRNA expression and protein synthesis. In: *Biochem Biophys Res Commun* 276 (2000), Nr. 2, S. 461–5

[XEB+01] XYNOS, I. D. ; EDGAR, A. J. ; BUTTERY, L. D. ; HENCH, L. L. ; POLAK, J. M.: Gene-expression profiling of human osteoblasts following treatment with the ionic products of Bioglass 45S5 dissolution. In: *J Biomed Mater Res* 55 (2001), Nr. 2, S. 151–7

[XHB+00] XYNOS, I. D. ; HUKKANEN, M. V. ; BATTEN, J. J. ; BUTTERY, L. D. ; HENCH, L. L. ; POLAK, J. M.: Bioglass 45S5 stimulates osteoblast turnover and enhances bone formation In vitro: implications and applications for bone tissue engineering. In: *Calcif Tissue Int* 67 (2000), Nr. 4, S. 321–9

[XLH08]	XIAO, X. ; LIU, R. ; HUANG, Q.: Preparation and characterization of nano-hydroxyapatite/polymer composite scaffolds. In: *J Mater Sci Mater Med* 19 (2008), Nr. 11, S. 3429–35
[XLHD09]	XIAO, X. ; LIU, R. ; HUANG, Q. ; DING, X.: Preparation and characterization of hydroxyapatite/polycaprolactone-chitosan composites. In: *J Mater Sci Mater Med* 20 (2009), Nr. 12, S. 2375–83
[YHY+06]	YAN, X. ; HUANG, X. ; YU, C. ; DENG, H. ; WANG, Y. ; ZHANG, Z. ; QIAO, S. ; LU, G. ; ZHAO, D.: The in-vitro bioactivity of mesoporous bioactive glasses. In: *Biomaterials* 27 (2006), Nr. 18, S. 3396–403
[YJ03]	YAM, L. T. ; JANCKILA, A. J.: Tartrate-resistant acid phosphatase (TRACP): a personal perspective. In: *J Bone Miner Res* 18 (2003), Nr. 10, S. 1894–6
[YPH+96]	YASZEMSKI, M. J. ; PAYNE, R. G. ; HAYES, W. C. ; LANGER, R. ; MIKOS, A. G.: Evolution of bone transplantation: molecular, cellular and tissue strategies to engineer human bone. In: *Biomaterials* 17 (1996), Nr. 2, S. 175–85
[ZCLL08]	ZHANG, F. ; CHANG, J. ; LIN, K. ; LU, J.: Preparation, mechanical properties and in vitro degradability of wollastonite/tricalcium phosphate macroporous scaffolds from nanocomposite powders. In: *J Mater Sci Mater Med* 19 (2008), Nr. 1, S. 167–73
[ZG00]	ZHONG, J. ; GREENSPAN, D. C.: Processing and properties of sol-gel bioactive glasses. In: *J Biomed Mater Res* 53 (2000), Nr. 6, S. 694–701
[ZMM+09]	ZANDI, M. ; MIRZADEH, H. ; MAYER, C. ; URCH, H. ; ESLAMINEJAD, M. B. ; BAGHERI, F. ; MIVEHCHI, H.: Biocompatibility evaluation of nano-rod hydroxyapatite/gelatin coated with nano-HAp as a novel scaffold using mesenchymal stem cells. In: *J Biomed Mater Res A* 92 (2009), Nr. 4, S. 1244–55
[ZTZ+10]	ZHANG, L. ; TANG, P. ; ZHANG, W. ; XU, M. ; WANG, Y.: Effect of chitosan as a dispersant on collagen-hydroxyapatite composite matrices. In: *Tissue Eng Part C Methods* 16 (2010), Nr. 1, S. 71–9
[ZWW+10]	ZHOU, H. ; WEI, J. ; WU, X. ; SHI, J. ; LIU, C. ; JIA, J. ; DAI, C. ; GAN, Q.: The biofunctional role of calcium in mesoporous silica xerogels on the responses of osteoblasts in vitro. In: *J Mater Sci Mater Med* 21 (2010), Nr. 7, S. 2175–85
[ZZ06]	ZEHETMAIER, G. ; ZILCH, K.: *Bemessung im konstruktiven Betonbau*. Berlin Heidelberg New York : Springer, 2006

Eigene Publikationen und Mitautorschaften

Zeitschriftenbeiträge

- Heinemann S, Heinemann C, Bernhardt R, Reinstorf A, Meyer M, Nies B, Worch H, Hanke T: Bioactive Silica-Collagen Composite Xerogels modified by Calcium Phosphate Phases with Adjustable Mechanical Properties for Bone Replacement. Acta Biomaterialia 5 (2009), 1979-90

- Heinemann S, Heinemann C, Ehrlich H, Meyer M, Baltzer H, Worch H, Hanke T. A novel biomimetic hybrid material made of silicified collagen: perspectives for bone replacement. Advanced Engineering Materials 9 (2007) 12, 1061-8

- Heinemann S, Gelinsky M, Worch H, Hanke T: Resorbierbare Knochenersatzmaterialien – eine Übersicht kommerziell verfügbarer Werkstoffe und neuer Forschungsansätze auf dem Gebiet der Komposite. Der Orthopäde (2011), im Druck

- Heinemann C, Heinemann S, Worch H, Hanke T: Development of an osteoblast/osteoclast co-culture derived by human bone marrow stromal cells and human monocytes for biomaterials testing. European Cells and Materials (2011), im Druck

- Heinemann C, Heinemann S, Bernhardt A, Lode A, Worch H, Hanke T: In vitro Osteoclastogenesis on Textile Chitosan Scaffolds. European Cells and Materials, 19 (2010), 96-106

- Heinemann C, Heinemann S, Lode A, Bernhardt A, Worch H, Hanke T. In vitro Evaluation of Textile Chitosan Scaffolds for Tissue Engineering using Human Bone Marrow Stromal Cells. Biomacromolecules 10 (2009), 1305-10

- Nicklas M, Schatton W, Heinemann S, Hanke T, Kreuter J: Preparation and characterisation of marine sponge collagen nanoparticles (SCNPs) and employment for the transdermal delivery of 17β-estradiol-hemihydrate. Drug Development and Industrial Pharmacy, 35 (2009) 1035-42

- Nicklas M, Schatton W, Heinemann S, Hanke T, Kreuter J: Enteric coating derived from marine sponge collagen. Drug Development and Industrial Pharmacy, 35 (2009) 1384-8

- Heinemann C, Heinemann S, Bernhardt A, Worch H, Hanke, T. Novel Textile Chitosan Scaffolds promote Spreading, Proliferation, and Differentiation of Osteoblasts. Biomacromolecules 9 (2008), 2913-20

- Heinemann S, Heinemann C, Worch H, Hanke T. Silica-Collagen Hybrid Materials: From Nanoscale to Macroscale. VDI Berichte 2027 (2008) 137-41

- Ehrlich H, Heinemann S, Heinemann C, Simon P, Bazhenov V, Shapkin N, Born R, Tabachnick K, Hanke T, Worch H. Nanostructural Organization of Naturally Occuring Composites. Part I. Silica-Collagen-Based Biocomposites. Journal of Nanomaterials (2008), doi:10.1155/2008/623838

- Ehrlich H, Janussen D, Simon P, Bazhenov V, Shapkin N, Erler C, Mertig M, Born R, Heinemann S, Hanke T, Worch H, Vournakis J. Nanostructural Organization of Naturally Occuring Composites. Part II. Silica-Chitin-Based Biocomposites. Journal of Nanomaterials (2008), doi:10.1155/2008/670235

- Douglas T, Hempel U, Mietrach C, Viola M, Vigetti D, Heinemann S, Bierbaum S, Scharnweber D, Worch H. Influence of collagen-fibril-based coatings containing decorin and biglycan on osteoblast behavior. Journal of Biomedical Materials Research 84A (2008) 3, 805-16

- Douglas T, Heinemann S, Hempel U, Mietrach C, Heinemann C, Bierbaum S, Scharnweber D, Worch H. Characterization of collagen II fibrils containing biglycan and their effect as a coating on osteoblast adhesion and proliferation. Journal of Materials Science: Materials in Medicine 19 (2008) 4, 1653-60

- Heinemann S, Ehrlich H, Knieb C, Hanke T. Biomimetically inspired hybrid materials based on silicified collagen. International Journal of Materials Research 98 (2007) 7, 603-8

- Douglas T, Heinemann S, Mietrach C, Hempel U, Bierbaum S, Scharnweber D, Worch H. Interactions of Collagen Types I and II with Chondroitin Sulfates A-C and Their Effect on Osteoblast Adhesion. Biomacromolecules 8 (2007) 4, 1085-92, doi:10.1021/bm0609644

- Heinemann S, Ehrlich H, Douglas T, Heinemann C, Worch H, Schatton W, Hanke T. Ultrastructural studies on the collagen of the marine sponge Chondrosia reniformis Nardo. Biomacromolecules 8 (2007) 11, 3452-7, doi:10.1021/bm700574y

- Ehrlich H, Maldonado M, Spindler K-D, Eckert C, Hanke T, Goebel C, Simon P, Born R, Heinemann S, Worch H. First evidence of chitin as a component of the skeletal fibers of of marine sponges. Part I. Verongidae (Demospongia: Porifera), Journal of Experimental Zoology Part B 308B (2007) 4, 347-56, doi:10.1002/jez.b.21156

- Ehrlich H, Krautter M, Hanke T, Simon P, Knieb C, Heinemann S, Worch H. First evidence of the presence of chitin in skeletons of marine sponges. Part II. Glass sponges (Hexactinellida: Porifera). Journal of Experimental Zoology Part B 308B (2007) 4, 473-83, doi:10.1002/jez.b.21174

- Douglas T, Hempel U, Mietrach C, Heinemann S, Scharnweber D, Worch H. Fibrils of Different Collagen Types Containing Immobilized Proteoglycans (PGs) as Coatings: Characterisation and Influence of Osteoblast behaviour. Biomolecular Engineering 24 (2007) 455-8, doi:10.1016/j.bioeng.2007.07.008

- Douglas T, Heinemann S, Bierbaum S, Scharnweber D, Worch H. Fibrillogenesis of Collagen Types I, II, III with Small Leucine-Rich Proteoglycans Decorin and Biglycan. Biomacromolecules 7 (2006) 2388-93, doi:10.1021/bm0603746

- Ehrlich H, Krajewska B, Hanke T, Born R, Heinemann S, Knieb C, Worch H. Chitosan membrane as a template for hydroxyapatite crystal growth in a model dual membrane diffusion system. Journal of Membrane Science 273 (2006) 124-8, doi:10.1016/j.memsci.2005.11.050

- Ehrlich H, Ereskovsky A, Drozdov A, Krylova D, Hanke T, Meissner H, Heinemann S, Worch H. A modern approach to demineralisation of spicules in the glass sponges (Hexactinellida: Porifera) for the purpose of extraction and examination of the protein matrix. Russian Journal of Marine Biology 32 (2006) 3, 186-193

- Ehrlich H, Hanke T, Simon P, Goebel C, Heinemann S, Born R, Worch, H. Demineralisation von natürlichen Silikat-basierten Biomaterialien: Neue Strategie zur Isolation organischer Gerüststrukturen. BIOmaterialien 6 (2005) 4, 297-302

- Ehrlich H, Hanke T, Meissner H, Richter G, Born R, Heinemann S, Ereskovsky A, Krylova D, Worch H. Nanoimagery and the biomimetic potential of marine glass sponge Hyalonema sieboldi (Porifera). VDI Berichte 1920 (2005) 163-166

- Ehrlich H, Hanke T, Simon P, Göbel C, Heinemann S, Born R, Worch H. Demineralization of natural silica based biomaterials: a new strategy for the isolation of organic frameworks. BIOmaterialien 6 (2005) 3, 173

Buchbeiträge

- Gelinsky M, Heinemann S. Nanocomposites for Tissue Engineering. In: Nanomaterials for Life Sciences. Ed. by Kumar, C.S.S.R., Wiley VCH, Weinheim, pp. 405-34 (2010)

- Ehrlich H, Ereskovsky AV, Vyalikh DV, Molodtsov SL, Mertig M, Goebel C, Simon P, Hanke T, Heinemann S, Krylova D, Pompe W, Worch H. Collagen in Natural Fibres of Deep sea Glass Sponge. In: Biomineralization: From Paleontology to Materials Science, Ed. by Arias, J.L., Fernandez, M.S., Editorial Universitaria, Santiago, Chile, pp. 439-48 (2007)

Tagungsbeiträge

- Heinemann S, Heinemann C, Worch H, Hanke T: Silica-collagen-calcium phosphate composite materials for bone replacement. In vitro-manipulation of the ratio of bone forming to bone resorbing cells in a co-culture, ESB 2010: 23rd European Conference on Biomaterials, Tampere 11.09.-15.09.2010

- Heinemann S, Heinemann C, Worch H, Hanke T: The composition of silica-collagen-calcium phosphate nanocomposites manipulates the ratio of bone forming cells and bone resorbing cells, 2010 Annual Meeting of the Society for Biomaterials, Seattle 21.04.-24.04.2010

- Heinemann S: Kompositmaterialien für den Knochenersatz, Ideas To Market - Dresden EXISTS, Dresden, 15.01.2010

- Bergmann U, Mühle S, Worch H, Heinemann S, Heisterkamp B, Schwarz M: Organisch-Anorganische Antifoulingschichten auf Stahl, 6. Thüringer Grenz- und Oberflächentagung, Gera, 07.09.-09.09.2010

- Heinemann S, Heinemann C, Jäger M, Worch H, Hanke T, Wahnes C, Büchner H: Porous Scaffolds made of Gelatine/Collagen, Hydroxyapatite, and Silica as Scaffolds for Co-Culture of Osteoblasts and Osteoclasts, ESB 2009: 22nd European Conference on Biomaterials, Lausanne 07.09.-11.09.2009

- Heinemann S, Heinemann C, Jäger M, Nies B, Meyer M, Hanke T, Worch H: Nanocomposite scaffolds based on silica collagen, and calcium phosphates, 7th International Nanotechnology Symposium - Nanofair 2009, Dresden, 26.05.-27.05.2009

- Heinemann S, Heinemann C, Nies B, Reinstorf A, Meyer M, Hanke T, Worch H: Composites based on silica collagen, and calcium phosphates: Perspectives for hard tissue repair, MBC Symposium, Dresden, 04.11.-06.11.2008

- Heinemann S, Heinemann C, Nies B, Meyer M, Hanke T, Worch H: Biomimetic composite materials based on silica, collagen, and calcium phosphates, 4th Freiberg Collagen Symposium, Freiberg, 11.09.-12.09.2008

- Heinemann S, Heinemann C, Worch H, Hanke T: Silica Collagen Hybrid Materials: From Nanoscale to Macroscale, 6th International Nanotechnology Symposium - Nanofair 2008, Dresden 11.03.-12.03.2008

- Hanke T, Heinemann S, Heinemann C, Worch H: A solid Silica-Collagen Hybrid Material as a Substrate for Osteoblast-like and Osteoclast-like Cells, 8th World Biomaterials Congress, Amsterdam 28.05.-01.06.2008

- Hanke T, Knieb C, Heinemann S, Ehrlich H, Worch H. Biomimetically inspired Silicon-Collagen Hybrid Materials and Textile Chitosan Scaffolds: Perspectives for Bone Replacement, German-Polish-Workshop Dresden, 26.06.2007

- Heinemann S: Biomimetische Formierung silikatischer Phasen an marinem Schwammkollagen, Jahrestagung der Deutschen Gesellschaft für Biomaterialien, Hannover 22.11.-24.11.2007

- Douglas T, Hempel U, Knieb C, Heinemann S, Bierbaum S, Scharnweber D, Worch H. Artificial extra-cellular matrices based on fibrils of different collagen types containing immobolized proteoglycans (PGS) for titanium implants, Proc. 2nd International Symposium Interface Biology of Implants, 17.05.-19-05.2006, Rostock-Warnemünde, in BIOmaterialien 7 (2006) S1, 23

- Douglas T, Hempel U, Heinemann S, Bierbaum S, Scharnweber D, Worch H: Analysis of collagen fibril-based extra-cellular matrices with incorporated glycosaminoglycans (GAGs) for titanium implants Proc. 2nd International Symposium Interface Biology of Implants, 17.05.-19-05.2006, Rostock-Warnemünde, in BIOmaterialien 7 (2006) S1, S. 61

- Douglas T, Hempel U, Mietrach C, Heinemann S, Scharnweber D, Worch H: Fibrils of Different Collagen Types Containing Immobilised Proteoglycans (PGs) as Coatings: Characterisation and Influence on Osteoblast Behaviour, Proc. E-MRS Fall Meeting 2006 (ISBN 83-89585-12-X), Warsaw 04.09.-08.09.2006, S. 212

- Douglas T, Hempel U, Heinemann S, Scharnweber D, Worch H: Artificial Extra-Cellular Matrices Based on Fibrils of Different Collagen Types Containing Immobilised Glycosaminoglycans (GAGs) for Titanium Implants, Proc. E-MRS Fall Meeting 2006 (ISBN 83-89585-12-X), Warsaw 04.09.-08.09.2006, S. 222

- Douglas T, Heinemann S, Bierbaum S, Scharnweber D, Worch H: Immobilisation of Glycosaminoglycans (GAGs) and Proteoglycans (PGs) in Fibrils of Different Collagen Types by Fibrillogenesis In Vitro for Use as Artificial Extra-Cellular Matrices for Titanium Implants for Bone Contact, Proceedings ESB 2006, T150

- Douglas T, Hempel U, Mietrach C, Heinemann S, Bierbaum S, Scharnweber D, Worch H: Fibrils of Collagen Types I and II with Bound Chondroitinsulfate: Characterisation and Osteoblast Reaction, Proceedings ESB 2006, LMP47

- Heinemann S, Ehrlich H, Hanke T, Knieb C, Worch H. Biomimetically inspired composite materials based on silicified collagen, Annual Meeting of the German Society of Biomaterials Biomaterials 2006, Essen, Germany, September 5-8, 2006 BIOmaterialien, (2006) 7, 3, S. 160

- Douglas T, Heinemann S, Hempel U, Mietrach C, Scharnweber D, Worch H: Artificial extracellular matrices based on collagen fibrils, Annual Meeting of the German Society of Biomaterials Biomaterials 2006, Essen, Germany, September 5-8, 2006 BIOmaterialien, (2006) 7, 3, S. 140

- Ehrlich H, Hanke T, Born R, Heinemann S, Worch H: Sponge chitin: fibrous biopolymer with high biomimetic potential, Annual Meeting of the German Society of Biomaterials Biomaterials 2006, Essen, Germany, September 5-8, 2006 , BIOmaterialien (2006) 7, 3, S. 143

- Ehrlich H, Hanke T, Meissner H, Richter G, Born R, Heinemann S, Ereskovsky A, Krylova D, Worch H: Nanoimagery and the biomimetic potential of marine glass sponge Hyalonema sieboldi (Porifera), Nanofair 2005 – New Ideas for Industry, 4th International Nanotechnology Symposium, 29 -30.11.2005, Dresden, Germany

- Ehrlich H, Hanke T, Simon P, Goebel C, Heinemann S, Born R, Worch H: Demineralization of natural silica based biomaterials: a new strategy for the isolation of organic frameworks, Abstract in: BIOmaterialien 6 (2005), Nr. 3, S. 173

- Ehrlich H, Simon P, Goebel C, Hanke T, Heinemann S, Zahn D, Worch H, Smetacek V: Glass-Sponge Spicules Grow on Collagen, 9th International Symposium on Biomineralization, Pucon, Chile, 2005 (Abstract of Plenary Lecture, We17a)

Patentanmeldungen

- Wachstumsinhibierter Hydroxylapatit, Verfahren zu dessen Herstellung und Verwendung, DE-PA Nr. 10 2010 038 926.9

- Kompositmaterialien aus einer mit Silikat und Calciumphosphatphasen mineralisierten sowie biochemisch modifizierten Kollagenmatrix, Verfahren zu deren Herstellung und deren Verwendung, DE 10 2008 047 405 A1 2010.04.15

- Hybrid Materials from a Silicate-treated Collagen Matrix, Methods for the Production thereof and the Use thereof. WO 2008/023025, PCT/EP2007/058694, Priorität 22.08.2006

- Glassschwammkollagen, Verfahren zu dessen Herstellung und Verwendung. DE-PA Nr. 10 2005 041 414.1

Anhang

Technische Hilfsmittel und Geräte

Autoklav 3850 ELC	Tuttnauer Systec
Brutschrank Hera*cell*	Heraeus
Digitalkamera PowerShot A95/G11	Canon
EDXS-Detektor	EDAX
Eisbereiter AF100	Scotsman
Gefrierschrank Herafreeze HFU	Heraeus Kendro
Gefriertrocknungsanlage Alpha 1-4	Christ
Geldokumentation FlashGel Dock	Cambrex Bio Science
Geldokumentation Gene Genius	SynGene
Klimaprüfschrank SH-221	Espec
Kraftaufnehmer (10 kN)	Instron
Kritisch-Punkt-Trocknungsanlage CPD 030	Bal-Tec
Laminarbox Hera*safe*	Heraeus
Magnetrührer Poly 15	Variomag
Magnetrührer MR Hei-End	Heidolph
Messschieber	VWR
Mikro-Computertomografie vivaCT 75	Scanco Medical
Mikroskope	
Inverses Lichtmikroskop Axiovert 40 CFL	Zeiss
Fluoreszenz- und Laser-Scanning-Basis-Mikroskop Axioskop 2 FS mot	Zeiss
Laser Scanning Modul LSM 510 META	Zeiss
Rasterelektronenmikroskop XL 30 ESEM-FEG	Philips
Atomkraftmikroskop/ Bioscope	DI/ Vecco
Neubauer Zählkammer	OptikLabor
Pipetten, Multipipette	Eppendorf
Pipettierhilfe	Brand
Pinzetten	Dumont
pH-Meter pH 526	WTW
Plattenreader SpectraFluor Plus	Tecan
Propellerrührer RZR 2020	Heidolph
Schüttler Titramax 100	Heidolph

Spektrophotometer Nanodrop 1000	Peqlab
Sputter Coater MED 010 (C)	Balzers
Stoppuhr	Oregon Scientific
Thermocycler Primus 25	Peqlab
Thermostat FBH 604	Fisherbrand
Universalprüfmaschine 5566	Instron
Vortexer Vortex-Genie 2	Scientific Industries
Waage BP221D	Sartorius
Waage Precision Advanced	OHAUS
Wasserbad Typ 1083	GFL
Wärmeschrank BD-105	WTB Binder
Wärmeschrank Kelvitron	Heraeus
XRD D8 Discover mit Flächendetektor Vantec 2000	Bruker
Zentrifuge Megafuge 1.0R	Heraeus
Zentrifuge Avanti J-20 XP	Beckmann Coulter

Verbrauchsmaterialien

Deckgläser	Bachhofer
Dialyseschlauch (MWCO 12-14 kD)	Roth
Einmalspritzen (steril)	Brand
Reaktionsgefäße (1,5 ml)	Brand
Reaktionsgefäße (2 ml, 8 ml)	Roth
Glasplättchen	Menzel
Mikrotiterplatten	NUNC
Pasteur-Pipetten	Roth
Pipetten	Sarstedt
Pipettenspitzen	Eppendorf
Sterilfilter (0,2 µm)	Sarstedt
Zellkulturflaschen	Sarstedt
Zentrifugenröhrchen	Sarstedt

Chemikalien und Reagenzien

BSA	Sigma
Desoxyribonukleosidtriphosphate (dNTP)	Invitrogen
Diethanolamin	Sigma
Dikaliumhydrogenphosphat Trihydrat ($K_2HO_4P \cdot 3H_2O$)	Fluka
Dinatriumhydrogenphosphat (Na_2HPO_4)	Roth
Calciumchlorid ($CaCl_2$)	Riedel-de Haen
EDC (1-Ethyl-3-(3-dimethylaminopropyl)carbodiimid, $C_8H_{17}N_3$)	Sigma
EDTA (Ethylendiamintetraessigsäure, $C_{10}H_{16}N_2O_8$)	Sigma
EGME (Ethylenglycolmonomethylether, $C_3H_8O_2$)	Sigma

Essigsäure ($C_2H_4O_2$)	Fluka
Ethanol absolut	Merck
Fluoraldehyde Reagent Solution	Pierce
FOLIN-CIOCALTEAU-Reagenz	Fluka
Formaldehyd (CH_2O)	Sigma
HEPES (2-(4-(2-Hydroxyethyl)-1-piperazinyl)-ethansulfonsäure) $C_8H_{18}N_2O_4S$	Roth
Leitsilber Silver Dag 1415	Plano
Kaliumchlorid (KCl)	Fluka
Kaliumdihydrogenphosphat (KH_2PO_4)	Merck
Kupfersulfat ($CuSO_4 \cdot 5\,H_2O$)	Fisher Scientific
Magnesiumchlorid ($MgCl_2$)	Fluka
Methanol	Fluka
Naphthol-ASBI-Phosphat	Sigma
Natriumacetat ($C_2H_3NaO_2$)	Merck
Natriumbicarbonat ($CHNaO_3$)	Fluka
Natriumcarbonat (Na_2CO_3)	J.T. Baker
Natriumchlorid (NaCl)	Fluka
Natriumcitrat ($Na_3C_6H_5O_7$)	Sigma
Natriumhydrogencarbonat ($NaHCO_3$)	Biochrom
Natriumhydroxid (NaOH)	Fluka
Natriumsulfat (Na_2O_4S)	Fluka
Natriumtartrat ($C_4H_4Na_2O_6$)	Fluka
NHS (N-Hydroxysuccinimid, $C_4H_5NO_3$)	Sigma
NP-40	Sigma
OptiPrep	ProGen Biotechnik
pNPP (Paranitrophenolphosphat, $C_6H_6NO_6P$)	Sigma
Primer	MWG Biotech
Quant-iT PicoGreen dsDNA Reagent	Invitrogen
Random Hexamer Primer	MWG Biotech
Reverse Transkriptase Superscript II	Invitrogen
RNase Inhibitor RNase OUT	Invitrogen
Salzsäure (HCl) 37 %	Fisher Scientific
Silizium-Standardlösung (1000 mg/ml)	Merck
TEOS ($Si(OC_2H_5)_4$) 99 %	Sigma
Tetramisol Hydrochlorid	Sigma
Triton X-100	Sigma
Trinitrobenzolsulfonsäure (TNBS) ($C_6H_3N_3O_9S$)	Fluka
Tris ($NH_2C(CH_2OH)_3$)	Roth
Tropokollagen, Collaplex 1.0	GfN
Zitronensäure ($C_6H_8O_7$)	Sigma

Zellkulturreagenzien

1,25-Dihydroxyvitamin D3	Calbiochem
Ascorbinsäure-2-phosphat	Sigma
β-Glycerophosphat	Sigma
Dexamethason	Sigma
DMSO	Sigma
DMEM Trockenpulver (mit L-Glutamin)	Biochrom
DNAse	Sigma
FCS	Biochrom
Humanserum	PAN Biotech
L-Glutamin	Biochrom
M-CSF	Sigma
Penicillin/Streptomycin	Biochrom
RANKL	Alexa
Trypsin/EDTA	Biochrom
Trypan-Blau	Biochrom

Antikörper und Fluoreszenzfarbstoffe

Alexa Fluor 488-Phalloidin	Invitrogen
Alexa Fluor 546-Phalloidin	Invitrogen
Alexa Fluor 488 donkey-anti-goat IgG	Invitrogen
Alexa Fluor 546 rabbit-anti-mouse IgG	Invitrogen
CD68 (KP1):sc-20060 (mouse IgG)	Santa Cruz Biotechnology
DAPI	Sigma
TRAP (K-17):sc-30833 (goat IgG)	Santa Cruz Biotechnology

Kits

Calcium LiquiColor Kit	Biochemica Greiner
ELF 97 Endogenous Phosphatase Detection Kit	Invitrogen
LDH Cytotoxicity Detection Kit	Takara
Monocyte Isolation Kit II	Miltenyi Biotech
peqGOLD Microspin Total RNA Kit	Peqlab
Silicat(Kieselsäure)-Test	Merck

Puffer und Lösungen

Acetat-Tartrat-Puffer	100 mM Natriumacetat, 50 mM Natriumtartrat; pH 6,1
ALP-Substratpuffer	100 mM Diethanolamin, 1 mM $MgCl_2$, 0,1% Triton X-100; pH 9,8

ALP-Stopppuffer	25 mM EDTA, 5 mM Tetramisol in PBS; pH 7,3
DMEM (low glucose)	10,15 g/L DMEM, 3,7 g/L NaHCO$_3$; pH 7,2; sterilfiltriert
Fibrillierungspuffer, 60 mM Phosphat	10 mM KH$_2$PO$_4$, 50 mM Na$_2$HPO$_4$; pH 7,4
Lysepuffer	1 % Triton X-100 in PBS
PBS	137 mM NaCl, 3 mM KCl, 10 mM Na$_2$HPO$_4 \times$ 7 H$_2$O, 2 mM KH$_2$PO$_4$, pH 7,4
SBF	m-SBF nach *Oyane et al.* [OKF$^+$03]
TRAP-Substratpuffer	2,5 mM Naphthol-ASBI-Phosphat in Acetat-Tartrat-Puffer, 2 % NP-40, 1 % EGME
TRAP-Stopplösung	0,1 M NaOH, 0,05 % NP-40
TrisHCl	Tris, pH-Wert eingestellt mit 6 M HCl
Vernetzungslösung	100 mM EDC, 50 mM NHS in 60 % 100 mM Na$_2$HPO$_4$, 40 % Ethanol

Die VDM Verlagsservicegesellschaft sucht für wissenschaftliche Verlage abgeschlossene und herausragende

Dissertationen, Habilitationen, Diplomarbeiten, Master Theses, Magisterarbeiten usw.

für die kostenlose Publikation als Fachbuch.

Sie verfügen über eine Arbeit, die hohen inhaltlichen und formalen Ansprüchen genügt, und haben Interesse an einer honorarvergüteten Publikation?

Dann senden Sie bitte erste Informationen über sich und Ihre Arbeit per Email an *info@vdm-vsg.de*.

Sie erhalten kurzfristig unser Feedback!

VDM Verlagsservicegesellschaft mbH
Dudweiler Landstr. 99   Telefon +49 681 3720 174
D - 66123 Saarbrücken   Fax   +49 681 3720 1749
www.vdm-vsg.de

Die VDM Verlagsservicegesellschaft mbH vertritt

Printed by Books on Demand GmbH, Norderstedt / Germany